中 等 专 业 学 校 试 用 教 材

建 筑 设 计

鲁一平
朱向军　编
周刃荒

中国建筑工业出版社

前　言

"建筑设计"是中等专业学校建筑学专业和城镇规划专业的主要专业课程。本教材是根据建设部颁发的《普通中等专业学校建筑学、城镇规划专业毕业生业务规格、教学计划、教学大纲汇编》编写，广泛收集了国内外资料，总结归纳多年来建筑设计课程的教学实践经验，特别注意中专的特点，对教学内容进行了认真的组织和编排。

本书阐述了民用与工业建筑设计的一般原理和常见民用建筑设计的要求、依据和方法，收集了大量的数据和建筑实例，供教学和设计时参考。全书分为三篇：第一篇为民用建筑设计原理，第二篇为民用建筑设计，第三篇为工业建筑设计，内容丰富，编排合理，符合中等专业学校的教学特点。

本书由鲁一平、朱向军、周刃荒编写。各章节的编写分工为：绪论，第一、二、三、四、五、六、十七、十八、十九章为鲁一平；第九、十、十一、十二、十三、十四、十五、十六章为朱向军；第七、八章为周刃荒。全书由鲁一平主编，由建设部中专建筑学与城镇规划专业教学指导委员会副主任委员、高级建筑师周邦建主审。

在编写中，雷克见、陈芳、关坦良、钟金重、杨玮、杨金桂、吴越、徐国平等绘制了大部分插图，谨此表示感谢。

由于编写水平有限，教材中难免有不当之处，希在使用中提出批评指正。

编　者

一九九一年八月

目　　录

绪 论

建筑是建筑物和构筑物的通称。建筑物是为了满足人类的社会需要、利用物质技术条件、在科学规律和美学法则的支配下、通过对空间的限定、组织和改善而形成的人为的社会生活环境。而人们不能直接在内部进行生产和生活的建筑则称为构筑物。

一、建筑概述

建筑从穴居、巢居发展到现代的摩天高楼，经历了漫长的发展过程；人类社会的需求也从低层次逐步过渡到高层次；建筑的内涵也从简单演变成复杂。回顾建筑产生和发展的历史，认识建筑科学技术演变的规律，总结成功的经验，吸取失败的教训，是推动建筑科学不断向前发展的必要条件。

建造房屋是人类最早的生产活动之一。早在五千多年的新石器时代，我们的祖先在中国辽阔的土地上，建立起了许多大大小小的氏族部落。其中仰韶文化的氏族，在黄河中游的黄土地带定居下来，从事农业生产，逐步成为母系氏族的繁荣阶段。如西安半坡村遗址就是这个时期较完整的村落遗址，它的面积约四万余平方米，主要是居住区，在两千多平方米的发掘面积内分布了46座房屋，房屋的形式有方形、圆形（图0-1），这些房屋已经相当进步了。其后是龙山文化的父系氏族公社，在父系氏族内部，私有制由萌芽而发展，引起了阶级分化，使中国原始社会逐步走向解体，这个时期的氏族部落在原有基础上继续发展，分布得更为广泛、更为密集。到原始社会的晚期，进入青铜器时代，建筑技术的进步促成了巨石建筑的出现（石柱、石环、石台等），这个时期还出现了建筑艺术的萌芽。

奴隶社会时期，一切权力掌握在奴隶主手中，通过剥削获取了巨大的物质财富和无偿的劳动力，从而建造了许多大规模的建筑物。如埃及的吉萨金字塔群（图0-2）就是一座规模宏大的陵墓建筑群，其中最大的是库富金字塔，正方形平面的边长为230m，高为146m，用230万块巨石块干砌而成，每块石料重约2.5t，此塔用了数十万奴隶劳动，花费了30年的时间才得以建成。此外，古希腊的雅典卫城、古罗马的大斗兽场等都是典型的实

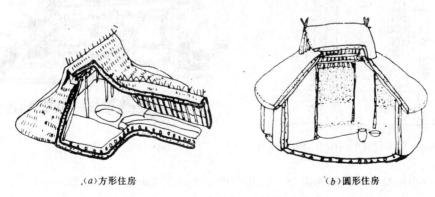

(a)方形住房   (b)圆形住房

图 0-1 西安半坡村原始社会住房

图 0-2 埃及吉萨金字塔群

例。这个时期，建筑技术、建筑艺术也有了很大的发展和提高，出现了许多结构形式和建筑艺术理论。

中国的封建社会经历了一个漫长的时期，逐渐形成了中国传统建筑的体系和风格。由于封建专制的影响，一切为皇权服务，因而在这个时期出现了许多的皇宫、寺庙、庭园等类型的建筑。这个时期也是中国建筑发展史上的旺盛时期，形成了完整的中国建筑技术和艺术，显示出了当时中国建筑的独特风格，无论城市建设、木结构建筑、砖石结构建筑、建筑装饰、设计和施工等都有巨大发展。如中国传统的木结构建筑，以"斗口"为度量单位（图0-3），形成了一个独立、完美的体系。又如北京故宫，强调对称中轴线布置，充分运用"院"取得空间变化，讲究形式、尺度、比例、对比，具有富丽的色彩和装饰；有完整的防卫、防火、用水、排水等设施，并精选全国优质木材、砖、石、陶制品、颜料等，经过精心设计、施工而完成（图0-4）。

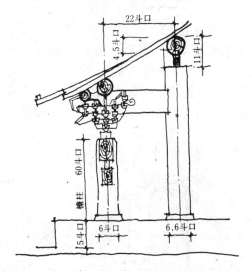

图 0-3 以"斗口"为度量单位的中国传统建筑

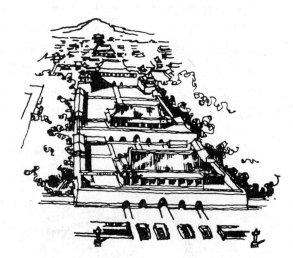

图 0-4 北京故宫全景

法国的封建制度在西欧最为典型，它的中世纪建筑在欧洲也有很大影响。12～15世纪以法国为中心发展了"哥特建筑"，形成了较高水平的骨架券结构体系。巴黎圣母院（图

0-5）就是一个典型的实例，高耸的尖拱、彩色玻璃窗、大量的雕塑、冲入云端的钟塔，为教堂带来一种向上的动势，体现了人类对"天国"的向往，造成了浓郁的宗教气氛。

在资本主义萌芽时期，展开了一场以意大利为中心的"文艺复兴"运动，这是在思想领域里反封建、反宗教神学的运动。在这个时期的建筑也反映出了当时的社会背景，出现了许多的世俗建筑；建筑家们还大量测绘古希腊、古罗马的建筑，以罗马"柱式"为基础，总结成为一定的法式，分析制定出严格的比例数据，创立了许多的建筑理论。1485年出版的阿尔伯蒂的《论建筑》是这个时期最重要的理论著作，出版早、体系完备、成就相当高，因而影响很大。这个时期最伟大的建筑之一就是罗马教廷的圣彼得大教堂(图0-6)，它集中了16世纪意大利建筑、结构和施工的最高成就。

图 0-5　巴黎圣母院

图 0-6　罗马圣彼得大教堂

1640年英国爆发了资产阶级革命，随后，大机器工业的生产逐步取代了工场作坊的手工生产，由于生产力的大大提高和社会生活的改变，对建筑产生了巨大的冲击作用，要求建筑的发展适应社会的需求，同时，资本主义工业化也为建筑的发展提供了新材料、新技术等物质技术条件。

20世纪20年代，以格罗皮乌斯、勒·柯布西耶、、密斯·凡·德·罗、莱特等建筑师为代表的"现代建筑"形成了世界建筑的主流（图0-7、图0-8）。二次世界大战以后，随着经济的恢复，工业生产和科学技术迅速发展，对建筑产生了极大的影响。60年代以后，建筑思潮异常活跃，出现了一个建筑"多元化"的时代（图0-9、图0-10、图0-11）。

图 0-7　德国包豪斯校舍（1926）

图 0-8 美国考夫曼别墅（1936）

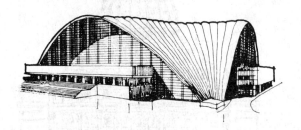

图 0-9 巴黎国家工业与技术中心（1958）

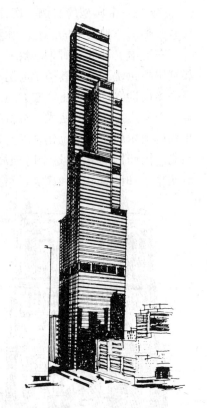

图 0-10 美国芝加哥希尔斯大厦

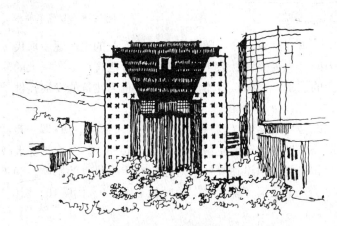

图 0-11 美国波特兰大厦

新中国成立以来，我国建筑事业在中国共产党的领导下，得到了迅速的发展，不论在新建的工业建筑和民用建筑方面，还是新城建设和旧城改造、建筑设计和施工队伍的建设、新型建筑材料的生产、以及新技术的采用和推广等各方面，都取得了前所未有的成绩。特别是党的十一届三中全会以后，随着改革开放政策的进一步实施，建筑事业突飞猛进，一批开放性的新型城市和造型新颖的建筑拔地而起，反映出了社会主义新中国的繁荣昌盛。

以下为我国建国以来不同年代建成的各类建筑实例:

北京人民大会堂（图0-12），建筑面积十七万多平方米，比故宫全部面积还要大，包括有万人大礼堂、五千人宴会厅、人大常委办公大楼几大部分，外观采用了大量柱廊与琉璃装饰。反映出祖国光辉灿烂的文化传统和新中国的庄严雄伟的气概。

图 0-12 北京人民大会堂

广州白天鹅宾馆（图0-13），有客房1000套，是国际一流标准的旅游宾馆，位于广州沙面南侧，根据珠江河道整治规划筑堤填海，背靠沙面，面向白鹅潭，环境清旷开阔，总投资为四千五百万美元。

图 0-13 广州白天鹅宾馆

图 0-14 深圳国际贸易中心

深圳国际贸易中心（图0-14）是我国各省、市集资兴建的一座供开展对内、对外经济贸易活动的综合性超高层建筑，位于深圳罗湖商业区高层建筑集中的中心地段，建筑用地20000m²，总建筑面积100000m²，包括有办公、购物中心、酒家、车库等主要组成部分，主楼地上50层，地下3层。

北京奥林匹克中心体育馆（图0-15）是一座多功能综合体育馆，观众席位为5952席，总建筑面积为25300m²，整个建筑造型是与结构设计紧密结合进行的，屋盖部分采用了国内首创的斜拉双坡曲面组合网壳，建筑形式新颖独特。

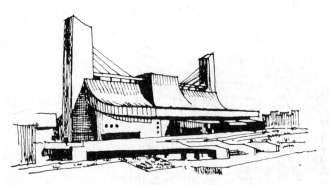

回首建筑发展的漫长历史，可以看到，建筑功能越来越受到重视，建筑技术水平日趋进步，建筑空间的组织要求灵活多变，建筑造型趋向于多样化，环境问题日益受到人们所注意。

图 0-15 北京奥林匹克中心体育馆

二、建筑科学的特点

建筑科学是一门内容广泛的综合性学科，它涉及到建筑功能、工程技术、建筑经济、建筑艺术以及环境规划等方面的问题。建筑既是物质产品，又具有一定的艺术特征。它必然随着社会生产方式的发展和人们审美意识的变化而向前发展。建筑科学的发展同时还要受到政治、经济、文化和科学的深刻影响。因此，不同社会条件下所产生的建筑应该反映出不同的社会特点，体现当时社会的政治制度、经济状况、以及科学文化水平等。

三、本课程的内容

建筑设计直接受到建筑科学特征的影响，受到多种因素的约束，因此要求设计人员具有较宽的知识面和较丰富的社会阅历。为了使学生通过建筑设计课程的学习和训练，具有一定的设计水平和表达能力，本教材的内容共分以下三个部分：

第一部分，民用建筑设计原理。包括有民用建筑概述、建筑平面、剖面、内部空间设计、建筑造型、外部空间设计及群体组合、建筑经济等内容。

第二部分，民用建筑设计。主要介绍常见的中小型、大量性民用建筑设计的一般方法和依据。

第三部分，工业建筑设计。以单层工业厂房为重点介绍其设计方法和定位轴线，对多层厂房建筑工业化也作了简要介绍。

四、学习本课程的方法

建筑设计是一门性质独特的课程，要学好建筑设计必须掌握以下要点：

1.正确运用各种建筑表现技法

建筑表现的方法主要有图式语言和模型两类。其中图式语言包括有工程图和透视图（或鸟瞰、轴测），工程图又分为总平面、平面、剖面、立面等种类。利用图式语言可以分别表现出建筑环境、空间组合及建筑形象等，具有较强的表现能力。根据设计阶段的不同，又可分为徒手作图和工具作图。

建筑模型是进行方案比较和分析的最佳手段，能使建筑形体、比例、组合更为直观，并能为非建筑专业人员对建筑方案的评议提供方便。根据设计阶段的不同，对模型的制作

6

要求也不一样。

2.掌握正确的思维方法和思维程序

建筑设计是一门综合性强、涉及面广的课程，怎样做到有条不紊、较好较快地完成设计任务，掌握正确的设计思维方法和思维程序（图0-16）， 是 完成好设计任 务的可靠保证。

3.努力扩大知识面，加强资料的积累

要完成一个建筑设计，不单纯是简单六面体的排列和组合，更重要的是要求设计人员本身应具备较宽的知识面，同时还必须具有一定 的功能分 析能 力、价值观念和审美能力等。资料的积累是从多渠道进行的，设计者所

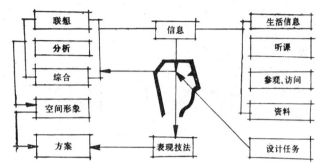

图 0-16 设计的思维方法与程序

积累的资料（包括现实形象、生活体验、创造发明等）越多， 在设计中的手法就可以灵活多变。

4.学会掌握从空间入手的构思方法

建筑物是一个多维空间的立体形象，而不是简单的面与面的围合。设计构思中应同时考虑平、立、剖、内部空间和外部形象，总是以一个立体形象出现，避免从某一个面思考问题。这样不但可以培养空间思维能力，还可以加快设计速度。

5.加强设计实践，提高设计能力

更多地参与建筑设计实践，是提高设计能力的有效途径。在实践中学习，总结经验，不断提高设计水平和表达能力。

第一篇　民用建筑设计原理

第一章　民用建筑概述

第一节　民用建筑的分类与分等

为了便于掌握各类建筑的规律性及特征，常从不同角度予以分类。民用建筑依其使用功能、规模、层数等的不同，分类如下：

一、按照使用功能分类

1. 居住建筑——供人们休息、生活起居所使用的建筑物。例如住宅、宿舍、公寓等。

2. 公共建筑——供人们进行政治、经济、文化科学技术交流活动等所需要的建筑物。按照它们的使用功能要求分为如下类型。

（1）生活服务性建筑：餐厅（食堂）、浴室、菜场、粮店、副食品店等。

（2）托幼建筑：托儿所、幼儿园等。

（3）文教建筑：学校、图书馆等。

（4）科研建筑：研究院（所）、科学实验楼等。

（5）医疗建筑：医院、门诊部、疗养院等。

（6）商业建筑：商店、商场等。

（7）行政办公建筑：各机关、单位办公楼。

（8）交通建筑：铁路客站、汽车站、港口、航空站、地铁车站等。

（9）广播通讯建筑：邮电所、广播电台、电视台、长途电话楼等。

（10）体育建筑：体育馆、体育场、游泳池等。

（11）观演建筑：电影院、剧院、杂技场等

（12）展览建筑：展览馆、陈列馆、博物馆等。

（13）旅馆建筑：旅馆、宾馆、招待所等。

（14）园林建筑：公园、动物园、植物园等。

（15）纪念建筑：纪念堂、纪念碑等。

二、按照规模和数量分类

（一）大量性建筑：住宅、中小学校、中小型医院、食堂、中小型影剧院等。

（二）大型性建筑：大型体育馆（场）、影剧院、航空站、海港、车站等。

三、按照民用建筑的层数分类

（一）低层建筑：1～2层。

（二）多层建筑：3～7层。

（三）高层建筑：8层或8层以上。

四、民用建筑的等级

（一）按建筑物的耐久性规定分级

建筑物的质量等级，是建筑设计最先考虑的重要因素之一。在进行建筑设计时，依其不同的建筑等级，采用不同的标准定额，选择相应的材料和结构类型，使其符合使用要求。

按照建筑物的使用性质和耐久年限分为五个等级，见表1-1。

按使用性质和耐久性规定的建筑物等级　　　　　　　　　表 1-1

建 筑 等 级	建 筑 物 性 质	耐 久 年 限
一	具有历史性、纪念性、代表性的重要建筑物，如纪念馆、博物馆、国家会堂等	100年以上
二	重要的公共建筑，如一级行政机关办公楼、大城市火车站、国际宾馆、大型体育馆、大剧院等	50年以上
三	比较重要的公共建筑和居住建筑，如医院、高等院校、以及主要工业厂房等	40～50年
四	普通的建筑物，如文教、交通、居住建筑以及工业厂房等	15～40年
五	简易建筑和使用年限在五年以下的临时建筑	15年以下

建 筑 物 的 耐 火 等 级　　　　　　　　　表 1-2

构件名称	燃烧性能和耐火极限（小时）　耐火等级	一 级	二 级	三 级	四 级
墙	防火墙	非燃烧体4.00			
	承重墙、楼梯间、电梯井墙	非燃烧体3.00	非燃烧体2.50		难燃烧体0.50
	非承重外墙、疏散走道两侧的隔墙	非燃烧体1.00	非燃烧体0.50	难燃烧体0.50	难燃烧体0.25
	房间隔墙	非燃烧体0.75	非燃烧体0.50		
柱	支承多层的柱	非燃烧体3.00	非燃烧体2.50		难燃烧体0.50
	支承单层的柱	非燃烧体2.50	非燃烧体2.00		燃 烧 体
梁		非燃烧体2.00	非燃烧体1.50	非燃烧体1.00	难燃烧体0.50
楼 板		非燃烧体1.00	非燃烧体0.50		难燃烧体0.25
屋顶的承重构件		非燃烧体1.50	非燃烧体0.50	燃 烧 体	燃 烧 体
疏散楼梯		非燃烧体1.00			
吊顶（包括吊顶搁栅）		非燃烧体0.25	难燃烧体0.25	难燃烧体0.15	

（二）按建筑物的耐火等级分级

按照建筑物的耐火程度，根据我国现行有关规定，建筑物的耐火等级分为四级，见表1-2。耐火等级标准主要根据房屋的主要构件（如墙柱、梁、楼板、屋顶等）的燃烧性能和它的耐火极限来确定。

耐火极限是指按规定的火灾升温曲线，对建筑构件进行耐火试验，从受到火的作用起，到失掉支持能力或发生穿透裂缝或背火一面温度升高到220℃时止，这段时间称为耐火极限，用小时表示。

第二节　建筑构成要素和党的建筑方针

一、建筑构成要素

建筑物构成的基本要素包含：建筑功能、物质技术条件、建筑形象。

（一）建筑功能

建筑功能即房屋的使用需要，它体现了建筑物的目的性。例如，建造工厂是为了生产，建造住宅是为了居住，生活和休息，建筑剧院是为了文化生活的需要。因此，满足生产、居住和演出的要求，就分别是工业建筑、住宅建筑、剧院建筑的功能要求。

各类房屋的建筑功能不是一成不变的，随着社会生产的发展，经济的繁荣，物质和文化水平的提高，人们对建筑功能的要求也将日益提高。以我国住宅建筑为例，现在的面积指标和生活设施的安排等，其水平就大大高于七十年代。所以建筑功能的日益丰富和变化，要受一定历史条件的限制。

（二）物质技术条件

物质技术条件是实现建筑的手段。它包括建筑材料、结构与构造、设备、施工技术等有关方面的内容。建筑水平的提高，离不开物质技术条件的发展，而后者的发展，又与社会生产力的水平和科学技术的进步有关。以高层建筑在西方世界的发展为例，十九世纪中叶以后，由于金属框架和蒸汽动力升降机的出现，高层建筑设备的完善，新材料的出现，新结构体系的产生，为促进高层建筑的广泛发展奠定了物质基础。

（三）建筑形象

建筑形象体现了建筑物的内外观感。它包括建筑体型、立面处理、内外空间的组织、装修及色彩应用等。建筑形象处理得当会给人以美的享受，表现出某个时代的生产力水平、文化生活水平、社会的精神面貌以及文化传统、民族特点和地方特征。

以上三方面，功能是主导的，一般情况下对技术条件和建筑形象起决定作用。但是后者也不是消极被动的，在一定条件下也能对建筑功能起到相当的制约作用。例如，没有大跨度结构形式的出现，大型体育馆的功能就难以实现。在功能要求和建筑技术条件相同的情况下，建筑形象具有很大的灵活性，同样用途的房屋，在建筑风格上也可能迥然不同。

二、党的建筑方针

一九五三年，我国开始了发展国民经济的第一个五年计划，这时党提出了"适用、经济、在可能条件下注意美观"的建筑方针。

方针以辩证唯物主义的观点，正确地指出了建筑三要素的关系，体现了社会主义的建设原则。它们是辩证统一而又有主次之分的。适用，是建筑的主要目的；建筑又是物质产品，必须考虑经济法则，注意经济效益；应该在适用、经济的前提下创造新颖美观的建筑形象。

建筑方针是我们进行建筑创作的指针，也是衡量建筑优劣的标准，必须认真贯彻执行。

第三节　建筑设计的内容和过程

建造房屋，从拟定计划到建成使用，通常有编制计划任务书。选择和勘测基地、设计、施工、以及交付使用后的回访总结等几个阶段。设计工作又是其中比较关键的环节，它必须严格执行国家基本建设计划，并且具体贯彻建设方针和政策。通过设计这个环节，把计划中有关设计任务的各种要求，表达为整幢或成组房屋的全套图纸，以交付施工。

一、建筑设计的内容

房屋的设计，一般包括建筑设计、结构设计和设备设计等几部分，它们之间既有分工，又相互密切配合。由于建筑设计是建筑功能、工程技术和建筑艺术的综合，它必须综合考虑建筑、结构、设备等工种的要求，以及这些工种的相互联系和制约，因此，在设计中起着主导作用；设计人员必须认真贯彻执行建筑方针和政策，正确掌握建筑标准，重视调查研究和群众路线的工作方法，熟悉社会和有较宽的知识面。建筑设计还和城市建设、建筑施工、材料供应以及环境保护等部门的关系极为密切。

建筑设计的依据文件主要有：

1.主管部门有关建设项目的使用要求、建筑面积、单方造价和总投资的批文，以及国家和地方规定的有关定额和指标；

2.工程设计任务书：由建设单位根据使用要求，提出各个房间的名称、用途、数量、面积大小以及其他一些要求，一般用"委托设计工程项目表"的形式表达。工程设计任务书的具体内容、建筑标准都应与主管部门的批文相符合；

3.城建部门同意设计的批文：内容包括用地范围（常用红线划定），以及有关规划、环境等城镇建设对拟建房屋的要求；

4.建设单位根据有关批文向设计单位正式办理委托设计的手续。根据工程项目的特点，办理委托设计手续的形式有两种：一是对于一般工程采用直接委托方式；二是对于规模较大、功能较复杂、且对城市面貌有较大影响或有其它某种特殊要求的工程，可采用招（投）标的方法，中标单位才有资格接受委托。

设计人员根据以上有关文件，通过调查研究，收集必要的原始数据和勘测设计资料，综合考虑总体规划、基地环境、功能要求、结构、施工、材料、设备、经济以及建筑艺术等多方面的问题，编制出整套设计图纸和文件，作为房屋施工的依据。

二、建筑设计的过程和设计阶段

在具体着手建筑平、立、剖面的设计前，需要有一个准备过程，做好熟悉任务书、调查研究等一系列必要的准备工作。

　　建筑设计一般分为初步设计和施工图设计二个阶段，对于大型的、比较复杂的工程，也有采用三个设计阶段，即在二个设计阶段之间，还有一个技术设计阶段（或称扩大初步设计），用来深入解决各工种之间的协调等技术问题。

　　由于建造房屋是一个较为复杂的物质生产过程，影响房屋设计和建造的因素又很多，因此在施工前必须综合考虑多种因素，编制出一整套设计施工图纸和文件。实践证明，遵循必要的设计程序，充分做好设计前的准备工作，划分必要的设计阶段，对提高建筑物的设计和建造质量是极为重要的。

　　设计过程和各个设计阶段具体分述如下：

　　（一）设计前的准备工作

　　1.熟悉设计任务书

　　具体着手设计前，首先需要熟悉设计任务书，以明确建设项目的设计要求。设计任务书的内容有：

　　（1）建设项目总的要求和建造目的的说明；

　　（2）建筑物的具体使用要求、建筑面积、以及各类用途房间之间的面积分配；

　　（3）建设项目的总投资和单方造价，并说明土建费用、房屋设备费用以及道路等室外设施费用的大致分配情况；

　　（4）建设基地范围、大小、周围原有建筑、道路、地段环境的情况，并附有地形测量图；

　　（5）供电、供水和采暖、空调等设备方面的要求，并附有水源、电源接用许可文件；

　　（6）设计期限和项目的建设进度要求。

　　设计人员应对照有关定额指标，校核任务书中单方造价、房间使用面积等内容，在设计过程中必须严格掌握建筑标准、用地范围、面积指标等有关限额。同时，设计人员在深入调查和分析设计任务以后，从合理解决使用功能、满足技术要求、节约投资等考虑，或从建设基地的具体条件出发，也可对任务书中一些内容提出补充或修改，但须征得建设单位的同意；涉及用地、造价、使用面积的，还须经城建部门或主管部门批准。

　　2.收集必要的设计原始数据

　　通常建设单位提出的设计任务，主要从使用要求、建设规模、造价和建设进度方面考虑的，房屋的设计和建造，还需要收集下列有关原始数据和设计资料：

　　（1）气象资料：所在地区的温度、湿度、日照、雨雪、风向和风速，以及冻土深度等。

　　（2）基地地形及地质水文资料：基地地形标高，土壤种类及承载力，地下水位以及地震烈度，有无溶洞、断层及滑坡等现象。

　　（3）水电等设备管线资料：基地地下的给水、排水、电缆等管线布置，以及基地上的架空线等供电线路情况。

　　（4）设计项目的有关定额指标：国家或地方有关设计项目的定额指标，例如住宅的每户面积或每人面积定额，学校教室的面积定额，以及建筑用地、用材等指标。

　　3.设计前的调查研究

设计前调查研究的主要内容有：

（1）建筑物的使用要求：深入访问使用单位，认真学习调查国内外同类已建房屋的图纸资料及实际使用情况，通过分析和总结，对所设计房屋的使用要求，做到心中有数。

（2）建筑材料供应和结构施工等技术条件：了解设计房屋所在地区建筑材料供应的品种、规格、价格等情况，预制混凝土制品以及门窗的种类和规格，新型建筑材料的性能、价格以及采用的可能性。结合房屋使用要求和建筑空间组合的特点，了解并分析不同结构方案的选型，当地施工技术和起重、运输等设备条件。

（3）基地踏勘：根据城建部门所划定的设计房屋基地的图纸，进行现场踏勘，深入了解基地和周围环境的现状及历史沿革，核对已有资料与基地现状是否相符，如有出入给予补充和修正。从基地的地形、方位、面积和形状等条件，以及基地周围原有建筑、道路、绿化等多方面的因素，考虑拟建建筑物的位置和总平面布局的可能性。

（4）当地传统建筑经验和生活习惯：传统建筑中有许多结合当地地理、气候条件的设计布局和创作经验，根据拟建建筑物的具体情况，可以取其精华，以资借鉴。同时在建筑设计中，也要考虑到当地的生活习惯以及人们喜闻乐见的建筑形象。

（二）初步设计阶段

初步设计是建筑设计的第一阶段，它的主要任务是在已定的基地范围内，按照设计任务书所拟的房屋使用要求，综合考虑技术经济条件和建筑艺术方面的要求，提出设计方案。

初步设计的内容包括确定建筑物在基地上的位置和组合方式，选定所用建筑材料和结构方案，以及立面造型和室内外空间设计，说明设计意图，分析设计方案在技术上、经济上的合理性，并提出概算书。

初步设计的图纸和设计文件有：

1.建筑总平面。比例尺1：500～1：2000，图中应包括建筑物在基地上的位置、标高、道路、绿化以及基地上主要设施的布置和说明等内容。

2.各层平面及主要剖面、立面。比例尺1：100～1：200，图中标出房屋的主要尺寸、房间的面积、高度以及门窗位置。部分室内家具和设备的布置等。

3.说明书。说明设计方案的主要意图、主要结构方案及构造特点、以及主要技术经济指标等。

4.建筑概算书。

5.根据设计任务的需要，可以辅以建筑透视图或建筑模型。

建筑初步设计有时可有几个方案进行比较，送交有关部门审批确定最佳方案，方案批准下达后，这一方案便是第二阶段设计、材料设备定货、施工图编制以及基建拨款等的依据文件。

（三）技术设计阶段

技术设计是三个阶段建筑设计时的中间阶段。它的主要任务是在初步设计的基础上，进一步确定房屋各工种之间的技术问题。

技术设计的内容为各工种相互提供资料、提出要求，并共同研究和协调编制拟建工程各工种的图纸和说明书，为各工种编制施工图打下基础。在三阶段设计中，经过送审并批准的技术设计图纸和说明书等，是施工图编制、主要材料设备定货以及基建拨款的依据文件。

技术设计的图纸和设计文件，要求建筑工种的图纸标明与技术工种有关的详细尺寸，并编制建筑部分的技术说明书；结构工种应有房屋结构布置方案图，并附初步计算说明；设备工种也提出相应的设备图纸及说明书。

（四）施工图设计阶段

施工图设计是建筑设计的最后阶段。它的主要任务是满足施工要求，即在初步设计或技术设计的基础上，建筑、结构、设备各工种相互交底、核实校对，进行综合，在深入了解材料供应、施工技术、设备等条件后，做到完全符合施工要求的整套图纸的完整、简明、准确。

施工图设计的图纸及设计文件有：

1.建筑总平面。比例1:500，当建筑基地范围较大时，也可用1:1000、1:2000；图中应详细标明基地上建筑物、道路、设施等所在位置的尺寸、标高，并附设计总说明。

2.各层建筑平面、各个立面及必要的剖面。比例1:100~1:200。

3.建筑构造节点详图。根据需要可采用1:1、1:5、1:10、1:20等比例尺。主要包括有檐口、墙身和各构件的连接点、楼梯、门窗以及各部分的装饰大样等。

4.各工种相应配套的施工图。

5.建筑、结构及设备等各类说明书。

6.结构及设备的计算书（不交施工单位）。

7.工程预算书。

第四节　建筑设计的要求和依据

一、建筑设计的要求

（一）功能要求

建筑功能包括：满足实际使用的物质功能和满足人们观感、感受的精神功能。在一般民用建筑中，物质使用功能占主导地位，精神功能居第二位。例如，学校建筑首先要满足教学活动需要，功能分区要合理，教室、实验室、办公室等的数量要满足规模和使用要求。而对于园林建筑、纪念性及宗教性建筑，它们要给人们情感上施加相应的影响，使精神功能成为主导。如园林建筑中的楼、台、亭、榭主要供观赏游乐，造型要活泼、优美，以便给人们轻松愉快的感觉；纪念性建筑则要激起人们对历史的回忆，从而产生崇敬怀念的情感。

要使建筑功能达到适用，就应对设计对象有深刻的了解，掌握它应具有的使用要求、特征及未来发展方向等。同时还应明确：建筑是为人服务的，人是建筑的主人。要使建筑功能达到适用，就要为人们生活、工作、学习、娱乐等创造良好的环境。

应该指出：功能要求不是一成不变的，它会随着社会的发展、人们的文化生活水平的提高、建筑环境、民族传统、地方风俗的不同而有一定的变化，建筑设计必须与之适应。

（二）技术要求

建筑是依赖于建筑材料、结构、施工等物质技术手段予以实现的。要使设计的建筑物成为现实，就要根据建筑用途及规模，选用适当的建筑材料和结构类型。如多层住宅　宿舍等建筑，因房间小、数量多，又大量建造，一般用砖混结构即可满足使用要求，又可节约投资；对商店建筑，则需要用框架结构，才能满足室内宽大通畅的使用要求。

选择合理的技术措施应有利于建筑风格的创新，也应和当地施工技术力量相适应，还要不断注意建筑技术的发展，尽量采用新材料、新工艺、新结构、新技术。

（三）经济要求

房屋在建设过程中，要花费大量的人力、物力和资金，因此，必须注意节约，以获得良好的经济效果。

良好的经济效果体现在：（1）在确定建设项目的规模及建筑地点时，要考虑到将来的经济效益，切不可因事前计划不周，造成较大浪费。（2）设计中要因地制宜、就地取材，严格控制建筑标准和造价指标。（3）在施工中注意节省人力、物力、财力，努力提高工程质量，降低成本，缩短工期，促使工程早日交付使用，以发挥投资效益。（4）在房屋耐久年限以内，必须使经常维修费较低。即要考虑建筑物的总体经济效果。

（四）造型与空间要求

建筑物的体型、轮廓、比例、质感、色彩与周围建筑关系、室内空间的变化无不给人以精神感受。为使建筑造型美观，空间处理丰富合理，就要借助构图规律及形式美的法则对建筑体型、立面及内外空间给以恰当处理，使之与周围环境协调，与建筑性格合宜，以取得简洁、和谐、美观、大方的效果，重要的建筑物还要强调"立意"，以创造出具有一个国家或地区特色的新的建筑形象。

（五）规划与环境要求

单体建筑是建筑群体的一部分，必须与环境协调，与规划吻合。因此，在设计单体建筑时，要了解规划意图和建设地点的环境（如道路走向、地形地貌、原有建筑的风格等），以便使新设计的建筑与之相呼应、相配合，获得与原有环境融为一体、并丰富原有环境的效果。

二、建筑设计的依据

（一）人体尺度和人体活动所需的空间尺度

建筑物中家具、设备的尺寸，踏步、窗台、栏杆的高度，门洞、走廊、楼梯的宽度和高度，以至各类房间的高度和面积大小，都和人体尺度以及人体活动所需的空间尺度直接或间接有关，因此人体尺度和人体活动所需的空间尺度，是确定建筑空间的基本依据之一。我国成年男子和女子的平均身高分别为1670毫米和1560毫米（据《建筑设计资料集》第一集第6页），人体尺度和人体活动所需的空间尺寸见图1-1所示。

（二）家具、设备的尺寸和使用它们的必要空间

家具、设备的尺寸，以及人们在使用家具和设备时，在它们近旁必要的活动空间，是考虑房间内部使用空间的又一重要依据。民用建筑中常用的家具和设备尺寸见图1-2。

（三）温度、湿度、日照、雨雪、风向、风速等气候条件

气候条件对建筑设计有较大影响。例如湿热地区，房屋设计要很好考虑隔热、通风和遮阳等问题；干冷地区，通常又希望把房屋的体型尽可能设计得紧凑一些，以减少外围护面的散热，有利于室内采暖、保温。

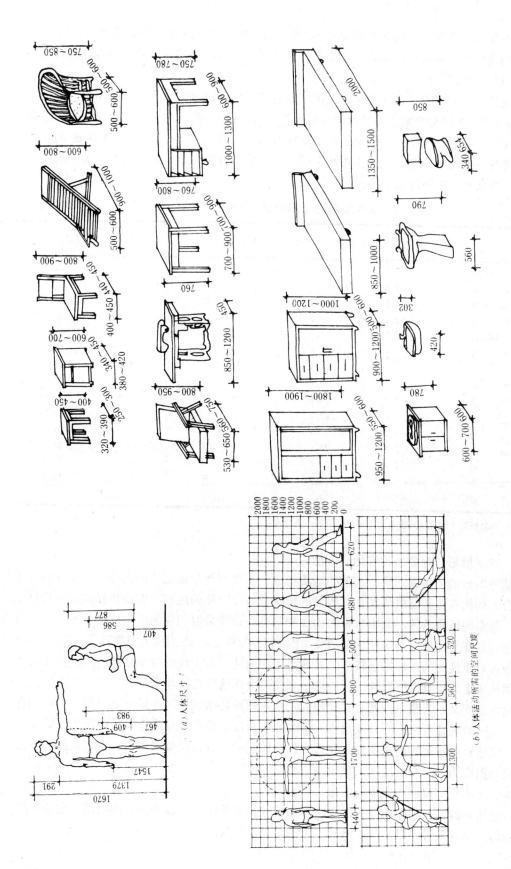

图 1-2　常用家具和设备的尺寸

图 1-1　人体尺度和人体活动所需的空间尺度

日照和主导风向，通常是确定房屋朝向和间距的主要因素，风速是高层建筑、电视塔、烟囱等设计中考虑结构布置和建筑体型的重要因素，雨雪量的多少对屋顶形式和构造也有很大影响。

设计前，须要收集当地上述有关的气象资料，作为设计的依据。

表1-3是我国部分城市的最冷最热月平均气温，图1-3是这些城市的全年及夏季风向频率玫瑰图（即风玫瑰图），是根据某一地区多年平均统计的各个方向吹风次数的百分数值，并按一定比例绘制，一般多用八个或十六个罗盘方位表示。玫瑰图上所表示的风的吹向，是指从外面吹向地区中心。

我国部分城市的最冷最热月气温（°C）   表 1-3

城 市 名 称	最冷月平均	最热月平均	城 市 名 称	最冷月平均	最热月平均
哈 尔 滨	−19.7	22.9	南 京	2.0	28.1
长 春	−17.0	23.1	合 肥	1.3	28.5
乌 鲁 木 齐	−16.1	23.2	上 海	3.5	28.0
沈 阳	−12.8	25.2	成 都	5.7	25.5
呼 和 浩 特	−13.3	21.9	汉 口	3.4	28.6
北 京	−4.8	25.8	杭 州	3.6	28.8
天 津	−4.7	26.5	拉 萨	−2.2	15.9
银 川	−9.3	23.6	南 昌	4.6	29.7
石 家 庄	−3.4	26.9	贵 阳	4.9	24.5
太 原	−7.5	23.9	长 沙	4.2	29.6
西 宁	−9.3	17.2	福 州	10.6	28.7
济 南	−2.0	27.6	南 宁	13.5	29.0
兰 州	−7.4	22.8	昆 明	8.2	19.9
郑 州	−0.2	27.2	广 州	13.2	28.3
西 安	−1.7	27.3			

注：此表根据《建筑设计资料集》第一册第57、58页制。

（四）地形、地质条件和地震烈度

基地地形的平缓或起伏，基地的地质构成、土壤特性和地耐力的大小，对建筑物的平面组合、结构布置和建筑体型都有明显的影响。坡度较陡的地形，常使房屋结合地形错层建造，复杂的地质条件，要求房屋的构成和基础的设置采取相应的结构构造措施。

地震烈度表示地面及房屋建筑遭受地震破坏的程度。在烈度为五度及五度以下的地区，地震对建筑物的损坏影响较小。九度以上的地区，由于地震过于强烈，从经济因素及材料消耗考虑，除特殊情况外，一般应尽可能避免在这些地区建设。

地震烈度又分为基本烈度和设计烈度。基本烈度是指该地区今后一定时期内（如一百年内），一般场地条件下，可能遭遇的最大地震烈度。设计烈度是指设计中所采用的地震烈度，它是根据建筑物的重要性，在基本烈度的基础上进行调整确定的。抗震设防的重点是对设计烈度为六～九度地区的房屋。

地震区的房屋设计，主要应考虑：

1.选择对抗震有利的场地和地基，例如应选择地势平坦、较为开阔的场地，避免在陡坡、深沟、峡谷地带，以及处于断层上下的地段建造房屋。

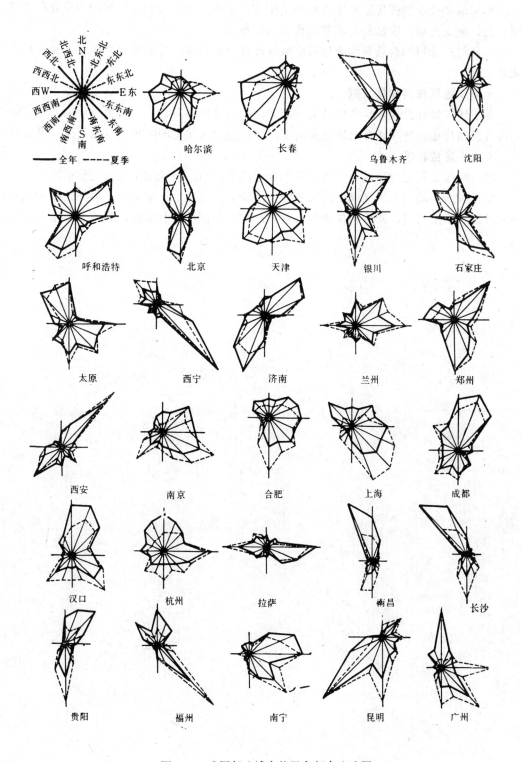

图 1-3 我国部分城市的风向频率玫瑰图

2.房屋设计的体型，应尽可能规整、简洁，避免在建筑平面及体型上的凹凸。例如住宅设计中，地震区应避免采用突出的楼梯间和凹阳台等。

3.采取必要的加强房屋整体性的构造措施，不做或少做地震时容易倒塌或脱落的建筑附属物，如女儿墙、附加的花饰等须作加固处理。

4.从材料选用和构造做法上尽可能减轻建筑物的自重，特别需要减轻屋顶和围护墙的重量。

（五）建筑模数和模数制

为了建筑设计、构件生产以及施工等方面的尺寸协调，提高建筑工业化的水平，降低造价并提高房屋设计和建造的质量和速度，建筑设计应采用国家规定的建筑统一模数制。

（六）定位轴线

定位轴线是确定房屋主要构件位置和尺寸的基准线，也是施工放线的依据。

定位轴线的确定必须在满足建筑功能使用要求的前提下，尽量统一与简化结构或构件等尺寸以及节点构造，减少构件类型和规格，扩大预制构件和装配化程度及通用互换性。

第二章　建筑平面设计

一幢建筑物的平、立、剖面图，是这幢建筑物在不同方向的外形及剖切面的投影，这几个面之间是有机联系的，通过平、立、剖面图，便可以表达出一幢建筑物的三度空间。

建筑平面表示建筑物在水平方向房屋各部分的组合关系。由于建筑平面通常较为集中地反映建筑功能方面的问题，一些剖面关系比较简单的民用建筑，它们的平面布置基本上能够反映空间组合的主要内容，因此，我们往往从建筑平面的分析入手设计。但是在平面设计中，始终需要从建筑整体空间组合的效果来考虑，紧密联系建筑剖面和立面，分析剖面、立面的可能性和合理性，不断调整修改平面，反复深入。也就是说，虽然我们从平面设计入手，但应着眼于建筑空间的组合。

各种类型的民用建筑，从组成平面各部分面积的使用性质来分析，主要可以归纳为使用部分和交通联系部分两类：

使用部分是指主要使用活动的面积和辅助使用活动的面积，即各类建筑物中的主要房间和辅助房间。

主要房间：例如住宅中的起居室、卧室；学校中的教室、实验室；商店中的营业厅；剧院中的观众厅等。

辅助房间：例如住宅中的厨房、浴室、厕所，一些建筑物中的贮藏室、盥洗室、厕所以及各种电气、水暖等设备用房。

交通联系部分是建筑物中各个房间之间、楼层之间和房间内外之间联系通行的面积，即各类建筑物中的走廊、门厅、过厅、楼梯、坡道，以及电梯和自动扶梯等所占的面积。

建筑物的平面面积，除了以上两部分外，还有房屋构件所占的面积，即构成房屋承重系统、分隔平面各组成部分的墙、柱、墙墩以及隔断等构件所占的面积。

第一节　主要房间的平面设计

建筑平面中各个主要房间和辅助房间，是建筑平面组合的基本单元。

一、主要房间的分类

从主要房间的功能要求来分类，主要有：

1.生活用房间：住宅的起居室、卧室，旅馆和招待所中的客房等；

2.工作、学习用房间：各类建筑物中的办公室，学校中的教室、实验室等；

3.公共活动房间：商场的营业厅、影剧院的观众厅等。

二、主要房间的设计要求

一般说来，生活、工作和学习用的房间要求安静、少干扰，由于人们在其中停留的时间相对地较长，因此希望能有较好的朝向；公共活动房间的主要特点是人流比较集中，通常出入频繁，因此室内人们活动和通行面积的组织比较重要，特别是人流的疏散问题较为突出。

具体地说，主要房间的设计要求有以下几个主要方面：

（一）满足房间使用特点的要求

主要房间随着用途的不同，往往具有不相同的使用特点。如集体宿舍中的寝室、其居住对象是职工或学生，居住者具有长期性、固定性的特点，决定房间大小时，要考虑到都要放置一些生活、学习用品的需要；旅馆建筑中的客房，居住对象具有流动性、临时性的特点，由于旅客要求居住的条件不同，则形成了不同标准的客房。对于办公室，其特点则随办公对象、办公方式、室内办公人员的多少而有所区别。再如影剧院的观众厅，其使用特点是既要容纳较多的观众、人流集散要方便，又要求看得清楚、听得清晰。

（二）满足室内家具、设备布置的需要

不同用途的房间，需要布置与房间用途相适应的家具、设备，如卧室要求布置床、桌、椅、柜等，教室要求布置课桌、椅、黑板、讲台等。

室内家具数量、形式规格（图1-2）、家具布置方式均影响房间大小。从家具数量来看，有些主要房间如教室、观众厅等使用人数与家具有一定的固定比例关系，家具数量可由使用人数多少予以确定；也有些使用房间如卧室、起居室等，使用人数的灵活性较大，室内家具数量与布置也应是灵活多变的；还有些房间如候车室、厨房等，家具数量可按候车室类型和厨房操作需要分别确定，其家具布置要受人流组织或操作流程的影响，布置应满足使用要求。另外，为了方便使用，布置家具时，应在家具旁留出必要的活动尺寸（图2-1）。

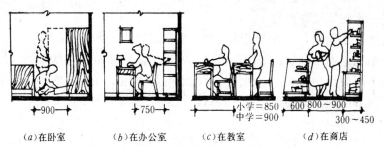

| (a)在卧室 | (b)在办公室 | (c)在教室 | (d)在商店 |

图 2-1　家具旁需留必要的活动尺寸示意

（三）满足室内交通活动的要求

为满足室内交通活动的要求，应保证室内有必要的交通活动面积。不同用途的房间，交通活动面积差别较大，如影剧院观众厅因座位安排较多，其通道只供交通活动需要，通常按两人通行宽度考虑，即1100～1200mm。住宅建筑中，兼起居活动的居室，由于全家团聚的需要，活动面积所占的相对比例就大得多（图2-2）。

（四）满足采光通风要求

采光要求随房间用途不同而有差别，如阅览室、制图室要求光线充足、均匀；宿舍、居室的采光要求则低些。满足采光要求就是在决定采光口尺寸和位置时，要保证室内具有满足使用要求的自然光线。室内通风要求是气流通畅，避免不通风的死角。夏季炎热的地区，要注意组织穿堂风（图2-3）。

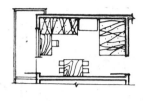

(a)剧院观众厅　　　　　　(b)居室兼起居室

图 2-2　不同用途的房间室内交通面积比较

(a)通风良好　　(b)通风较差

图 2-3　窗相对位置对室内气流影响示意

（五）满足结构布置及施工的要求

房间的平面形状、尺寸大小、门窗洞口的大小及位置等与结构布置和施工有着密切的关系，因此，在设计主要房间时，要考虑到结构布置的合理及施工的便利。

（六）满足人们的审美要求

室内空间是人们长期工作、学习、休息的场所。人们对房间的审美要求是：大小适宜。比例恰当、色彩协调、门窗布置合理，使人产生舒适、愉快的感受。

三、房间平面形状的确定

房间平面形状可以是矩形的，也可以是非矩形的。房间平面形状的确定，要综合考虑房间的使用要求、室内空间观感、整个建筑物的平面形状及建筑物周围环境等因素。

在住宅、宿舍、办公、旅馆等民用建筑中，主要房间用途单一，相同类型的房间数量较多，使用中一般无特殊使用要求，通常采用矩形平面的房间（图2-4）。其原因是这种平面形状能满足使用要求，便于室内家具布置，便于平面组合，室内空间观感好，易于选用定型的预制构件，有利于结构布置和方便施工。

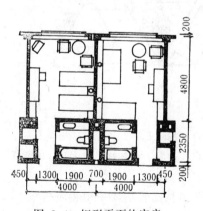

图 2-4　矩形平面的客房

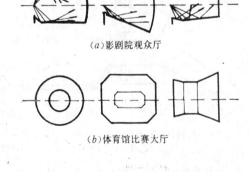

(a)影剧院观众厅

(b)体育馆比赛大厅

图 2-5　非矩形平面的房间示意

影剧院的观众厅及体育馆的比赛大厅等房间，由于空间尺度大，使用中要求看得清楚，听得清晰，为了保证视线与音响效果，房间多选用钟形、扇形、六边形等非矩形平面形状（图2-5）。

有些情况下，为了改善房间朝向，避免东西晒或为了适应地形的需要，房间可为非矩形平面形状（图2-6）。在有的建筑物中，或因平面组合的需要（图2-7），或因建筑物的立面造型需要采用了非矩形平面（图2-8）房间也可以做成非矩形平面。

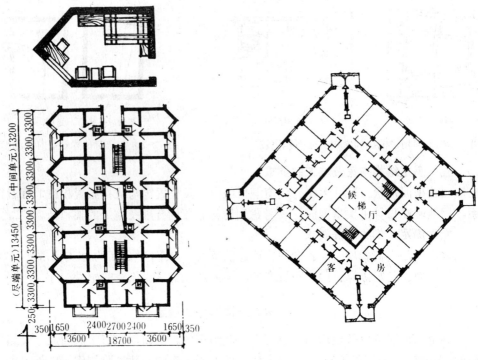

图 2-6 为改善朝向或视野形成的非矩形房间   图 2-7 平面组合中出现的三角形房间

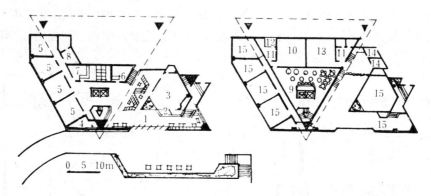

图 2-8 非矩形平面的房间形状

1.大厅；2.接待；3.多功能厅；4.办公；5.小会议室；6.衣帽；7.复印；8.幻灯制作；9.酒吧；10.演播室；
11.控制室；12.录音；13.电化教室；14.休息；15.首层上空

采用非矩形平面房间时，内部空间处理、家具和结构布置均要采用相应措施，以便适应房间形状的要求。

四、主要房间平面尺寸的决定

主要房间因用途及规模不同，其大小有很大的差别，如小居室仅几平方米即能满足1～2人的居住要求，又如大会堂、大型体育馆比赛大厅等则需要成千上万平方米的使用面积。影响房间大小的主要因素是：房间的用途、使用特点；房间容纳的人数，家具种类、数量及布置方式；室内交通活动；采光通风；结构经济合理性及建筑模数等。

一般实际工作中，当设计者对建筑物中的房间使用要求有较为深刻的了解时，常在做方案时，直接确定房间的进深及开间，并根据不同的需要，再确定不同房间的大小尺寸；也有的设计人员以设计任务书提出的房间面积为依据，综合考虑各类房间的使用要求，再具体确定房间的进深和开间；还有的依据国家主管部门规定的有关标准，来具体确定各类房间的尺寸。如医院建筑，国家规定了各类房间的具体尺寸，中小学校等建筑国家规定了各类房间的使用面积，这些规定在一定范围内具有强制性，它是根据使用要求，长期实践经验及国家经济条件决定的，设计者应遵照执行。而有的建筑如住宅、大专院校等，国家仅规定了每户或每人应占有的平均建筑面积指标，房间面积的大小有一定的灵活性，设计者可在控制总指标的前提下，对各类房间大小，根据实际需要，予以灵活处理。

为了在具体确定房间大小时，有章可循，现分述如下几种情况：

（一）单一开间的房间平面尺寸

对于仅有一个开间的使用房间(如宿舍、住宅中的居室、单间客房、单间办公室等)，因其使用人数少，房间面积一般不超过20m²使用活动对房间尺寸无特殊要求，其平面尺寸主要根据有利于灵活布置家具及结构的经济合理性来确定，多用开间及进深的大小来表示。

从家具布置方面分析，以住宅建筑中能供夫妇及一个不满十二周岁的孩子居住的大居室为例，尽管各户室内家具种类、规格、数量、布置方式不尽相同，但床在房间内占面积最大，它的布置对房间的使用起决定作用。为了便于家具灵活布置，设计时应使大居室内的床位即可沿开间方向布置，又可沿进深方向布置（图2-9）。当沿开间方向布置时，考虑到床的长度、门洞宽度、墙体厚度及模数要求，开间尺寸不应小于3.3 m。同理，当沿进深方向布置两张床时，其进深尺寸不应小于4.5m。因此，大居室的最小尺寸应为3.3×4.5m。

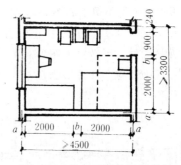

图 2-9　居室开间进深的确定

从结构的经济合理性分析，单一开间的房间以用横墙承重比较适宜，这时开间轴线尺寸等于楼板的跨度。由于钢筋混凝土楼板的经济跨度不宜超过4.2m，对于砖混结构的房屋，房间开间上限应为4.2m。

（二）多开间房间的平面尺寸

对多开间的房间，因使用要求及使用特征不同，房间平面形状、长宽尺寸变化很大，因此，应用不同方法确定尺寸。

1.通过排列计算来确定房间尺寸

使用这种办法的先决条件是：房间的使用人数及家具排列较为固定；家具与使用人数成正比例关系，如中学教室是每个学生一桌一椅（或二人合用一桌一凳），影剧院的观众厅是每个观众一把座椅等。

如中学普通教室一般容纳五十名学生，其使用特点是以听课为主。为保证学生视、听质量，基本使用要求是：第一排桌前沿距黑板一般不应小于２米，以便在教室前方布置黑板、讲台、讲桌，并保证学生从讲桌前方通过，也可减少粉笔灰对学生的健康影响；第一排两侧学生看黑板远端的视线与黑板面所成夹角不宜小于30°，以保证学生看黑板不致于产生眩光与斜视；最后一排学生距黑板不宜超过8.5米，以保证学生在正常视力及采光照明条件下看清黑板上100×100mm的字迹。教室桌椅尽量按2人一组安排，可保证学生从纵向通道直接到达自己的座位，也便于教师辅导每个学生。每排安排学生数，要视选用教室平面形状而定：用矩形教室时，每排可安排八名；用方形教室时，每排安排八至十名学生。排距按桌椅规格及学生使用活动要求（图2-1c）决定，中学排距取900mm。按交通活动，纵向通道宽度应能保证两个学生侧身通过或满足教师在辅导学生时不影响学生书写为原则，一般取550～650mm，最后排学生因人数少且在靠窗一侧，不影响交通。但倒数第二排与后墙距离，考虑到通行与设门，最小尺寸应为1020mm。

通过以上分析安排，矩形教室（图2-10a）所需长度与宽度为：

宽度（即进深）= 4×桌长 + 3×过道宽度 + 纵墙内表面到纵向定位轴线距离×2
= 4×1000 + 3×550 + 250×2
= 6550（mm）

因为6550mm不符合模数，调整为6600mm。

长度 = 2000 +（排数 − 1）×排距 + 1020 + 横墙内表面到横向定位轴线距离×2
= 2000 + 6×900 + 1020 + 120×2
= 8660（mm）

因为8660mm也不符合模数，考虑到楼板的经济跨度，教室可划分为三个开间，教室长度调整为9000mm，即每个开间为3000mm。

同理，对方形教室（图2-10b）、观众厅、餐厅等均可通过排列计算，求得房间的尺寸。所不同的是：各种房间局部尺寸要按各自的使用要求、家具排列及交通活动等予以具体确定。

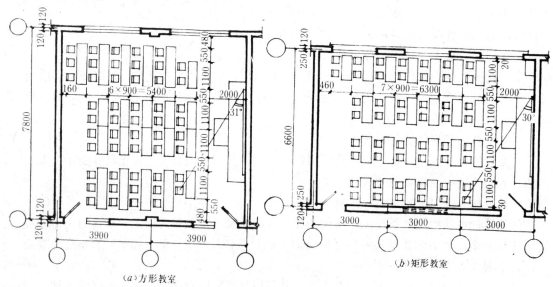

图 2-10　教室开间进深的确定

2.通过分析估算，确定使用人数不固定的房间尺寸

对于使用人数不固定、人与家具没有确定的比例关系的房间，如商店营业厅、剧院休

26

息厅等，因使用要求与具体处理方式极不相同，要想得到这类房间的尺寸，可通过调查研究，分析估算有关数据，再结合建筑规模、基地现状及经济条件等予以合理确定。

如设计百货商店营业厅，当为闭架售货时，单排柜台、营业员走道及货架需要的宽度常为1750～1950mm，顾客走道宽度就需要通过调查研究，一般当为小型商店时，因顾客较少，除考虑有顾客在柜台购买商品外，还应考虑2～3股人流通行所需的宽度，中型商店按4股人流通行，大型商店按4股以上人流通行考虑，因此柱网的尺寸是：小型商店单面布置柜台约为4600～4800mm，双面布置柜台约为6500～6700mm；中型商店约为7000～7400mm；大型商店约为7500mm以上（图2-11）。确定了柱网，再结合需要的营业厅规模、基地现状，来确定营业厅的房间大小。

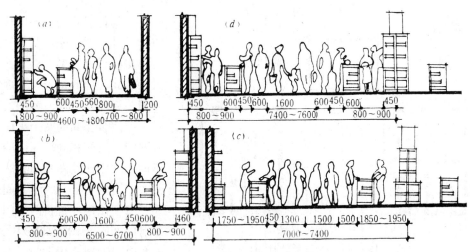

图 2-11　百货商店顾客通道宽度
（a）、（b）适于小型百货商店；（c）适于中型百货商店；（d）适于大型百货商店

（三）多功能房间及灵活大空间房间尺寸的决定

有些房间如多功能大厅、多用途阶梯教室、不定期更换展览的展览室、可随使用需要能调整房间大小的大空间住宅，它们的共同特点是：房间在一定范围是可以调整的。这类房间尺寸的确定，应以主要功能要求为依据，兼顾其它变化时的需要，以可拆装的隔墙、活动座椅、可移动的柜子等来调整房间大小。图2-12是用可拆装的轻质隔墙灵活分隔房间的大空间住宅方案。

房间尺寸的确定方法还有一些，这里就不再赘述了。在具体运用上述方法时，一定要根据具体对象的使用要求，深入分析其使用特征与规律，才能使房间尺寸确定得具体、准确。

五、房间门的设置

房间门的设置包括确定房间门的数量及宽度、位置及开启方向。

门的数量及宽度主要由房间用途、房间大小、容纳人数多少、安全疏散及搬运家具或设备的需要决定。生活及办公用的小房间，每间可设一个门，因使用人数不多，疏散问题易于解决。门宽应由搬运大件家具及人携带物品易于通过的需要决定，通常门取900～1000

mm。而辅助房间的门因较少搬运大件家具，其门宽可小些，因此，住宅厨房及阳台门多取800mm，厕所门取650～700mm。当室内人数多于50人或房间面积大于60m²时，按防火要求应设两个门，单个门宽不小于900mm。一些人流大量集中的房间，如影剧院、礼堂的观众厅及车站候车室、商场营业厅等公共建筑的房间，疏散用门的数量及宽度应符合"防火规范"的要求，一般不应少于两个出口。

门的位置及开启方向应便于室内家具布置、交通路线简捷及适应房间组合需要。对于面积不大的房间，门的位置与室内家具布置关系非常密切，如图2-13所示单身宿舍房间的两个平面，二者开间、进深相同，仅门的位置不同，右图比左图多布置一个床位。当房间为三至四个开间时，为了方便使用，常将两个门分设于房间两端（图2-10b）。对于人数众多的观众厅，为了方便疏

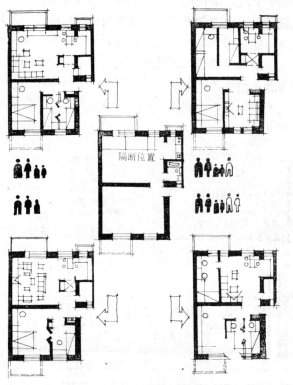

图 2-12 灵活分隔房间的住宅

散，太平门通常均匀布置并与室内通道相连，且门应向外开，以便使观众尽快到达室外（图2-14）。当几个房间相套时，门的位置应有利于房间组合，使交通路线简捷，便于使用，并使房间面积得到充分利用（图2-15）。

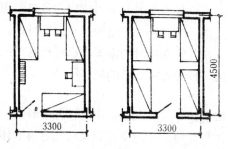

图 2-13 门的位置对家具布置的影响

图 2-14 观众厅门的位置与开启方向

图 2-15 房间相套时门的位置及开启方向

（a）、（b）、（c）门的位置及开启方向不正确、影响房间使用；（d）较好；（e）门位置及开启方向均正确

六、窗的大小和位置

决定窗的大小和位置时，要考虑室内采光、通风、立面美观、建筑节能及经济等方面要求。

房间采光要求决定于房间用途。在天然采光中，凡需要光线强的房间，窗户面积应大些，反之则小些。实际中，可按表2-1的采光等级，定出相应的窗地面积比，再根据室内地板面积，求出窗洞面积。窗洞在剖面上的位置确定在第三章介绍。

民 用 建 筑 采 光 等 级 表　　　　　　　　　　　　　　表 2-1

采光等级	视 觉 工 作 特 征		房间用途举例	窗地面积比
	工作或活动要求精确程度	要求识别的最小尺寸（mm）		
I	极精密	<0.2	设计室、手术室、画廊、绘画室	1/4
II	精密	0.2~1	阅览室、医务室、健身房、专业实验室	1/5
III	中等精密	1~10	办公室、教室、会议室、营业厅	1/6
IV	粗糙		起居室、卧室、观众厅	1/7
V	极粗糙		门厅、走廊、楼梯间、贮藏室	1/10

房间通风与窗的大小、开启扇多少及位置有关。为了使室内污浊空气尽快排出，或为了增加人的舒适感，可将门窗分别布置在对面墙上，以形成穿堂风（图2-16）。

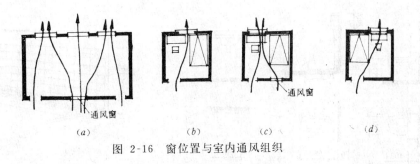

图 2-16　窗位置与室内通风组织

在建筑立面上，窗的大小及位置对建筑美观影响很大，设计中，常根据立面需要，适当调整窗的大小及位置。

就建筑节能与造价来看，窗户面积不宜太大。因为窗户为保温的最薄弱环节，它不仅冬季散热多，而且窗缝隙冷空气渗透也相当可观。所以从节能来看，寒冷地区不宜开大窗户。在造价方面，由于单位面积窗的造价高于外墙，加大窗户就意味着建筑造价的提高。然而在实践中，为了建筑美观要求而加大窗户面积的情况也是经常出现的。问题在于要做具体分析，且要做到合理。

第二节　辅助房间的平面设计

辅助房间平面设计的原理、原则和方法与主要房间平面设计基本一致；所不同的是房间的空间大小和尺度受室内设备的影响很大。如锅炉房的大小主要受锅炉设备大小的影响。

不同类型建筑物的辅助房间其形式、大小都不尽一致，但是用得比较普遍、比较多的辅助房间是厕所、浴室、盥洗室、厨房等。它们按其使用特点又有专用和公用之分。

辅助房间是民用建筑中不可缺少的一部分，如果设计不合理，对整个房屋设计往往造成很大影响，所以辅助房间的设计也是建筑设计中不可忽视的一部分。

本节仅介绍公共建筑卫生间的设计，住宅卫生间与厨房设计将在第八章介绍。

一、卫生间的设计要求

1. 在满足设备布置及人体活动要求的前提下，力求布置紧凑、节约面积。
2. 公共建筑中的卫生间，应有天然采光和自然通风。
3. 为了节约管道，厕所、盥洗室等宜左右相邻、上下相对。
4. 卫生间位置既要隐蔽，又要易找。
5. 要妥善解决卫生间的防火、排水问题。

二、卫生设备的选择

卫生设备选择因建筑用途、规模、标准、生活习惯不同而有所区别。可供选择的卫生设备规格、类型较多，产品也因生产厂家不同，尺寸也有一定差别。图2-17是一般民用建筑中常用的几种卫生设备。

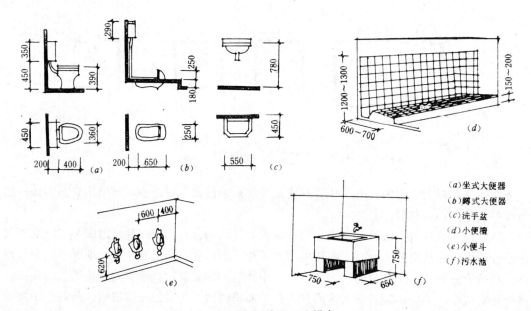

(a)坐式大便器
(b)蹲式大便器
(c)洗手盆
(d)小便槽
(e)小便斗
(f)污水池

图 2-17　九种常用卫生设备

| | | 部分建筑厕所设备参考指标 | | | 表 2-2 |

<table>
<tr><th>建 筑 类 型</th><th>男 小 便 器
（人／个）</th><th>男 大 便 器
（人／个）</th><th>女 大 便 器
（人／个）</th><th>洗 手 盆</th><th>男 女 比 例</th></tr>
<tr><td>体 育 馆</td><td>80</td><td>250</td><td>100</td><td>150</td><td>2:1</td></tr>
<tr><td>影 剧 院</td><td>35</td><td>75</td><td>50</td><td>140</td><td>2:1～3:1</td></tr>
<tr><td>中 小 学</td><td>40</td><td>40</td><td>25</td><td>100</td><td>1:1</td></tr>
<tr><td>火 车 站</td><td>80</td><td>80</td><td>50</td><td>150</td><td>2:1</td></tr>
<tr><td>宿 舍</td><td>20</td><td>20</td><td>15</td><td>15</td><td>按实际情况</td></tr>
<tr><td>旅 馆</td><td>20</td><td>20</td><td>12</td><td></td><td>按设计要求</td></tr>
</table>

注：一个小便器，折合0.6m长的便槽。

三、公共建筑卫生间设计

由于公共建筑类型不同。设计时应先确定卫生设备的种类，再根据使用人数和有关定额（表2-2），计算需要卫生设备的数量，然后，具体布置室内设备。

1.厕所

为了布置室内设备，需先确定厕所单间尺寸。

（1）厕所单间尺寸

厕所单间内可安装蹲式或坐式大便器，也可设大便槽。它们虽然各自尺寸及安装位置要求不同，但综合考虑设备安装、构造、人体活动和厕所门的开启方向等因素，一般厕所单间如安装大便器，当门外开时，需要的尺寸为900×1200mm，门内开时为900×1400mm（图2-18）。当下水立管穿过单间厕所时，其宽度应增至1050～1100mm。

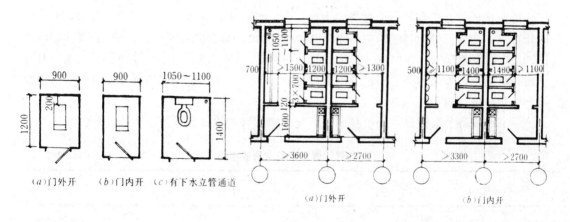

图 2-18 厕所单间尺寸 　　　　图 2-19 男女厕所分布及最小开间

（2）厕所的平面布置

男、女厕所的卫生设备布置如图2-19所示。从图中看出，当男厕小便槽与大便器对面布置时，除设备尺寸外，两设备按能通行二人考虑，开间尺寸取3300～3600mm。女厕所布置成一排，最小开间为2700～3000mm。为遮挡视线和气味，厕所内应设置前室，前室内应设置洗手盆和污水池。

当男、女厕所使用人数较少时，可将两者组合在一个开间内（图2-20），为了解决好

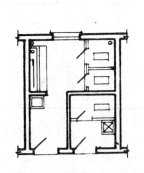

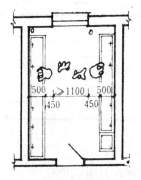

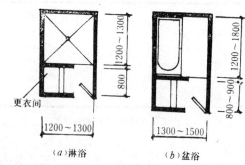

| 图 2-20　男女厕所组合 | 图 2-21　盥洗室的布置 | 图 2-22　单间浴室平面 |
| 在一个开间 | | |

内侧女厕所的采光通风，常在男、女厕所隔墙上设高窗。

2.盥洗室

盥洗室是宿舍、旅馆必不可少的辅助房间。

盥洗室的开间尺寸决定于盥洗槽的布置及人们使用、交通活动。当按图2-21在房间两侧设置盥洗槽时，考虑到两人相背使用时，可从身后有两人方便通过，开间尺寸不宜小于3300mm。盥洗室进深决定于使用人数及按表2-2指标确定的水龙头数量。布置盥洗槽时，水龙头间距按600～700mm安排。

3.浴室

浴室按进浴方式有淋浴、盆浴、大池三种。淋浴比较卫生，使用得较为普遍，淋浴间的长宽尺寸均为1200～1300mm（图2-22a）。盆浴的浴盆尺寸不等，一般长度为1200～1800mm，宽为700～850mm，其盆浴间的面积需2.0～3.0m²（图2-22b）。大池一般设在公共浴室内，如果沐浴者不注意沐前消毒，容易发生疾病传染，因而不够卫生，大池面积一般在30m²左右。

浴室的设备个数指标是一个经调查研究总结出来的设计参考值，如表2-3所示。

浴室、盥洗器或龙头个数参考指标　　　　　　　　　表 2-3

建 筑 类 型	男 浴 器 （人/个）	女 浴 器 （人/个）	盥 洗 器 （人/个）	备　　　　注
旅　　　馆	40	8	15	男女比例按设计
托　　　幼	每班2个		2.5	

4.卫生间的组合

卫生间的布置，通常是把盥洗室、浴室、厕所三个房间组合成一个公用卫生间单元（图2-23）。厕所和盥洗室组合在一起较为常见，根据具体情况其组合形式多种多样（图2-24）。

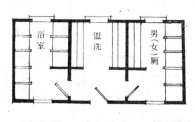

图 2-23 公共卫生间单元

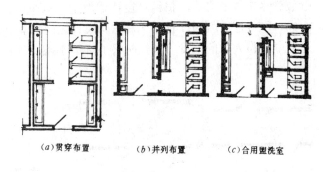

(a)贯穿布置　　　　(b)并列布置　　　　(c)合用盥洗室

图 2-24 厕所与盥洗室的组合

第三节　交通联系部分的平面设计

一幢建筑物除了有满足使用要求的各种房间外，还需要有交通联系部分把各个房间之间以及室内外之间联系起来，建筑物内部的交通联系部分可以分为：

水平交通联系的走廊、过道等；

垂直交通联系的楼梯、坡道、电梯、自动扶梯等；

交通联系枢纽的门厅、过厅等。

交通联系部分的面积，在一些常见的建筑类型如宿舍、教学楼、医院及办公楼中，约占建筑面积的四分之一左右。这部分面积设计得是否合理，除了直接关系到建筑物中各部分的联系通行是否方便外，它也对房屋造价、建筑用地、平面组合方式等许多方面有很大影响。

交通联系部分设计的主要要求有：

1.交通路线简捷明确，联系通行方便；

2.人流畅通，紧急疏散时迅速安全；

3.满足一定的采光通风要求；

4.力求节省交通面积，同时考虑空间处理等造型问题。

进行交通联系部分的平面设计，首先需要具体确定走廊、楼梯等通行疏散要求的宽度，具体确定门厅、过厅等人们停留和通行所必需的面积，然后结合平面布局考虑交通联系部分在建筑平面中的位置以及空间组合等设计问题。

一、过道（走廊）

过道（走廊）是连结各个房间、楼梯和门厅等各部分，以解决房屋中水平联系和疏散问题。

过道的宽度应符合人流通畅和建筑防火要求，通过单股人流的通行宽度约为550～600毫米。在通行人数少的住宅过道中，考虑到两人相对通过和搬运家具的需要，过道的最小宽度也不宜小于1100～1200mm（图2～25a）。在通行人数较多的公共建筑中，按各类建筑的使用特点、建筑平面组合要求、通过人流的多少及根据调查分析或参考设计资料确定过道宽度。公共建筑门扇开向过道时，过道宽度应适当增加（图2-25b、c）。例如中小学教学楼中过道宽度，根据过道连结教室的多少，常采用1800mm（过道一侧设教室）或2400mm（过道两侧设教室）左右。设计过道的宽度，应根据建筑物的耐火等级、层数和过道中通行人数的多少，进行防火要求最小宽度的校核，见表2-4。

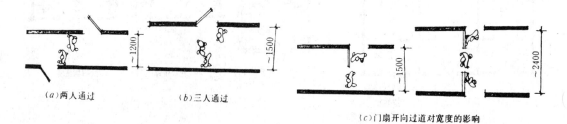

(a)两人通过　　　　(b)三人通过

(c)门扇开向过道对宽度的影响

图 2-25　人流和通道的宽度

楼梯门和走道的宽度指标　　　　　　　　　　　　表 2-4

宽　度 （米/100人）		房　屋　耐　火　等　级		
		一、二级	三　级	四　级
层　数	一、二层	0.65	0.75	1.00
	三　层	0.75	1.00	—
	>三层	1.00	1.25	—

注：① 每层疏散楼梯的总宽度应按本表规定计算，当每层人数不等时，其总宽度可分层计算，下层楼梯的总宽度按其上层人数最多一层的人数计算。
② 每层疏散门和走道的总宽度应按本表规定计算。
③ 底层外门的总宽度应按该层或该层以上人数最多的一层人数计算，不供上层人员疏散的外门，可按本层人数计算。

过道从房间门到楼梯间或外门的最大距离，以及袋形过道的长度，从安全疏散考虑也有一定的限制，见表2-5。

房间门至楼梯间或外部出口的最大距离(m)　　　　　　　　表 2-5

建 筑 类 型	位于两个外部出入口或楼梯间之间的房间			位于袋形过道两侧或尽端的房间		
	耐　火　等　级			耐　火　等　级		
	一、二级	三　级	四　级	一、二级	三　级	四　级
托儿所、幼儿园	25	20	—	20	15	—
医院、疗养院	35	30	—	20	15	—
学　校	35	30	—	22	20	—
其它民用建筑	40	35	25	22	20	15

注：①本表适应于房门至外部出入口或封闭楼梯间的最大距离
②敞开式外廊建筑的房间门至外部出入口或楼梯间的最大距离可按本表增加5m。
③设自动喷淋灭火系统的建筑物，其安全疏散距离可按本表规定增加25%。

根据不同建筑类型的使用特点，过道除了交通联系外，也可以兼有其他的使用功能。例如学校教学楼中的过道，兼有学生课间休息活动的功能；医院门诊部分的过道，兼有病人候诊的功能等（图2-26）。这时过道的宽度和面积要相应增加。为了改善过道的采光通风条件，可以在过道边上的墙上开设高窗或设置玻璃隔断。

有的建筑类型如展览馆、画廊、浴室等，由于房屋内人流活动和使用的特点，可以把过道等水平交通联系面积和房间的使用面积完全结合起来，形成套间式的平面布置（图2-27）。

以上例子说明，建筑平面中各部分面积使用性质的分类，也不是绝对的，根据建筑物具体的功能特点，使用部分和交通联系部分的面积，也有可能相互结合综合使用。

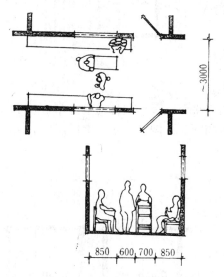

图 2-26　兼有候诊功能的过道宽度

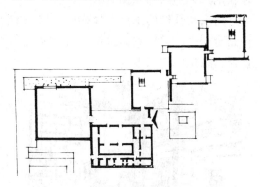

图 2-27　展览馆中的套间布置

二、楼梯、坡道、电梯和自动扶梯

（一）楼梯

楼梯是房屋各层间的垂直交通联系部分，是楼层人流疏散必经的通路。楼梯设计主要根据使用要求和人流通行情况确定梯段和休息平台的宽度；选择适当的楼梯形式；考虑整幢建筑物的楼梯数量；以及楼梯间的平面位置和空间组合。

楼梯的宽度，也是根据通行人数的多少和建筑防火要求决定的。梯段的宽度，和过道一样，考虑两人相对通过，通常不小于1100～1200mm（图2-28b）。一些辅助楼梯，从节省建筑面积出发，把梯段的宽度设计得小一些，考虑到同时有人上下时能侧身避让的余地，梯段的宽度也不应小于850mm（图2-28a）。所有梯段宽度的尺寸，也都需要以防火要求的最小宽度进行校核，防火要求宽度的具体尺寸，和对过道的要求相同（见表2-4）。楼梯平台的宽度除了考虑人流通行外，还须要考虑搬运家具的方便，平台的宽度不应小于梯段的宽度（图2-29）。由梯段、平台、踏步等尺寸所组成的楼梯间的尺寸，在装配式建筑中还须结合建筑模数制的要求适当调整，例如采用预制构件的单元式住宅，楼梯间的开间常用2400或2700mm。

楼梯形式的选择，主要以房屋的使用要求为依据。两跑楼梯由于面积紧凑，使用方便，是一般民用建筑中最常用的形式。当建筑物的层高较高，或利用楼梯间顶部天窗采光时，常采用三跑楼梯。一些旅馆、会堂、剧院等公共建筑，经常把楼梯的设置和门厅、休息厅等结合起来。这时，楼梯可以根据室内空间组合的要求，采用比较多样的形式，如会堂门厅中显得庄重的直跑大平台楼梯，剧院门厅中开敞的不对称楼梯，以及旅馆门厅中比较

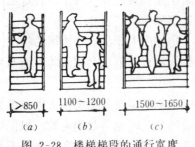

> 850   1100～1200   1500～1650
(a)   (b)   (c)

图 2-28 楼梯梯段的通行宽度

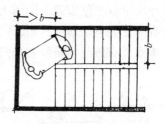

图 2-29 楼梯平台的宽度

轻快的圆弧形楼梯（图2-30）。

对层高较低的用室内楼梯的二层住宅，结合建筑平面组合，把楼梯平台和室内过道面积结合起来，采用直跑楼梯也有可能得到比较紧凑的平面（图2-31）。多层房屋中直跑楼梯通常占用面积较多。

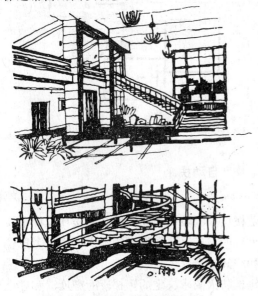

图 2-30 不同的楼梯形式

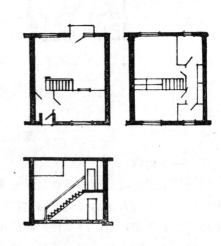

图 2-31 住宅中直跑楼梯的布置

楼梯在建筑平面中的数量和位置，是交通联系部分设计和建筑平面组合中比较关键的问题，它关系到建筑物中人流交通的组织是否畅通安全，建筑面积的利用是否经济合理。

楼梯数量主要根据楼层人数多少和建筑防火来确定。当建筑物中楼梯和远端房间的距离超过防火要求的距离（见表2-5），二至三层的公共建筑楼层超过200mm，或者二层及二层以上三级耐火等级房屋楼层人数超过50人时，都须要布置二个或二个以上的楼梯。

一些公共建筑物，通常在主要出入口处，相应地设置一个位置明显的主要楼梯；在次要出入口处，或者房屋的转折和交接处设置次要楼梯供疏散及服务用。这些楼梯的宽度和形式，根据所在平面位置、使用人数多少和空间处理的要求，也应有所区别。（图2-32）为一教学楼平面楼梯位置的布置示意。位于走廊中部不封闭的楼梯（即次要楼梯），为了减少走廊中人流和上下楼梯人流的相互干扰，这些楼梯的梯段应适当从走廊墙面后退。由于人们只是短暂地经过楼梯，因此楼梯间可以布置在房屋朝向较差的一面，但应有自然采光。

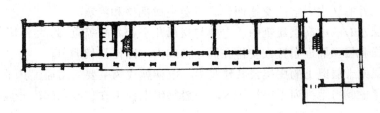

图 2-32　教学楼平面中的楼梯布置

（二）坡道

有的公共建筑因某些特殊的功能要求，往往需要设置坡道。尤其在交通性公共建筑中，常常在人流集中的地方设置坡道，以利于安全和达到快速疏散的目的。例如北京车站的出站部分，就是以坡道的形式把大量的集中人流，通过地道输送到出站大厅（图2-33）。

又如，当医院没有电梯设备时为了解决输送病人或医疗物资供应的问题，也可以采用坡道的形式（图2-34）。

此外，其它公共建筑也可视其需要采用坡道。如有的公共建筑如旅馆、医院、办公楼等，在主要入口门前设置坡道，以便解决汽车上下停靠的问题（图2-35）。

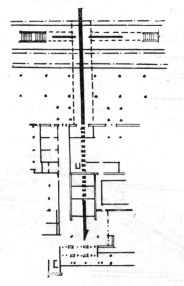

图 2-33　北京车站出站口坡道处理

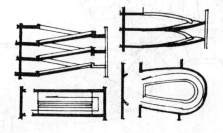

图 2-34　室外坡道示例

坡道的坡度一般为8～15％。此外，坡道设计还应考虑防滑措施。因为坡道所占的面积通常为楼梯的四倍，出于经济上的考虑，除非特殊需要外，一般在室内很少采用。

（三）电梯

当建筑物层数较多（如高层公寓、高层旅馆、高层办公楼等），或某些公共建筑虽然层数不多，但因有特殊的功能要求（如医院等），除布置一般的楼梯外，尚需设置电梯以解决其垂直交通问题。具体设计时应充分考虑如下要求：

1.在设置电梯的同时，必须按防火规范的要求，配置辅助性的楼梯，供电梯发生故障或检修时使用。

2.每层电梯出入口前，应考虑有停留

图 2-35　某旅馆入口处坡道

等候的地方，并需让出一定的交通面积，以免造成拥挤和阻塞。

3.在八层左右的中高层建筑中，电梯与楼梯几乎起着同等重要的作用，在这种情况下，可将电梯和楼梯靠近布置或安排在同一梯间内，以便互相调节。

4.在十层或十层以上的高层公共建筑中，电梯就成为主要的交通工具了。往往因电梯部数多，可考虑成组地排列于电梯厅内，一般每组电梯不宜超过八部，并应与电梯厅的空间处理相适应。

5.因电梯本身不需要天然采光，所以电梯间的位置可以比较灵活地布置。它的位置主要依据交通联系是否方便来确定，通常可布置在建筑的中心地带。当然，有的电梯可露明装设（即观赏电梯），则需要充分利用自然光线。

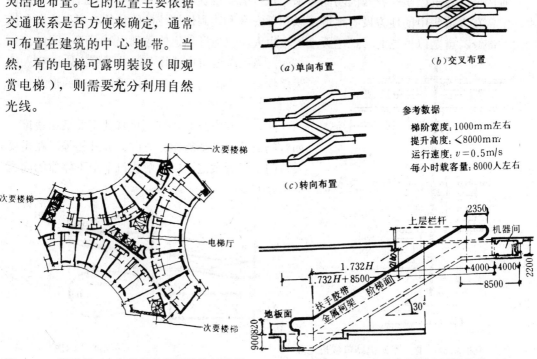

(a)单向布置　　　　(b)交叉布置

(c)转向布置

参考数据
梯阶宽度：1000mm左右
提升高度：≤8000mm
运行速度：$v = 0.5$m/s
每小时载客量：8000人左右

图 2-36　罗马尼亚布加勒斯特洲际旅馆标准层　　　图 2-37　自动扶梯的布置及构造示意

如图2-36为罗马尼亚布加勒斯特洲际旅馆的标准层平面，从图中可以看出基本上体现了电梯布置的要求。因此，电梯的布置，宜选择在人流比较集中、明显易见的交通枢纽的适中地带。

（四）自动扶梯

自动扶梯因具备连续不断地乘载大量人流的性能，因而适用于具有这种人流特点的大型公共建筑，如百货大楼、地铁站、铁路旅客站、航空港等。根据使用上的需要，自动扶梯在建筑中单独布置成为上行的或下行的，也可以布置成为上下行并列的。

自动扶梯的布置形式参见图2-37。

为了保证集中人流在使用自动扶梯过程中的方便与安全，一般自动扶梯的坡度较为平缓，通常为30°左右。单股人流使用的自动扶梯，多采用810mm的宽度，每小时运送人数约为5000～6000人左右，运行的垂直方向升高速度为28.0～38.0m/分。

自动扶梯除具有上述特性外，与设置电梯相比还具有如下几个优点：

1.使人们可以随时上下，不必象电梯那样需要一定的等候时间，这样自动扶梯就具备了连续疏散大量人流的优越性。

2.自动扶梯不需要在建筑物顶部安设机房和在底层考虑缓冲坑等，比电梯占用空间少。

3.发生故障时，自动扶梯可做一般楼梯使用，而不象电梯那样在发生故障时，产生中断使用的弱点。

当然，自动扶梯的行程速度缓慢是一个缺点。其次自动扶梯对于那些年老体弱及携带大件物品者也是不方便的。所以在大型公共建筑中，安装自动扶梯的同时，仍然需要考虑装设电梯或一般性楼梯，做为辅助性的垂直交通联系工具。

三、门厅、过厅和出入口

（一）门厅

门厅是建筑物主要出入口处的内外过渡空间、人流集散的交通枢纽。在一些公共建筑中，门厅除了交通联系外，还兼有适应建筑类型特点的其他功能，例如旅馆门厅中的服务台、问讯处或小卖部，门诊所门厅中的挂号、取药、收费等部分，有的门厅还兼有展览、陈列等使用功能。门厅是建筑物的重要组成部分，设计时应注意以下问题：

1.疏散安全

门厅对外出入口的总宽度，应不小于通向该门厅的过道、楼梯宽度的总和。人流比较集中的公共建筑物，门厅对外出入口的宽度，一般按每100人0.6m宽度计算。外门的开启方向应外开启或采用弹簧门扇。

2.面积大小适宜

门厅面积的大小，主要根据建筑物的使用性质和规模确定，在调查研究、积累设计经验的基础上，根据相应的建筑标准，不同的建筑类型都有一些面积定额可以参考。例如中小学的门厅面积为每人0.6～0.8m²；旅馆的门厅面积为每床0.2～0.5m²；电影院的门厅面积按每一观众不小于0.13m²计算。一些兼有其它功能的门厅面积，还应根据实际使用要求相应增加。

3.流线清晰，导向明确

导向性明确，避免交通路线过多的交叉和相互干扰，是门厅设计中的重要问题。门厅的导向明确，即要求人们进入门厅后，能够比较容易地找到各过道口和楼梯口，并易于辨明这些过道或楼梯的主次。以及它们通向房屋各部分使用性质上的区别。对一些兼有其它使用功能的门厅，更需要分析门厅中人们的活动特点，使各部分尽量少穿越必要活动面积。图2-38所示门诊所和旅馆的门厅中，分别挂号、药房和接待、小卖处留有必要的活动余地，使这些活动部分和厅内的交通路线尽少干扰。

4.布局合理，与环境协调

根据不同建筑类型平面组合的特点，以及房屋建造所在基地形状、道路走向对建筑物门厅设置的要求，门厅的布局通常有对称和不对称的两种形式（图2-39）。对称的门厅有明显的轴线，如果将起主要交通联系作用的过道或主要楼梯沿轴线布置，主导方向较为明确；不对称的门厅由于门厅中没有明显的轴线，交通联系主次的导向，往往需要通过对走廊口门洞的大小，墙面的透空和装饰处理，以及楼梯踏步和电梯厅的引导等设计手法，使

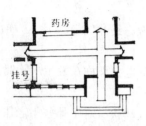

(a)门诊部的门厅

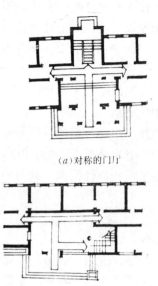

(a)对称的门厅

(b)旅馆的门厅

图 2-38 兼有其他使用功能的门厅平面布置

(b)不对称的门厅

图 2-39 建筑物中门厅平面示意

人们易于辨别交通联系的主导方向。

5.空间处理完美

由于门厅是人们进入建筑物首先到达、经常经过或停留的地方，因此门厅的设计，除了要合理地解决好交通枢纽等功能要求外，门厅内的空间组合和建筑造型，也是一些公共建筑中重要的设计内容之一。

此外，门厅设计中还应解决好采光与通风问题；对于大中型公共建筑，可能需设置两个或两个以上的门厅，此时应主次分明，同时又要使它们彼此呼应。

（二）过厅

过厅通常放置在过道与过道、过道与楼梯的连结处（图2-40），它起到交通路线转折和过渡的作用，有时为了改善过道的采光、通风条件，也可以在过道的中部设置过厅。过厅是内部交通的枢纽，其设计原则与门厅类似。

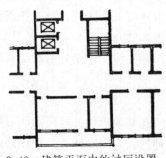

图 2-40 建筑平面中的过厅设置

图 2-41 某建筑物入口

（三）出入口

建筑物的出入口处，为了给人们进出室内外时有一个过渡的地方，通常在出入口前设置两棚、门廊或门斗等（图2-41），以防止风雨或寒气对室内的影响。雨棚、门廊、门斗的设置，也是突出建筑物出入口、进行建筑重点装饰和细部处理的设计内容。

第四节　建筑平面组合设计

建筑平面的组合设计，是在熟悉平面各组成部分特点和使用要求的基础上，进一步分析建筑整体的使用功能，考虑技术经济和建筑艺术等方面的要求，结合总体规划、基地环境等具体条件，将平面各组成部分及其所有的房间，组成一个有机的整体。

建筑平面组合设计的任务是：

1.根据建筑物的功能要求，合理分区，妥善解决平面各组成部分之间的相互关系，安排各房间的相对位置；

2.选择适当的交通联系方式，组织好建筑内部及内外之间的交通联系，要简捷明确，避免相互交叉干扰；

3.按照建筑物的性质、规模和基地环境，确定平面形式，要布局紧凑，节约用地，并为立面设计创造条件；

4.考虑结构、施工、材料和建筑构造的合理性，掌握建筑标准，注意经济效果。

一、建筑的使用功能与平面组合

建筑的使用功能对平面组合具有决定性的影响。这不仅表现在使用功能对单个房间提出量（大小尺寸）、形（房间形状）和质（采光、通风、日照）等方面的要求，同时还要按照功能关系，把各个房间有机地组合在一起，而成为一幢完整的建筑。

（一）平面功能分析

进行建筑平面组合，一般先从分析主要房间之间的功能关系着手，这种方法即通常所说的"功能分析"。

功能分析是在熟悉各种房间使用特点的基础上，按照房间的性质、要求、使用顺序及相互联系的密切程度，对房间的主与次、内与外、闹与静、联系与分隔等方面加以分析研究，进行分类分组，并划出框线图表示各组成部分的相互关系。这种图叫做功能分析图。

功能分析的方法，依据建筑物性质、特点和规模，可以采取多种方式。

1.按照单元分析

有一些建筑物的各个部分相对独立，各独立部分的使用功能基本相同，相互间的功能联系甚少，形成了一种特定的单元。这样，平面组合时，只需要分析一个单元或一个独立部分的功能关系，其它则可以直接拼接或累加。

幼儿园建筑就是一个很好的例子，除少量办公及公用生活服务设施外，都是以班为活动单元，设置卧室、活动室、衣帽间、盥洗间、厕所、收容室等房间和室外活动场地。功能分析时，可将一个活动单元的功能关系分析透彻即可（图2-42）。

2.按组、类分析

对于使用功能复杂、规模较大的建筑，通常按使用性质，把各房间分成几个组，并按照各部分的特点、要求、进一步分析互相之间的关系。例如，中学校一般是由教学、办公和生活服务三个基本部分组成。教学部分包括普通教室、专用教室、实验室、图书阅览室等，主要供学生使用，要求安静，避免干扰。办公室部分包括行政办公和教师办公等房间，行政办公用房对内对外均有联系，教师办公用房与学生用房既要分隔，又要保持方便的联系。生活服务部分包括宿舍、食堂、开水间、浴室和维修房等，这些房间除宿舍外，常有噪音或烟尘，除了与教学部分有一定分隔外，还需要有运送物品、垃圾等用的对外出入口和室外堆放场地。图2-43为中学校的功能分析及教学楼的平面组合。

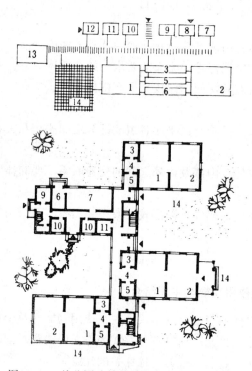

图 2-42　幼儿园建筑的功能关系和平面组合
1.活动室；2.卧室；3.衣帽间；4.收容室；5.盥洗、厕所；6.贮存；7.厨房；8.杂物院；9.洗衣间；10.办公室；11.医务室；12.隔离室；13.音乐教室；14.活动场地

3.按流线分析

对于人流量较大，或人流、货流、车流并存的情况下，往往按照流线进行分析，把流线组织作为平面设计的主要矛盾。使人流、货流、车流分开，互不交叉，避免干扰，交通路线便捷通畅。例如铁路旅客站的流线，可分为旅客流线、行包流线和车辆流线三种，从流动方向又可以分为进站流线和出站流线两种（图2-44）。平面组合时，应主要按照这种流线关系及房间的使用顺序进行设计。

4.重点分析

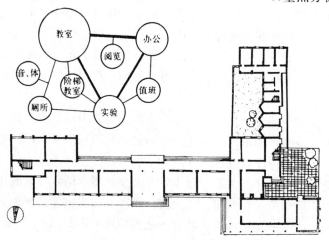

图 2-43　教学楼的功能关系和平面组合

　　在平面组合设计时，为了把主要部分的功能关系搞清楚，也可将该部分的功能关系，重点加以分析，从主要部分着手，使得平面设计从整体到局部都比较合理。如中型路旅客

站的营业厅是旅客站的主要部分（图2-45），包括有售票、行包、候车、问讯、邮电、厕所、售货、小件寄存等业务。由于客流量大、业务范围广，组织好旅客流线，是营业厅平面设计中的重要环节。平面组合时，各营业室及服务设施的位置，应按旅客活动的程序，合理布置，明显易见，并需要有足够的活动余地，以避免人流交叉与干扰（图2-46）。在重点做好营业厅功能分析的前提下，其它部分则围绕营业厅进行设计。

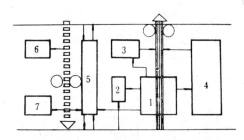

图 2-44 中型铁路客站人流分析

1.广场、候车室 2.售票 3.母子候车室 4.专用
候车室 5.行包房 6.补票 7.签票

由上所述不难看出，使用功能与建筑平面组合密切相关，而建筑功能分析，又是进行平面组合前不可缺少的一个环节。

（二）平面功能分区

在功能分析的基础上，根据建筑物中各房间的相互关系，进行适当的功能分区，在建筑平面设计，尤其是较复杂的建筑平面设计时是必需进行的。建筑物中各房间之间的相互关系，大致可归结为以下几种：

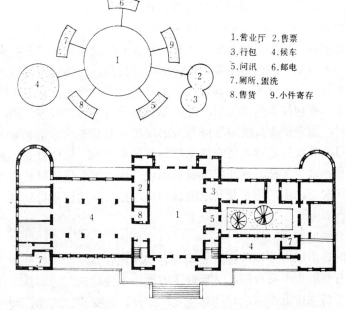

1.营业厅 2.售票
3.行包 4.候车
5.问讯 6.邮电
7.厕所、盥洗
8.售货 9.小件寄存

图 2-45 中型铁路客站营业厅功能关系和平面组合

1.主与次的关系

如前所述，建筑中的房间可分为主要房间及辅助房间，不言而喻，这种划分已充分说明各房间的主次关系。值得注意的是有些情况下，主要房间的类型及数量较多，根据它们在整个建筑中的地位，仍有相对主要与次要的区别，这也是一种主次关系。例如在中小学校建筑中，教室、图书阅览室、实验室、行政公办室等用房，均属主要房间，但教学用房由于使用人数多，具有更大的重要性，而行政办公等用房，则相对比较次要。平面组合

时，要依据各房间的使用要求，分清主次，合理安排。通常应将居住、生活、学习和工作等使用功能的主要房间，布置在朝向好、比较安静的位置，以取得较好的日照、采光、通风条件；对于人流量大的主要房间，应布置在疏散方便、接近出入口的部位。对辅助房间和较次要的房间（如卫生间等）可布置在条件较差的位置。库房、贮藏间可布置在比较隐蔽的暗角。

2.闹与静的关系

按建筑各组成部分在"闹"与"静"方面所反映的功能特性进行分区，达到既有隔离、互不干扰，又不影响使用的目的。如旅馆建筑中，客房是旅客休息的地方，要求不受到外界的干扰，应布置在比较安静隐蔽的部位，而公共活动部分如餐厅、商店、文娱室等人流量大、活动频繁，则应相对集中地安排在便于接触旅客的明显位置，并与客房有一定的隔离，在具体布局时，可从平面上进行划分，也可从垂直方向进行划分。

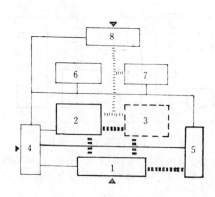

图 2-46 展览馆功能关系
1.门厅、休息厅；2.室内陈列；3.室外陈列；4.办公；5.技术交流；6.加工制作；7.库房；8.接纳登录

3.内与外的关系

建筑中各类房间，由于使用功能的差异，有的对外联系密切，其位置应设在靠近人流来往的地方或出入口处；有的则主要是供内部人员使用，房间的位置宜设在比较隐蔽的地方。如展览馆建筑，一般由陈列、办公、加工制作、库房等组成。其中陈列部分主要是供观众使用；加工、库房仅供内部使用，办公部分对内对外均有联系，但一般不与观众接触。平面布局时，通常把观众使用部分与内部使用部分分开，避免相互干扰。陈列部分应靠近主要出入口，并设置足够的群众活动广场和停车面积，以便群众集散往来；加工制作、修复保管和办公等部分，则在建筑物后部或一侧；展品运输路线应与观众路线分开，以便工作和保证安全；生活用房及其它附属用房，应与上述使用房间保持一定距离，并设置独立出入口。

4.联系与分隔的关系

建筑平面的各组成部分以及房间之间，有些功能联系密切，有些次之，有些还会干扰其它房间，还有些既要严格分隔，又要联系方便（如医院的门诊与病房）。平面组合时，应将联系密切的房间接近布置，对产生干扰的房间，如噪声、震动、视线、病菌、毒气和危害人体健康的各种射线等，应加大间距予以适当的分隔。对既要"分"又要"联"的房间，则保持适当的距离，又有直接的联系通道。分隔的方式依据建筑性质、使用要求的不同而异。室内可采用隔墙、隔断、幕帘、家具等，有的可分段、分层布置，有的设独立单元或独立体部，有的总体布局时，运用绿化、道路、矮墙、空花墙等建筑小品，综合加以解决。图2-47是幼儿园建筑平面组合的示意，为了避免文体活动室对其它部分的干扰，将文体活动室设计成独立体部，并用入口处理加以联系，可以获得较好的效果。

通过以上分析可以看出，根据各房间的功能要求以及它们之间的相互关系，经过适当的功能分区，是进行平面组合以确定房间具体位置的主要依据，对功能复杂、房间较多的公共建筑尤其如此。

（三）平面组合方式

由于建筑物性质、规模不同和外界条件的差异，建筑平面形式是多种多样的。尽管如此，仍然可以从中概括出几种具有典型意义的组合方式。

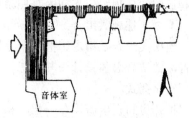

图 2-47 幼儿园平面组合示意

1.通道式

房间之间通过走廊来联系。这种组合方式的特点是：使用空间与交通联系空间分隔明确，房间之间的干扰较少；通过走廊，各房间又保持着方便的联系；走廊的长短随所连接的房间的多少而变，平面组合比较灵活。通道式组合，适用于各个房间既要相对独立与分隔，又能保持适当联系的各类建筑。如办公楼、教学楼、科研楼、医院、疗养院、旅馆、宿舍等。

通道式组合可分为：

（1）内廊式组合

内廊式组合是在走廊两侧布置房间（图2-48a）。这种组合形式，平面紧凑、节约用地、走廊面积相对比例较小、房屋进深大、外墙短、建筑耗能少，但有一侧房间的朝向不好，走廊的采光、通风条件较差。在特殊情况下，为了使房屋进深更大一些，平面组合时还可以采用双内廊（即复廊），在两条走廊之间布置一些辅助用房或交通用房（图2-48d），但这部分房间的采光与通风问题难以解决，一般要考虑人工照明和机械通风，如采用天然采光和自然通风时，也可在内部设置天井以满足要求。

（2）外廊式组合

外廊式组合是仅在走廊一侧布置房间（图2-48b）。这种组合方式的优点和缺点，与内廊式组合正好相反。外廊可以是敞开式的或封闭式的。敞开式外廊适合于气候温和及炎热地区；封闭式外廊设有侧窗而增加造价，但冬季走廊内能保持较适宜的温度，因此封闭式外廊也称暖廊，多用于寒冷地区的建筑物。

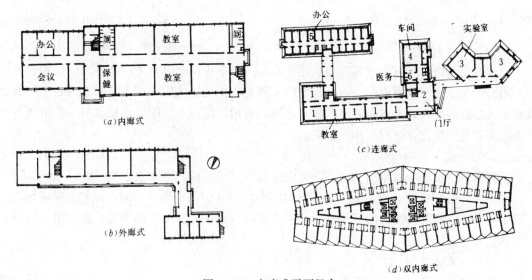

图 2-48 走廊式平面组合

外廊在北向或在南向布置，需结合建筑物的使用要求和地区气候条件来确定。北向外廊主要房间的日照条件好，多用于居住建筑。但在寒冷地区，北向敞外廊易受风寒侵袭，对于房间内使用人数较多且门的开关频繁的建筑，如学校、旅馆等，不宜采用。南向外廊兼起遮阳的作用，但房间内日照条件差，适于南方地区的学校、办公楼和宿舍等建筑。

（3）连廊式组合

连廊式组合是用走廊把几个分散的体部连接起来，形成一个整体（图2-48c）。连廊的设置，常结合总体设计一并考虑。

2.穿套式

把各房间直接衔接在一起，相互穿通，把使用面积与交通面积结合起来融为一体的组合方式称为套间式组合。这种组合方式，房间之间的相互联系简捷，面积利用率高，展览馆、商店常用这种形式。为适应不同人流活动的特点，可采用以下几种组合形式：

（1）串联式

各房间按照一定的顺序，一个接一个地相互串通的形式称串联式（图2-49）。其布局形式常见的有"一"形、"I"形、"□"形和"▢"形等。串联式组合的特点是：各房间的功能联系密切，具有明显的程序和连续性，人流方向单一、简捷明确、不逆行、不交叉，但活动路线不够灵活。

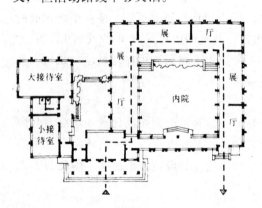

图 2-49 串联式穿套组合的纪念馆

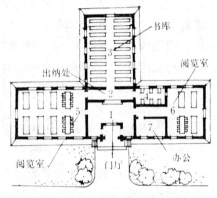

图 2-50 放射式穿套组合的图书馆

（2）放射式

放射式是以一个枢纽空间作为联系中心，向两个或两个以上方向延伸，衔接布置房间（图2-50）。这个联系中心，可以是专供人流集散的交通大厅，或者是联系其它空间的主要房间。这种组合方式布局紧凑、联系方便、使用灵活，各空间可单独使用，但路线不明确，人流易产生交叉迂回，相互干扰。

3.大厅式

以体量巨大的主体空间为中心，其它附属或辅助房间，环绕着它的周围布置（图2-51）。这种组合形式的特点是：主体空间突出，主从关系明确，房间之间相互联系紧密。适于电影院、剧院、体育馆等建筑，某些菜市场、商场、铁路客站等类，也常用这种组合方式。

4.单元式

是以楼梯间或电梯间等垂直交通联系空间来联系各个房间，构成一个独立的单元，或

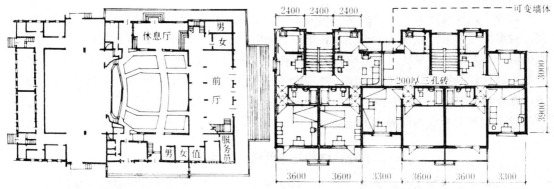

图 2-51 大厅式组合的剧院　　　　　　　图 2-52 单元式组合的住宅

者是在建筑平面中，联系密切的使用房间成组出现，并形成各自独立的单元。随着建筑规模不同，一幢建筑物可由一个或几个相同的或不相同的单元组成。这种组合形式的特点是：平面集中、紧凑、单元之间互不干扰，易于保持安静。因此适用于住宅（图2-52）和幼儿园（图2-47）等建筑类型。

　　5.庭院式

　　房间沿周边布置，中间形成庭院（图2-53）。庭院面积大小不等，可作为绿化用地、

活动用地，或各房间相互联系的交通场地。这种组合方式，使用上较幽雅、安静，冬季还可起防风、防沙的作用。其平面形式有三合院（即三边布置房间）、四合院（即四边布置房间）。根据总体布置和使用要求，可以设一个院，也可以设两个或两个以上的院。如果用透明材料覆盖在庭院上部，此时的庭院则成为室内空间的一部分，具有通风、采光、防寒、遮雨的作用。庭院式组合，国内国外的居住建筑中采用较多，一些文化馆、纪念馆、商场、地方医院、机关办公楼以及旅馆等公共建筑中，也有不少采用这种组合形式。

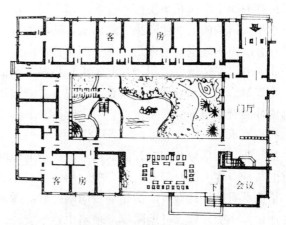

图 2-53 庭院式组合的饭店

　　以上是从建筑功能要求及相应的交通联系等方面，叙述了几种基本的平面组合方式。但由于建筑的多样性和复杂性，往往在一幢建筑中采用多种基本组合方

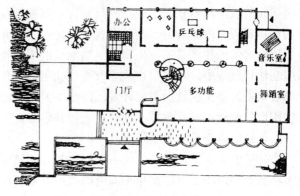

图 2-54 少年宫方案

式，而成为综合式平面组合。

此外，在现代建筑中，还经常采用大面积灵活分隔的组合方式。将一个完整的大空间，按照使用要求分隔成若干部分，各部分之间既有分隔，又相互穿插、贯通、渗透，没有明确的界限，从而呈现出极其丰富的层次变化。所谓"流动空间"，正是对这种组合形式的一种形象的概括。如在博物馆、陈列馆等建筑中，常用展壁或隔板来划分出不同的展室；在商业建筑中，多用柱网、柜台、货架划分成不同类型的商品售货组；在少年宫建筑中，常用隔断划分成不同内容的活动室（图2-54）。

二、建筑结构与平面组合的关系

材料和结构是建造建筑物所必须的物质基础，因此，建筑设计应依据建筑物的规模及功能特点，采用相应的结构形式。为了充分发挥材料的力学性能，使结构经济合理，平面组合时，必须考虑结构布置的特点及其相应的规范要求，把适用性和科学性结合起来。在低层和多层民用建筑中，常用的结构体系，可以概括为墙体承重结构、框架结构、桁架结构和空间结构等。

（一）墙体承重结构

由承重墙和梁板组成的结构，称为墙体承重结构。这种结构形式，在中小型民用建筑中采用较为广泛。其结构类型，主要是由砖墙与钢筋混凝土梁板组成的混合结构。此外，为了提高劳动生产率和加快施工进度，还出现了现浇钢筋混凝土墙体或预制钢筋混凝土墙板支承楼板结构的工业化建筑。墙体承重结构的特点是：墙体既是承重构件，同时又起着围护和分隔室内外空间的作用；在平面布置上，室内空间的大小和形状受到限制，房间的组合也不够灵活。所以适用于房间不大、层数不多的学校建筑、科研楼、办公楼、医院和居住建筑等。墙体承重结构的承重墙布置方式有横墙承重、纵墙承重、纵横墙混合承重及外墙内柱混合承重等。

1.横墙承重

房间开间大部分相同，开间的尺寸符合钢筋混凝土楼板经济跨度的时候，常采用横墙承重的结构布置（图2-55a）。在一些房间面积较小的宿舍、门诊所和居住建筑中采用得较多。横墙承重的结构布置，房屋的横向刚度好，各开间之间房屋的隔声效果也好，但是房间的面积大小受开间尺寸的限制，横墙中也不宜开设较大的门洞。

2.纵墙承重

房间的进深基本相同，进深的尺寸符合钢筋混凝土楼板的经济跨度时，常采用纵墙承重的结构布置（图2-55b）。这种布置方式常在一些开间尺寸比较多样的办公楼，以及房间布置比较灵活的住宅建筑中采用。纵墙承重的主要特点是平面布置时房间大小比较灵活，房屋在使用过程中，可以根据需要改变横向隔断的位置，以调整使用房间面积的大小。由于纵墙承重，房屋的横向刚度较差，因此平面布置时，应在一定的间隔距离设置保证房屋横向刚度的刚性隔墙。此外立面开窗也受到限制。

3.纵横墙混合承重

当房屋的平面比较复杂，或一部分房间开间尺寸和另一部分房间进深尺寸符合钢筋混凝土楼板的经济跨度时，房屋平面可以采用纵横墙混合承重的结构布置（图2-55c）。这种布置方式，平面中房间安排比较灵活，房屋刚度相对也较好，但是由于楼板铺设的方向不

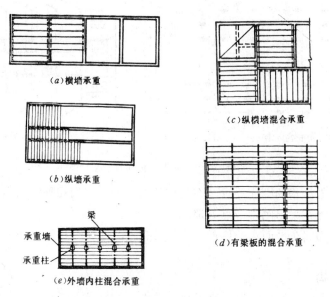

（a）横墙承重

（c）纵横墙混合承重

（b）纵墙承重

（d）有梁板的混合承重

承重墙
承重柱
梁

（e）外墙内柱混合承重

图 2-55　墙体承重结构

同，施工比较麻烦。一些开间进深较大的教学楼教室部分，也采用有梁板等水平构件的纵横墙混合承重的结构布置（图2-55d）。

4.外墙内柱混合承重

当建筑物内某些房间面积较大，房间内允许设柱，且对房间使用影响不大，可采用外墙内柱混合承重的方式（图2-55e）。这种承重方式在阅览室、商场、展览厅等房间中采用。

墙体承重的混合结构系统，对建筑平面的要求主要有：

1.当采用横墙承重时，房间的开间应尽量统一，并符合钢筋混凝土楼板的经济跨度；

2.当采用纵墙承重时，房间的进深应基本相同；

3.承重墙的布置应均匀，以保证建筑物的整体刚度；

4.为了使墙体传力合理，在有楼层的建筑中，上下承重要对应重合；承重墙上门窗洞口的位置及大小，应符合墙体的传力要求；在地震区，承重墙的局部尺寸及门窗洞口的位置，还应符合抗震设计规范的规定；

5.个别面积较大的房间，应设置在房屋的顶层或形成独立体部。

（二）框架结构

当建筑物层数较多、荷载较重，或者内部需灵活分隔时，通常采用钢筋混凝土或钢的框架结构，它是以钢筋混凝土或钢的梁、柱连结的结构形式，框架结构常用于实验楼、大型商店、多层或高层旅馆、办公楼等建筑（图2-56）。框架结构布置的特点是梁柱承重，墙体只起围护、分隔的作用，房间布置比较灵活，门窗开置的大小、形状都较自由，但钢材及水泥用量大，造价比混合结构高。

框架结构系统对建筑平面组合的要求主要有：

1.建筑体型整齐、平面组合应尽量符合柱网尺寸的规格、模数以及梁的经济跨度的要求（当以钢筋混凝土楼板布置时，通常柱网的经济尺寸为6～8m×4～6m）；

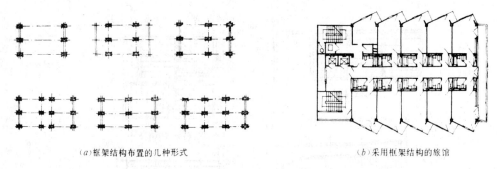

(a)框架结构布置的几种形式　　　　　　　　(b)采用框架结构的旅馆

图 2-56　框架结构布置

2.为了保证框架结构的刚度要求，在房屋的端墙和一定的间隔距离内应设置必要的剪力墙，或梁、柱的连结采用刚性节点处理；

3.楼梯间和电梯间在平面上的位置，应均匀布置，选择有利于加强框架结构整体刚度的位置。

（三）桁架结构

对房间跨度较大，室内空间由于使用功能需要，不允许设墙或柱时，常在跨端设柱，以桁架代替梁的结构形式（图2-57）。该结构形式的最大优点是可以充分利用材料的力学性能，但结构的高度较大。

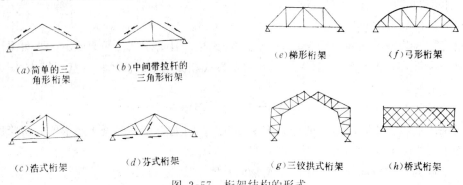

(a)简单的三　　　　(b)中间带拉杆的　　　　(e)梯形桁架　　　　(f)弓形桁架
角形桁架　　　　　三角形桁架

(c)浩式桁架　　　　(d)芬式桁架　　　　　(g)三铰拱式桁架　　　　(h)桥式桁架

图 2-57　桁架结构的形式

（四）空间结构

当房间跨度很大（一般指35m以上）时，常称为大跨度房间。对大跨度房间的屋面结构，如果仍采用桁架结构，其结构相当复杂、不经济，且平面形式受到限制。因此宜采用空间结构形式。

1.壳体结构

壳体结构的特点是厚度薄，内部应力分布合理而又均匀，稳定性好，可以覆盖大型空间。壳体结构按其受力情况不同有单曲面壳（筒壳）、折板、双曲面壳等多种形式，适用于方形、矩形、圆形、三角形等平面形状的大型空间（图2-58）。

2.折板结构

折板是一种空间结构，优点是重量轻，能覆盖大空间，形式自由轻巧，多用于公共建筑屋顶（图2-59）。

3.网架结构

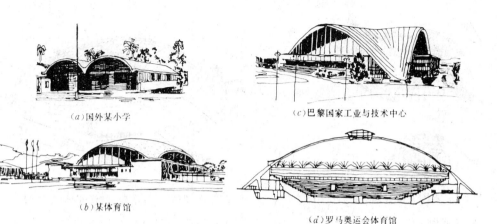

(a)国外某小学   (c)巴黎国家工业与技术中心

(b)某体育馆

(d)罗马奥运会体育馆

图 2-58　壳体结构的建筑

图 2-59　折板结构的建筑

网架结构一般是用薄壁钢管组合而成，它具有刚度大，变形小，应力分布均匀，自重轻等优点，能适应于不同的平面形状（图2-60）。

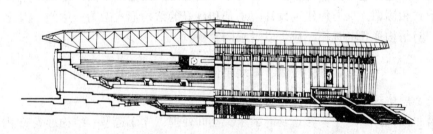

图 2-60　上海体育馆（网架结构）

4.悬索结构

悬索结构能充分利用高强度钢丝或由钢丝组合而成的钢索来承受结构产生的拉力。悬索结构的突出优点是能适应各种平面，外形变化多样，可为创造新颖的建筑形式提供可能（图2-61）。

5.充气结构

充气结构是利用橡胶、塑料和化学纤维织品制成高强薄膜，用薄膜制成气室，用充气形成空间。按充气形式有利用室内与室外的气压差承受荷载的气承式结构；另一种是做成气囊，内充空气用气压成型形成空间的构架式充气建筑。图2-62是1988年建成的东京充气圆顶竞技馆，其大空间的面积达13000m²。

6.帐篷式结构

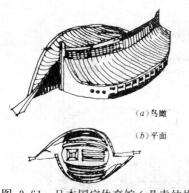

(a)鸟瞰

(b)平面

图 2-61　日本国家体育馆（悬索结构）

图 2-62　日本东京充气圆顶竞技馆

帐篷式结构，是用高强、轻质薄膜，用撑杆和拉索，紧紧地张拉薄膜而形成空间，它也具有轻质、装拆方便等优点，常用展览性建筑、库房，或其它临时性建筑（图2-63）。

图 2-63　蒙特利尔博览会西德馆

建筑物的结构体系除上述几种类型外，还有一些结构类型，如剪力墙结构、井筒结构、框筒结构等，这里就不一一列举了。

在进行建筑平面设计时，应依据建筑性质、功能要求、材料供应、施工条件和艺术处理等，选择适当的结构形式，再反复推敲方案，使建筑平面、建筑造型和空间处理与结构形式相协调。优秀的建筑设计，总是和良好的结构形式融为一体的，因此，在平面组合时，对结构形式的选择，应予以足够的重视。

三、总体规划、基地条件对建筑平面组合的影响

（一）总体规划对建筑平面组合的影响

建筑平面设计，除了要考虑功能要求、空间处理、立面造型、结构形式等内部因素外，还要考虑总体规划、周围环境（包括周围建筑物）等外部因素。因此，在进行平面设计时，要从整体出发，考虑总体规划的要求，结合外部因素的具体条件，因地制宜，综合考虑。

总体规划对于单体建筑来说，是全局的、整体性的问题。一般城市规划从城市用地、建筑布点、城市面貌以及远景规划等全局考虑，常对一些地段新建房屋的用地范围、建筑类型、建筑层数、建筑标准等，都有明确规定，单体建筑设计，应该符合总体规划的要求。

任何建筑，只有当它和周围环境融为一体而构成一个统一、谐调的整体时，才能充分地显示出它的价值和表现力；如果脱离了周围环境和建筑群体而孤立地存在，即使建筑物本身尽善尽美，也不可避免地会因为失去烘托而大为减色。

（二）基地条件对建筑平面组合的影响

1.基地的大小和形状

在同样能满足使用要求的情况下，建筑的平面布局除了和气候条件、节约用地及管网设施等因素有关外，还与基地的大小和形状有关。如图2-64是在不同基地条件下，两所中学校的总平面布置示意。图2-64 a 基地面积宽敞，形状规整；图2-64 b 基地狭窄，形状也不规则，形成了两幢平面形式截然不同的数学楼。

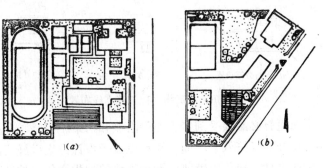

图 2-64　不同基地条件的中学校总平面布置示意

一般来说，当场地规整、平坦时，对于规模小、性质单一的建筑，常采用简洁、规整的矩形平面，使之结构简单、施工方便；对于建筑规模大、功能关系复杂、房间数量较多的公共建筑，根据功能要求，结合地段状况，考虑室外场地（包括集散广场、活动场地、停车场地和堆放场地等）的设置，可采用"L"形、"冂"形、"I"形、"囗"形、"囗囗"形以及由此派生出来的其它平面形式。当建筑场地狭窄、形状不规整时，则考虑建筑的性质和使用要求，结合场地的具体情况，可设计为圆形、三角形、梯形、"丫"形、扇形或其它不规则的平面形状。图2-65为天津市贵州路中学，地段处于六条道路的交叉口，为弧状三角形地段，其西侧为城市主要干道。该教学楼采用了较少见的"丫"形平面形式，这样处理既争取了好的朝向，又照顾了城市的街景，达到了充分利用环境特点，丰富室内外空间的目的。同时将活动场地靠近交叉口布置，建筑后退一定距离，形成一个开阔的外部空间，这样也有利于车辆转弯时，避免视线遮挡。

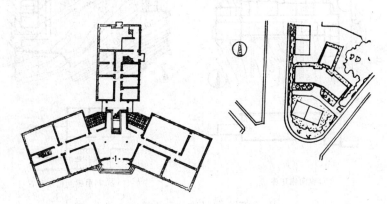

图 2-65　基地状况对建筑平面的影响示例

2.基地的地形条件

建筑基地的地形条件，对建筑平面组合的影响也十分明显。在地势平坦、地形有利的条件下，建筑布局有较大的回旋余地，可以有多种布局形式；在地势起伏变化，地形比较

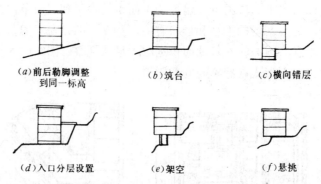

(a)前后勒脚调整　　　　(b)筑台　　　　　　(c)横向错层
　　到同一标高

(d)入口分层设置　　　　(e)架空　　　　　　(f)悬挑

图 2-66　建筑物平行于等高线布置示意

特殊的条件下，平面组合必然要受到多方面的限制和约束。但是，如果能够巧妙地利用地形条件，不仅具有良好的经济效果，而且还可以赋予设计方案以鲜明的特色。

坡地建筑的平面设计，应依山就势，顺应地势的起伏变化，按照坡度大小，朝向以及通风要求，使建筑布局、平面组合、剖面关系与地形条件紧密结合。坡地上房屋位置的选择，应进行详细勘测调查，注意滑坡、溶洞、地下水的分布情况；地震区应尽量避免在陡坡及断层上建造房屋。

建筑物与等高线的相互关系，可分为平行于等高线和垂直于等高线两种布置方式。当基地坡度小于25％时，可以将房屋平行于等高线布置，这种布置方式，节省土方和基础工程量。当房屋建造在10％左右的缓坡上时，可采用提高勒脚的方法，使房屋前后勒脚在同一标高（图2-66a）或采用筑台的方法，平整房屋所在的基地（图2-66b）。当坡度在25％以上时，可以沿房屋进深方向横向错层布置（图2-66c），结合基地的地形和道路分布，房屋的入口也可分层设置（图2-66d）或采用架空（图2-66e）、悬挑（图2-66f）等措施。

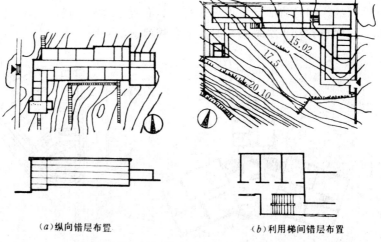

(a)纵向错层布置　　　　　　　　(b)利用梯间错层布置

图 2-67　建筑物垂直于等高线布置

当基地坡度大于25％，房屋平行于等高线布置对朝向不利时，常采用垂直或斜交于等高线布置方式。为了节省土方量，可采用纵向错层的方法（图2-67a），这时，常利用房屋中间部分的楼梯间错层，以解决错层部分之间的垂直交通联系（图2-67b）；单元式住宅，也可以按住宅单元纵向错层，以使结构合理，构造简单。

第三章 建筑剖面设计

建筑剖面设计是建筑设计的重要组成部分，它的任务是：根据建筑物的用途、规模、环境条件及人们的使用要求，解决建筑物在高度方向的布置问题，具体内容包括：确定建筑物的层数，决定建筑各部分在高度方向的尺寸，进行建筑空间组合，处理室内空间并加以利用等。此外，对其它工程技术问题，如结构选型、建筑构造也要予以合理解决。

第一节 建筑层数的确定

建筑层数是在方案阶段就需要初步确定的问题，层数不确定，建筑各层平面就无法布置，剖面、立面高度也无法确定。

一、影响建筑层数的因素

（一）建筑使用要求

由于建筑用途不同，使用对象不同，往往对建筑层数有不同要求。如医院门诊部、幼儿园、疗养院、养老院等建筑物，因使用者活动不便，且要求与户外联系紧密，因此，建筑层数不应太多，一般以 1～3 层为宜。影剧院、体育馆、车站等建筑物，由于使用中有大量人流，考虑人流集散方便，也应以一层或低层为主。公共食堂，在使用中有大量顾客，为了就餐方便，便于排除油烟，便于供煤和清理垃圾，单独建造时，宜建成低层。对于中小学建筑，考虑到学生正在发育成长，为了安全及保护青少年健康成长，小学建筑不宜超过三层，中学教学楼不宜超过四层，对于大量建设的住宅、宿舍、办公楼等建筑，因使用中无特殊要求，一般可建多层，当设置电梯作垂直交通时，也可建高层。

（二）城市规划要求

位于城市干道、广场、道路交叉口的建筑，对城市面貌影响很大，城市规划中，往往对层数有严格的要求。例如位于天安门广场周围的建筑物，当决定其高度时，应考虑与天安门高度相谐调。位于风景区的建筑，其体量和造型对周围景观有很大影响，为了保护风景区，使建筑与环境协调，一般不宜建造体量大、层数多的建筑物。

（三）材料、结构等技术条件

建筑物的结构和材料不同，允许建造的层数也不同。如砖混结构，一般以六层以下为宜；钢筋混凝土框架结构，不宜超过十五层；钢框架，不宜超过三十层。如在地震区，建筑物允许建造的层数，根据结构形式和地震烈度的不同，还要受抗震规范的限制。

（四）防火要求

房屋的耐火等级不同，允许建造的层数不同。当建筑物耐火等级为一、二级时，建筑层数不限；三级时，最多允许建五层；四级时，仅允许建二层。

（五）经济条件

建筑层数与造价的关系很密切。对于砖混结构的住宅，如以六层时的直接造价作为100%，五层则为101%，四层为102%，三层为106%，二层为110%，原因是五、六层建筑的基础及屋面工程量相对均小。

多层建筑与高层建筑相比，十二层中等标准的住宅建筑，单方造价约比五、六层高出一倍，钢材、水泥用量约增加一倍半。这是因为高层建筑的结构费用和电梯、供水加压等设备费用均比多层砖混结构房屋高得多。

以上分析表明，五、六层砖混结构的房屋造价是比较经济的。但对建筑经济问题，应考虑综合经济效果，即除房屋本身造价外，尚需考虑征地、搬迁、小区建设及市政设施等投资费用。综合考虑这些费用，十到十二层住宅也可能是比较经济合理的层数。

（六）节约土地

建筑层数与节约土地的关系密切。据有关调查资料表明，每公顷用地能建平房4400 m^2，而改建五层住宅可建13000m^2，土地利用率可提高近三倍。为了提高土地利用率，建筑顶层采用北侧退台的办法，能收到增加建筑层数和建筑面积的效果，而日照间距不增加，从而更节约土地。

二、根据具体条件确定建筑层数

具体确定建筑层数时，应根据实际情况进行分析：当城市规划对建筑层数有明确要求时，要局部服从整体，按规划要求层数进行建设。如规划与使用要求有矛盾时，也应在符合城市规划要求的前提下，或另行选址，或几个单位合建，或削减层数。当城市规划对建筑层数无特殊要求时，应以使用要求为主选择层数。一般情况下，当建设办公楼、住宅、宿舍等大量性建筑时，应以五、六层为主。经济条件允许，或基地限制需高空发展，也可建高层。至于材料、结构技术条件及防火要求，可在满足使用与城规条件下，应选择与层数相适应的结构形式与建筑耐火等级。

第二节　房屋高度尺寸的确定

一、房间净高与楼层层高

房屋净高是指室内地平到顶棚底表面之间的垂直距离。如果房间顶棚下有暴露的大梁，则净高应算至梁底面。在有楼层的建筑中，楼层层高是指上下相邻两层楼（地）面之间的垂直距离（图3-1）。房间净高与楼板结构构造厚度之和就是层高。

（一）影响房间净高的因素

1.室内使用性质和活动特点

室内使用性质和活动特点，随房间用途而异。对于住宅中的居室和旅馆中的客房等生活用房，因使用人数少，房间面积小，人仅在楼层标高活动，从人体活动和

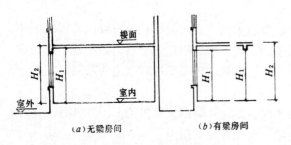

（a）无梁房间　　（b）有梁房间

图 3-1　房间净高（H_1）和层高（H_2）

家具设备在高度方向的布置考虑，净高2.6m已能满足正常的使用要求。集体宿舍由于居住人数较多，净高可适当加大，特别是当设双层床时，为了保证上、下居住者的正常活动需要，室内净高不应低于3m。

对于使用人数较多，房间面积较大的公用房间如教室、办公室等室内净高常为3.0～3.3m。对于影剧院观众厅，决定其净高时考虑的因素比较多，涉及到观众厅容纳人数的多少及视线、音响等要求。

在确定体育馆比赛厅高度时，还要考虑到球类的投掷高度。

还有一些房间，因使用需要，常在房间顶棚上设置某些设备，如吊灯、手术室的无影灯、剧院舞台的顶棚及天桥等。确定这些房间的高度时，应考虑到设备所占尺寸。

2.采光、通风等卫生要求

室内光线的强弱和照度是否均匀，除了和平面中窗户的宽度及位置有关外，还和窗户在剖面中的高低有关。房间里光线的照射深度，主要靠侧窗的高度来解决。进深越大，要求侧窗上沿的位置越高，即相应房间的净高也要高一些。当房间采用单侧采光时，通常窗上沿离地的高度，应大于房间进深长度的一半（图3-2a）；当房间允许两侧开窗时，房间的净高不小于总深度的1/4（图3-2b）。室内单侧采光时，沿房间进深方向照度变化的曲线见图3-3。需要指出，单侧采光的房间里，提高侧窗上沿高度，对改善室内照度的均匀性效果显著，例如6m进深单侧采光的教室，窗上沿每提高100mm，室内最不利位置的照度可提高1％。

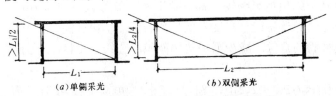

(a)单侧采光　　　　　　　　(b)双侧采光

图 3-2　采光要求的房间高度和进深的比例　　　图 3-3　单侧采光室内照度分布示意

为了避免房间顶部出现暗角，窗户上沿到房间顶棚底面的距离，应尽可能留得小一些，但是需要考虑到房屋的结构、构造要求，如窗过梁或房屋圈梁等。

在一些大进深的单层房屋中，为了使室内光线均匀分布，可在屋顶设置各种形式的天窗，形成各种不同的剖面形式。

房间内的通风要求，室内进出风口在剖面上的高低位置，也对房间净高的确定有一定影响。温湿和炎热地区的民用建筑，经常利用空气的压力差，对室内组织穿堂风（图3-4）。

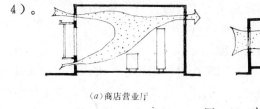
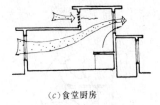

(a)商店营业厅　　　　　　(b)教室　　　　　　(c)食堂厨房

图 3-4　室内穿堂风的组织

室内通风换气还涉及到卫生要求。即为了保证室内二氧化碳浓度低于一定水平，对一些使用人数多、无空调设备、又经常关闭门窗的房间，如影剧院观众厅、学校建筑中的教室、电化教室等，每人应占有一定容积的空气量（简称"气容量"）。具体取值与房间用途有关，如小学教室为3.5m³/人，中学为3.5～4m³/人，影剧院观众厅为4.5m³/人以上。房间所需空气容积，也影响到室内净高。

3.室内比例及空间观感

室内空间的封闭和开敞、宽大和矮小、比例协调与否都会给人以不同的感受。如面积大而高度小的房间，会给人以压抑感；窄而高的房间又会给人以局促感。净高2.4m，用于住宅建筑的居室，使人感到亲切、随和，但如用于教室，就显得过于低矮。要改变房间比例不协调或空间观感不好，除通过各种不同处理（详见本章第四节）外，就需要改变某些尺度，这也涉及和影响房间净高。

影响房间净高的因素还有剖面形状、天棚装修和结构等。

综合上述，一般民用建筑房间净高可取以下数值：住宅2.4～2.6m；宿舍单层床净高≥3.0m，双层床≥3.3m；办公室≥3.0m；小学教室≥3.1m，中学教室≥3.3m；餐厅净高不大于跨度的三分之一，最高≥5.4m，最低≤3.0m。

（二）层高的确定

层高是剖面设计的重要数据，是工程常用的控制尺寸。确定层高时，除考虑室内净高与楼板结构构造厚度外，必须使层高符合建筑模数，并注意力求节约。

层高的模数数值：在大量性民用建筑中，当层高在4.2m以内时，可用100mm作级差；当层高大于或等于4.2m时，则按300mm作级差。

为了力求节约，在满足使用、采光通风、室内观感和模数制的前提下，应尽可能地降低层高。这是因为层高对建筑造价及节约用地影响较大。一般住宅层高每减少100mm，土建投资可节约1%左右。层高降低又导致建筑总高度降低，从而可缩小建筑间距、节约土地。此外，层高降低还能减轻建筑物的自重，减少围护结构面积，节约了材料，有利于结构受力，并能降低能耗。

一般大量性民用建筑的层高：住宅为2.7～2.8m；宿舍2.7～2.8m（单层床时）和3.3～3.6m（双层床时）；中学教室为3.6～3.9m，小学教室为3.3～3.6m；中小学行政办公用房为3.0m，一般办公室为3.0～3.6m。

二、建筑各部分标高的确定

（一）室内外地面的高差

为了防止室外雨水流入室内，防止建筑物因沉降而使室内地面标高过低，为了满足建筑使用及增强建筑美观要求，室内外地面应有一定高差。室内外地面高差要适当，高差过小难于保证基本要求，高差过大又会增加建筑高度和土方工程量。对大量民用建筑，室内外高差的取值一般为300～600mm。

（二）室内窗台高度

窗台的高度主要根据室内的使用要求、人体尺度和家具或设备的高度来确定。一般民用建筑中生活、学习或工作用房，窗台的高度常采用900mm左右，这样的尺寸和桌子的高度（约800mm）、相互的配合关系比较恰当（图3～5）。幼儿园建筑结合儿童尺度，活动室的窗台高度常采用700mm左右。对疗养院建筑和风景区的一些建筑物，由于要求

图 3-5 窗台高度和人体尺度、家具高度的关系

室内阳光充足或便于观赏室外景色，常降低窗台高度或做落地窗。一些展览建筑，由于室内利用墙面布置展品，常将窗台提高到1800mm以上，高窗的布置也对展品的采光有利。商店建筑，如临外墙周边布置货架，窗台也应在1800mm以上。以上由房间用途确定的窗台高度，如与立面处理矛盾时，可根据立面需要，对窗台做适当调整。

第三节　建筑剖面组合

建筑空间剖面是在平面组合的基础上进行的，**它**的主要任务是根据房屋在剖面上使用特征与建筑造型的需要，重点考虑层高、层数、及在高度方向的安排方式。因此，建筑剖面组合是平面组合在高度方向的具体实施，是对平面设计中两度空间的补充和继续深入。应该指出，在具体的建筑设计过程中，建筑物的平面组合与剖面组合是同时进行的，因为只有这样，才能保持整个空间构思的完整性。

剖面组合中，主要房间的层高是影响建筑高度的主要因素，为保证使用、结构合理、构造简单，应结合建筑规模、建筑层数、用地条件和建筑造型，进行妥善的处理。

一、单层建筑的剖面组合

（一）层高相同或相近的单层建筑剖面组合

层高相同的单层建筑自然做等高处理。层高相近的单层建筑，因层高高差小，通常为简化结构、构造和便于施工，可按主要房间需要高度确定该建筑高度，从而也成为等高的单层建筑。

（二）层高差别大的单层建筑剖面组合

对于层高差别大的单层建筑，为避免等高处理后造成浪费，可按具体情况进行不同的剖面组合。

1.按实际需要高度形成不等高组合

当建筑物各组成部分高差较大时，可按各部分实际需要的高度，形成不等高的剖面形式。图3-6所示为一食堂的剖面，因组成食堂的各部分功能要求不同，各自需要不同的层高。餐厅部分因使用人数多，建筑面积大和室内通风采光的要求，需要较大的层高；备餐间因面积小，实际需要的净空高度不大；厨房因排气、通风

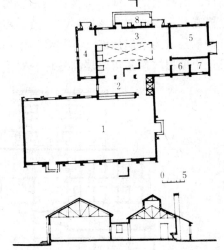

图3-6　单层食堂剖面中不同高度房间的组合
1.餐厅；2.备餐；3.厨房；4.主食库；5.调味库；6.管理；7.办公；8.烧火间

需要，局部需加设气楼。这样就形成了各部高度不同的剖面形式。

2.辅助用房毗连在大厅周围的组合

对于平面设计中采用大厅式组合的建筑，如影剧院等，因主要房间与其它辅助用房层高差别较大，按其平面组合形式，可将辅助用房毗连在层高要求较大的主要房间周围（图3-7），这样既可满足主要房间的高度要求，又方便了使用。再如图3-8所示一体育馆的剖面

中，由于比赛大厅和休息、办公以及其它各种辅助房间相比，在高度和体量方面相差极大，因此通常结合大厅看台升起的剖面特点，在看台以下和大厅四周，组织各种不同高度的使用房间。这种组合方式需要细致地解决好大厅内人流的疏散以及各个房间之间的交通联系。

图 3-7 辅助用房毗连于大厅周围的建筑剖面

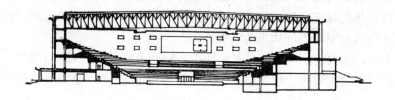

图 3-8 一体育馆剖面中不同高度房间的组合

二、多层建筑物的剖面组合

多层建筑物的剖面组合，首先是把各个体部中的同一层平面所有房间的层高，调整到同一高度，其楼层的高度，可按该层主要房间需要高度确定。低于该层层高的辅助房间，可通过提高其层高使之与该层层高一致。高于该层层高的房间，一般都在平面设计中作了调整：有些单独成为单层体部，并与多层毗连，形成单层与多层组合的剖面形式（图3-9）；有些可设于顶层，按其需要层高处理。对于必须设于同层的，可酌情提高层高。

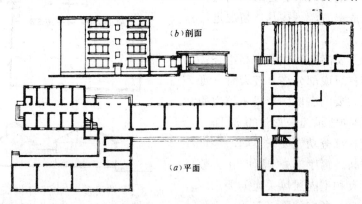

图 3-9 毗连于底层的阶梯教室

各层平面分别形成后，因建筑类型不同，空间组合的方式也不一样。

（一）叠加组合

1.上下对应，垂直叠加

对于各层仅有一个层高的建筑，不论各层层高是否相等，均可采用上下房间、纵横墙、楼梯、卫生间对应布置的办法垂直叠加。

具体叠加时，要分析各层平面在空间的使用特征：

有些建筑如住宅、宿舍、旅馆、公寓等，层与层间没有使用先后顺序要求，各层间是并列关系，平面设计中往往用标准层来代表中间房间大小、数量、类型基本相同的各层。对这种建筑，各层的位置没有严格的顺序关系，只需按确定的层数，垂直叠加即可（图3-10）。

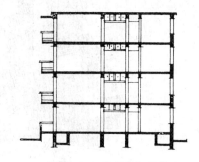

图 3-10 垂直叠加的住宅

还有些建筑，层与层间的关系比较严谨，各层的位置也相对较为固定，如商店建筑，因使用上有对外、对内两部分，空间组合时，应按内、外有别的要求，合理安排建筑层次。一般多把对外营业部分设于下层，仓库设于地下或紧靠营业厅的上层，宿舍安排在顶层，而且，从垂直交通方面考虑，营业厅应与其它房间隔离，楼梯等垂直交通也应与营业厅隔离，以避免不安全事故发生。再如多层展览馆，为了连贯展出内容，层间使用就有一定的顺序性，各层位置应以展出需要顺序依次叠加。还有车站、航空港等交通类建筑，因每天接待旅客有进站（港）、出站（港）、中转之分，为了减少旅客间不必要的交叉、干扰，往往分层安排不同流向的人流（图3-11），层间叠加要适应空间使用中分层分流的安排。

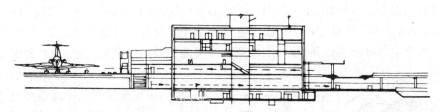

图 3-11 分层安排不同方向人流的某航空港

2.上下错位叠加

有些建筑或因造型需要，或为适应坡地建设环境，或为满足使用方面的要求，建筑物各层采用上下错位叠加的办法，使建筑物获得较丰富的体型（图3-12），或使陡坡地得到了很好的利用，或为人们提供较大的使用平台，以满足居住者渴望得到楼层露天场地的要求，并为其提供休息、活动、日照、种植等条件。

错位叠加中，通常采用横向上下对应、纵向上下错位的布置，可获得台阶形剖面（图3-13）、"A"字形剖面（图3-14）等建筑体型。也可采用纵向对应、横向错位的办法，可使建筑形成展翼而飞的三角形体型（图3-15a），图3-15b是不同方向采用不同错位叠加的美国达拉斯市政厅。

需要注意的是：上下错位叠加应保证建筑物的平衡稳定、结构合理和有利于建筑采光通风。为此，采用悬挑的台阶形建筑、每次出挑应控制在1.5m以内，而且叠加层数也不宜太多（图3-16）；采用"A"字形、山形、梯形等建筑体型时，当底层房间进深过大时，则会影响中间房间的自然通风和采光。

（二）错层组合

当建筑物各组成部分在使用中联系紧密，而楼层高度不同或受地形条件限制时，为使

图 3-12 蒙特利尔世界博览会上展出的住宅建筑

建筑经济合理，可采用错层的办法进行组合。错层组合通常是在体部衔接处设置高差，并用以下办法处理。

1.用踏步来解决错层层间高差

对于层间高差小、层数少的建筑，可在较低标高的走廊上设少量踏步的办法来解决：如底层层高有高差，高差在600mm以内，且上面各层层高均一致的建筑，其层间高差及累计高差均为600mm，可通过在二层以上走廊处设少量踏步来解决（图3-17）。对于中学教学楼，当教室与办公部分相连时，层间累计高差随层数的增多而变化，当办公部分层数为三层时，用踏步解决层间高差必须保证空间净高不小于2.0～2.2m。为此，可采用局部抬高办公部分屋面标高(图3-18a)、在办公与教室走廊处分别设踏步（图3-18b）、或将二层作成同一标高（图3-18c）等办法来解决层间高差。

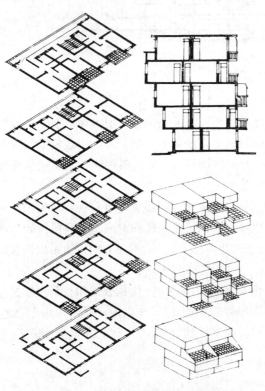

图 3-13 横向对应、纵向上下错位的台阶形住宅方案

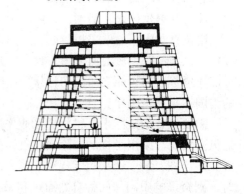

图 3-14 国外某旅馆建筑

(a)突尼斯鸟翼旅馆　　　　　(b)美国达拉斯市政厅

图 3-15　上下错位叠加的建筑实例

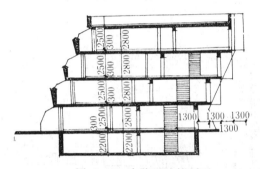

图 3-16　台阶形建筑剖面

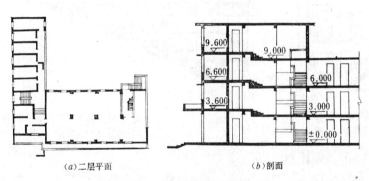

(a)二层平面　　　　　　　(b)剖面

图 3-17　用踏步解决层间高差

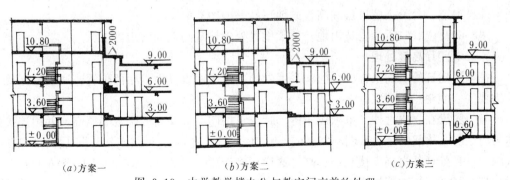

(a)方案一　　　　　　(b)方案二　　　　　　(c)方案三

图 3-18　中学教学楼办公与教室间高差的处理

2.用楼梯来解决错层层间高差

当层间高差与累计高差相同并为一固定值时，可用楼梯的各个平台分别连接不同标高的走廊来解决错层层间高差，形成错半层或错几步的剖面形式（图3-19）。当层间高差随差层数增多而增大时，同样可用楼梯来解决层间高差，此时每跑踏步需作详细计算，使楼梯各个平台的标高分别与楼层的标高相适应，楼梯为不等跑形式（图3-20）。

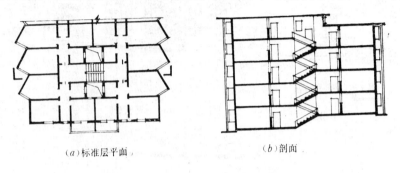

(a)标准层平面　　　　　　　　　　(b)剖面

图 3-19　错半层住宅

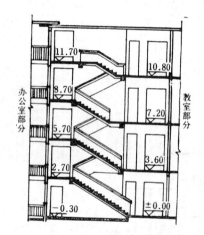

图 3-20　用楼梯解决中学教学楼
中办公室与教室间的高差

图 3-21　用室外台阶解决层间高
差和地形高差

3.坡地建设中的高差处理

山地、丘陵地区处理高差的原则是：依山就势，适应地形标高变化；有利于结构安全稳定，尽量减少土石方工程量和方便使用。具体处理要随现场情况而定。一般情况多通过在室外设坡道、台阶来解决层间高差或地形高差（图3-21）。

图2-60及图2-61所示也是山地、丘陵地区处理建筑高差的常用方法。

（三）门厅高度处理

在多层建筑的空间组合中，门厅高度处理要视平面设计中门厅的位置、底层层高及门厅需要的空间观感来确定。

当门厅设在立体之外，单独成一体部时，可按门厅需要高度确定其层高，并用连接体作为门厅与主体间的过渡（图3-22a）。当门厅设在主体内部，其高度与同层高度相差不大时，一种处理是提高主楼底层层高，这样可能造成一定的空间浪费（图3-22b）；另一种处理是降低门厅地坪标高，在门厅与走廊衔接处设踏步（图3-22c）。当门厅需要具有高大、宏伟的效果时，常将门厅做成二～三层通高，也可用走马廊使门厅形成空间对比（图3-22d），但要妥善解决防火分区问题，否则，一旦发生火灾，火势将沿通高部分向上层漫延。

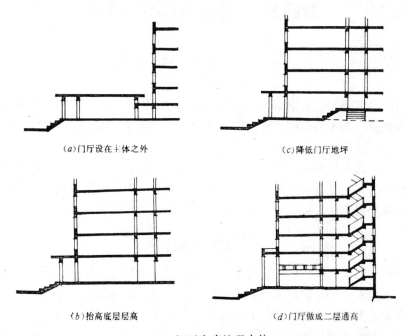

(a)门厅设在主体之外　　　　　　　　　　(c)降低门厅地坪

(b)抬高底层层高　　　　　　　　　　(d)门厅做成二层通高

图 3-22　门厅高度处理方法

第四章　建筑内部空间设计

第一节　空间的分隔与联系

建筑空间的组合，就是根据不同的使用功能对空间在水平方向和垂直方向进行各种各样的分隔与联系，为人们提供良好的空间环境，以满足各种活动的需要，并达到功能、结构、艺术、经济等多方面的统一。

室内空间的联系与分隔处理得是否恰当，是衡量整幢建筑设计优劣的重要标准之一。室内空间处理的关键在很大程度上取决于室内空间的分隔与联系，人们在实践中积累了不少经验和许多处理手法，并在设计中得到了广泛的运用和发展。

一、空间分隔的层次

空间分隔与联系的内容包括房间和房间之间、房间和走道及过厅之间、楼梯和房间及过厅之间、室内和室外之间以及房间内部空间之间等。由此可见，空间的联系与分隔是多方面多层次的。但可简单概括为三个方面或三个步骤。

（一）室内外空间的限定

在进行建筑总体布置时，首先应考虑整个建筑室内外之间的关系，其中包括内外空间相互联系渗透的问题，内庭、天井、院落的合理布置问题等等，以便达到良好的室内外环境的结合，因此室内外空间关系的限定即室内外空间的联系与分隔在方案的构思阶段就应加以考虑。图4-1为中国传统建筑中内外空间的限定。

（二）各类房间的限定

通过总体布置的粗略分析，和充分考虑室内外空间关系之后，进一步按不同需要进行房间（包括辅助房间）划分并确定各类房间之联系与分隔的基本关系，主要是封闭和开敞的关系（图4-2）。

（三）房间内部空间的限定

一个仅有结构骨架的简单的覆盖围合体，是不能满足使用需要的，只有经过必要的装修和精心安排家俱布置后才能充分发挥建筑空间的使用价值，通过室内装修，家俱布置和设备陈设，相应地对房间内部空间进行了第三次空间的分隔与联系（图4-3）。

由此可见，在一定意义上说整个建筑设计也就是从总体到局部对空间的分隔和联系的反复协调的过程。这是建筑设计中极其重要的一环，它除了反映使用功能上是否合理外，对空间的视觉效果、空间的性格、环境气氛的创造等等都有重大的影响和直接的联系。

空间的分隔方式可以是固定式的，也可以是活动式的；分隔的程度按空间联系渗透的情况，可以是实隔，也可以是虚隔，或半虚半实，即以实为主，实中有虚，或以虚为主，虚中有实等等。实体分隔如墙、柱、楼梯、隔断、帷幔、屏风、家俱、踏步、花台等，此外也可以利用色彩的变化、材料的区分、质感的差异，形成象征性的虚拟分隔、甚至还

图 4-1 苏州留园内外空间的限定

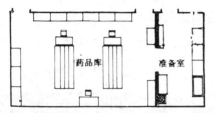

图 4-2 中学化学实验室药品库及准备室的空间限定

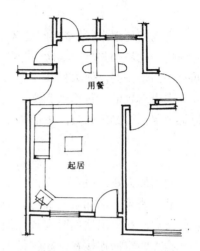

图 4-3 起居与用餐的空间限定

可以用光、声、味在视觉、听觉、嗅觉方面辨别区分空间的差异。

通过空间的多元的多次的限定，特别是多种多样的房间内部空间的限定，丰富多采的室内空间效果将会充分地体现出来，也只有这样，才能满足不同建筑性质、地方特点、个人爱好等千差万别的需要，创造出不同风格的室内空间环境，并成为评定室内设计质量优劣的重要标志之一。

二、开敞空间与封闭空间

同分隔与联系有密切关系的是开敞空间与封闭空间的设计，如果对空间开敞与封闭的问题处理得当，不但有利于满足功能需要，而且使整个建筑空间布局生动活泼，从而为形成不同的建筑风格和建筑特色创造条件。

人们对室内空间的要求，在不同条件下有不同的开敞性和封闭性，例如全开敞、半开敞、半封闭等。开敞空间与封闭空间的主要区别在于对空间围护界面的取舍与处理。一般所谓开敞即指二空间不加分隔或采用透明材料作为区分，使视觉依然具有空间畅通的效果。因此在空间感上，开敞空间是流动渗透的，封闭空间是静止阻塞的；在心理效果上，开敞空间是收纳性的，而封闭空间是拒绝性的。因此开敞空

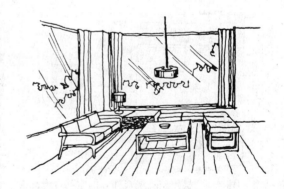

图 4-4 利用大片玻璃窗收纳窗外景色

间表现为社会性和公共性，而封闭空间则表现为个体性和私密性。例如4-4所示为开敞空间的例子。

如何结合房间性质，采取不同程度的开敞与封闭处理是任何类型建筑设计都应加以全面考虑的重要问题。

第二节 空间的过渡

在空间处理中,过渡空间是为了衬托主体空间;或对两个主体空间的联系起到承上启下的作用;或是加强空间层次、增强空间感。因此,对过渡空间的处理,应尽可能小一些、低一些、暗一些,使人们从一个大空间走到另一个大空间时必须经历由大到小,再由小到大;或由高到低,再由低到高;或由亮到暗,再由暗到亮等这样一些过程,从而在人们的记忆中留下深刻的印象,下面主要介绍几种常见的过渡空间处理手法。

一、对主体空间的衬托

空间的大小、方向、高低、形状、色彩、明暗以及开敞或封闭的程度等,首先必须适合于功能要求。但如果能够巧妙地利用功能的特点,在组织空间时有意识地把各种不同特点的空间连接在一起、借助空间相互间的强烈对比,便可获得以小(大)衬大(小)、以纵(横)衬横(纵)、以低(高)衬高(低)、以圆(方)衬方(圆)、以暗(明)衬明(暗)、以封闭(开敞)

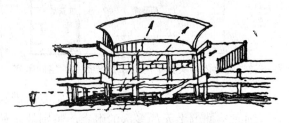

图 4-5　北京铁路客站中央大厅

衬开敞(封闭)等特殊效果。如北京铁路客站中央广厅,设计中以欲扬先抑的手法最大限度地压低夹层下部的空间,借助高低之间的强烈对比,而有效地衬托了高大的中央广厅(图4-5)。

二、两个空间的连接过渡

两个不同的空间如果直接相连就可能产生单薄或生硬的感觉,若在其中插进一个过渡

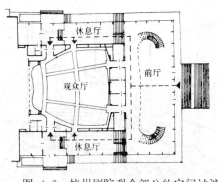

图 4-6　杭州剧院观众部分的空间过渡

的空间,不但能更好地满足使用要求,而且还可以衬托主要空间,同时不致于使人们对空间的变化产生不适应和突如其来的感觉,以满足人们对不同类型空间在物质和精神两方面的要求。如在影剧院设计中,为了不使观众从明亮的室外突然进入较暗的观众厅内,引起视觉上急剧变化的不适应感觉,常用门厅、休息厅(廊)等逐渐过渡到观众厅,以满足观众的暗适应要求(图4-6)。

三、与使用功能相结合

过渡空间有时也可兼有一定的使用功能,起到主要使用空间的辅助功能作用,为主要使用空间服务,使主要使用空间更好地满足其功能要求,一般以准备、等候、整理等功能居多。如北京五中微机室的设计,为了保持机房的安静和清洁,在机房入口处设置前室,

并布置了办公和换鞋柜的功能(图4-7a)。再如在公用卫生间的设计中，为了使卫生间与走道或其它房间有所隔离，同时避免视线干扰，便设置前室进行过渡，并在前室中布置适当的卫生间辅助设置（图4-7b）。

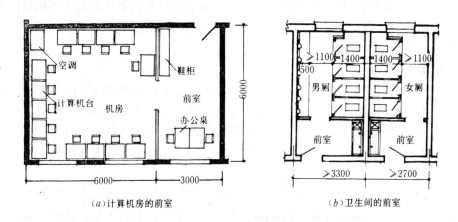

(a)计算机房的前室　　　　　　(b)卫生间的前室

图 4-7　兼有使用功能的前室

第三节　空间的序列

人的某一项行为活动都是在时、空中体现出来的一系列过程，静止只是相对和暂时的，这种行为活动过程都有一定的规律性，例如观众看电影，就要经过了解电影告示、买票、进场、观看、出场等一系列行为活动过程（图4-8）而建筑物的空间设计一般也是按这样的行为过程来安排的，这就是空间序列设计的客观依据。对于更为复杂的行为过程，或同时进行多种活动，如参观规模较大的展览会，进行多种文娱社交活动和游园等，那么建筑空间设计相应也要复杂一些，在序列设计上，层次和过程也相应增多，形成多路线序列。空间序列设计虽应以行为过程为依据，但如仅仅满足行为活动的物质需要，是远远不够的，因为空间序列设计除了满足行为活动的物质要求外，还应把各个空间作为彼此

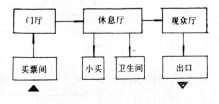

图 4-8　看电影的行为过程

相互联系的整体来考虑，并以此作为建筑时间、空间形态反馈作用于人的一种艺术手段，以便更深刻、更全面、更充分地发挥建筑空间的艺术作用。空间的连续性和时间性是空间序列的必要条件和基本因素，空间的艺术章法，是空间序列设计的主要研究对象，也是对空间序列全过程构思的结果。

一、序列的全过程

序列的全过程可以分为下列几个阶段

（一）起始阶段

起始阶段为序列的开端，开端的第一印象，在任何时间艺术中无不予以充分重视，因为它与预示着将要展开的心理推测有着习惯性的联系，一般说来具有足够的吸引力是起始

阶段考虑的主要核心。

（二）过渡阶段

过渡阶段既是起始后的承接阶段，又是出现高潮阶段的前奏，在序列中起到承上启下的作用，是序列中关键的一环，特别在长序列中，过渡阶段可以表现出若干不同层次和细微的变化，由于它紧接着高潮阶段，因此对最终高潮出现前所具有的引导、启示、期待，乃是该阶段考虑的主要因素。

（三）高潮阶段

高潮阶段是全序列的中心，从某种意义上说，其它各个阶段都是为高潮的出现服务的，因此序列中的高潮是精华和目的的所在，也是序列艺术的最高体现，充分考虑期待后的心理满足是高潮阶段的设计核心。根据建筑物内部行为过程的特征，一般安排一次高潮，但由于行为过程较为复杂，为了加强序列的丰富性，也可安排多次高潮。

（四）终结阶段

由高潮到平静、以致恢复正常状态是终结阶段的主要任务，它虽然没有高潮阶段那么重要，但也是必不可少的组成部分，良好的结束，有利于对高潮的追思和联想，而耐人寻味。

二、不同类型建筑对序列的要求

不同性质的建筑有不同的空间序列布局，不同的空间序列艺术手法有不同的序列设计章法，因此在现实丰富多样的活动内容中，空间序列设计绝不会是完全象上述序列那样一个模式。突破常规，有时反而能获得意想不到的效果，这几乎也是一切艺术创作的一般规律，所以在我们进行创作时应充分注意这一点，一般说来，影响空间序列的关键在于序列长短、序列布局类型以及序列中高潮等的选择。

（一）序列长短的选择

序列的长短反映了高潮出现的早晚，以及为高潮作准备的空间层次的多少。因为高潮一出现，就意味着序列全过程即将结束，因此一般说来，对高潮的出现决不轻易处理，高潮出现愈晚，层次必然增多，通过时空效应于人的心理影响必然更加深刻，因此长序列的设计往往运用于强调高潮的重要性、宏伟性与高贵性。如毛主席纪念堂，在空间序列布局上即作了充分的考虑（图4-9），瞻仰群众由花岗石台阶而上，经过宽阔庄严的柱廊和较小的门厅，到达宽34.6m、深19.3m的北大

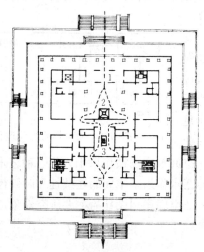

图 4-9　毛主席纪念堂平面
1.门厅；2.北大厅；3.瞻仰厅；4.南大厅；5.出口门厅

厅，厅中部高8.5m，二侧高8m，正中设置了栩栩如生的汉白玉毛主席坐像，由此而感到犹似站在毛主席身旁庄严肃穆促使引起许多追思和回忆，对进而瞻仰遗容在情绪上作了充分的准备和酝酿，为了突出从北大厅到瞻仰厅的入口，南墙上的两堂大门选用名贵的金丝

楠木装修，以其醒目的色泽和纹理，引起极强的导向性，为了使群众在视觉上能适应由明至暗的过程需要，以及突出瞻仰厅的主要空间序列（即高潮阶段），在北大厅和瞻仰厅之间恰当地设置了一个较长的过厅和走道这个过渡空间，这样瞻仰群众一进入瞻仰厅便感到气氛比北大厅更为雅静肃穆，这个宽11.3m、深16.3m、高5.6m的空间，在尺度上和空间环境安排上都类似一间日常的生活卧室，使肃穆中又具有亲切感，瞻仰完毕，辞别遗容，进入宽21.4m、深9.8m、高7m的南大厅，厅内色彩以淡黄色为主，稳重明快，地面铺砌的东北红大理石，在汉白玉墙面上，镌刻着毛主席亲笔书写的《满江红·和郭沫若同志》一词，气势磅礴、金光闪闪，以激励我们继续前进，起到良好的结束作用。毛主席纪念堂并没有完全仿效我国古代的冗长的空间序列，仅有几个紧接的层次，高潮阶段在中略偏后的位置上，在空间上也不是最大的体量，这和特定的建筑性质、设计思想有关，也是空间序列设计的一个创造。

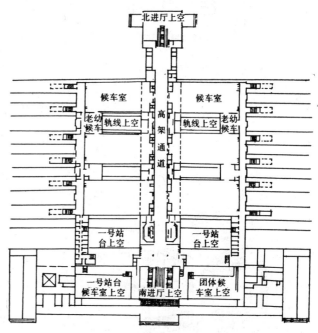

图 4-10　上海铁路客站平面

对于某些建筑类型来说，采取拉长时间的长序列手法并不合适，例如讲效率、讲速度、节约时间为前提的各种交通性客站，其空间布置应该一目了然，层次愈少愈好，通过的时间越短越好，不使旅客造成心理紧张。如上海铁路客站的空间布置（图4-10），将大量的候车室布置在站台上空，大大缩短了旅客的进站路线。

对于有充裕时间进行观光、游览的建筑空间，常迎合游客希望看够玩够的心理愿望，将建筑空间序列适当拉长也是恰当的。

（二）序列布局类型的选择

采取何种序列格局，与建筑性质有密切关系，空间序列格局一般可分为对称式（图4-11a）和不对称式（图4-11b），空间序列线路一般分为直线式、曲线式、循环式、迂回式、盘旋式、立交式等等。我国传统宫庭寺庙以规则布局的直线式居多，而园林别墅以自由布局的迂回式居多，现代许多规模宏大的集合式空间，丰富的空间层次则常常采用循环往复式或立交式的序列线路，这和方便功能联系，丰富室内空间艺术景观效果的需要也有很大的关系。莱特的哥根哈姆博物馆，以盘旋式的空间序列线路而产生独特的内部空间而闻名于世（图4-12）。

（三）高潮的选择

建筑的主体空间，具有反映建筑性质的代表性空间，为建筑之精华所在，常常作为选择高潮的对象，它将成为一切空间的主宰，成为满足参观、来访等使用者的最后目的地。

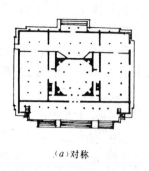

（a）对称

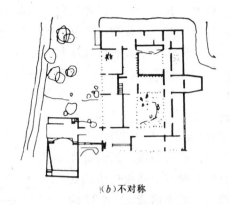

（b）不对称

图 4-11　空间序列的格局

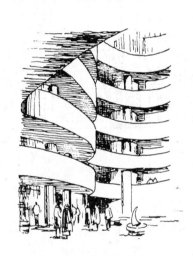

图 4-12　哥根哈姆博物馆

图 4-13　广州白天鹅宾馆中庭

根据建筑的功能和性质不同，考虑高潮出现的次数和位置也不一样，多功能、综合性的建筑，具有形成多中心、多高潮的可能性，它与一次高潮不同，整个序列要反映出反复的高低起伏的现象。高潮在全序列中的位置，由于高潮出现的次数多寡相应也有变化。一般说来，一次高潮常布置在序列的后部，即高潮的出现，就意味着序列即将结束。如影剧院、展览馆等类建筑物的高潮阶段均设置在序列的后部。

现代旅馆中庭，极大地丰富了一般公共建筑对于高潮的处理，并使之提到了更高的阶段，如广州白天鹅宾馆的中庭（图4-13）以"故乡水"为题，山、泉、桥、亭点缀其中，故里乡情、宾至如归，不但能提供良好的游憩场所，也满足了一般旅客、特别是侨胞的心理需要。象旅馆那样以吸引和招揽旅客为目的的公共建筑，高潮在序列的布置中显然不宜过于隐蔽，而相反希望以此作为显示建筑的规模、标准和舒适程度的集中体现，因此常将中庭布置于接近建筑入口或建筑的中心位置。在短时间出现高潮的序列布置，因为没有或较少有预示性的过渡阶段，使人们由于缺乏思想准备反而会引起出其不意的新奇感和惊叹感。

由此可见，采取不同的序列章法，总是和建筑的目的性一致的，只有建立在客观需要的基础上，空间序列艺术才能显示其强大的生命力。

三、空间序列的设计手法

良好的建筑空间序列设计，宛似一部完整的乐章、动人的诗篇。空间序列的不同阶段和写文章一样，有起、承、转、合。也和乐曲一样，有主题、有起伏、有高潮、有结束。通过建筑空间的连续性和整体性给人以强烈的印象，深刻的记忆和美的享受。但是良好的序列章法还是要靠通过每个局部空间的精心推敲；以及利用室内空间的形状大小、装修、色彩、照明、陈设等一切艺术手段来实现。因此研究与序列有关的空间构图就成为十分重要的问题了。此时，一般应注意下列问题：

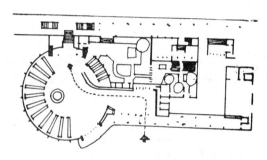
图 4-14 塘沽铁路客站室内空间处理

（一）空间的导向性

引导人们行动方向的建筑处理称为空间的导向性。良好的设计总是用建筑所特有的语言与人对话，用连续排列的物件来暗示人们行动的方向。例如：列柱、曲墙、连续的柜台以至灯具等，容易引起人们的注意而不自觉地随着行走；有时也利用色彩的暗示，把地面图案进行有方向性的组织等都能暗示人们行动的方向。图4-14为塘沽火车站平面，结合功能、地形特点把售票厅置于候车厅的右侧，为引导办完买票手续的旅客通过进站口检票进站，特设置一道曲墙从售票厅一直沿伸到候车厅内进站口附近，持票旅客将循此而自然地走向进站口。

（二）视觉中心

在一定范围内引起人们注意的目的物称为视觉中心。空间的导向性有时也只能在有限的条件内设置，因此在整个序列过程中，有时还必须依靠在关键部位设置引起人们强烈注意的物件，以此吸引人们的视线。视觉中心的设置一般均以具有强烈装饰趣味的物件作标志，因此它既有被欣赏的价值，又在空间上起到一定的注视和引导作用。一般多在交通的交点、入口处、转折处设置视觉中心，视觉中心的处理手段一般可分两类：一类是利用建筑本身，如形态生动的楼梯、彩色奇丽的装修等；另一类是利用各种陈设，如雕塑、古玩、立灯以及室内喷泉、绿化等。由此可见，建筑室内陈设和装饰除了考虑美化室内环境外，还必须充分考虑作为视觉中心的需要。图4-15为广州东方宾馆新楼大厅（即北门厅），为了把一部分旅客引向夹层休息厅，在门厅内设置一座露明弧形楼梯。由于楼梯的位置十分突出，特别

图 4-15 广州东方宾馆新楼门厅

是它的下端正对着门厅入口，进入门厅的旅客立即被它所吸引，并通过它自然地登上夹层休息厅。

（三）空间的对比与统一

空间序列的全过程，就是一系列相互联系的空间过渡。对不同序列阶段，在空间处理上，空间的大小、形状、明暗、色彩、陈设等都各有不同，造成不同的空间气氛，但又彼此联系，形成按照一定章法要求的统一体。空间的连续过渡，前一空间就为后一空间作准备，按照总的序列格局安排来处理前后空间的关系。一般说来，在高潮出现以前，一切空间过渡的形式可能有所区别，但在本质上应接近一致，一般应用"统一"的手法为主，但作为高潮前准备的过渡空间往往采取"对

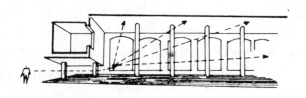

图 4-16　北京铁路客站的过厅与候车室

比"的手法，诸如先收后放、先抑后扬、欲明先暗等等。如图4-16所示，是北京铁路客站的某一候车厅与过厅的空间处理，以压低过厅的高度来衬托候车厅，形成了强烈的空间对比，使候车厅显得高大敞亮，获得了理想的效果。

第四节　空间的延伸和借景

空间的延伸和借景是通过各种处理手法，以强调空间的展开性、连续性和渗透性，从而达到小中见大、扩大空间感、开阔视野以及造成更为融洽的室内外空间，以便更好地满足各种场合下人们活动的需要。因此空间的延伸要求在空间处理上更多地强调空间的联系性，这种联系性一般是通过恰当的空间分隔、材料、色彩的运用等方面而取得的。所以，所谓空间的延伸并不是采取额外增加建筑空间的办法，空间的扩大感也不是意味着加大空间的体量，或增加建筑面积。一般说来，许多既分隔又联系的空间处理，使空间相互渗透，都在一定程度上得到了空间延伸的效果，空间延伸的处理手法主要有以下几种：

一、延伸组成空间的 某些部分

通过组成空间的某一、二个部分而获得空间延伸效果是常用

图 4-17　国外某别墅起居室

的处理手法，例如通过天棚、地面、墙面的延伸达到扩大空间的效果。如图4-17所示为国外某别墅起居室的空间处理，曲面墙的延伸扩大了空间感，同时也极大地丰富了空间的变化和层次感。

二、各种陈设、小品的连续布置

通过各种各样陈设如灯具、雕塑、花台、绿化、水池等等，由内向外连续布置从而达到扩大空间的效果。如图4-18所示为广东东莞宾馆平面布置，将休息厅内绿化延伸至室外庭园，开阔了休息厅的视野，内外空间融为一体。

三、室内外空间的相互延伸

通过室内空间的某些部分延伸到室外，同时将室外的某些部分延伸至室内，室内外相互渗透，使空间得到充分的扩展，同时增强了室内的景观效果（图4-19）。

在许多场合下不一定都有条件采取延伸的处理手法，达到空间相互渗透的目的，为了对建筑周围环境中存在的许多自

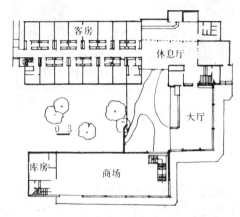

图 4-18　广东东莞宾馆平面布置

然和人工的优美景色合理利用。因此常采用借景的手法，即通过恰当布置建筑中的一切"开敞面"或"开敞空间"诸如门窗、洞口、空廊等，有计划、有组织地把外部的远近景色摄取过来。而建筑中的开敞面或开敞空间在方向、位置、大小、形状等方面的设计对外部景色的摄取有着直接的影响，因此在位置开敞面或开敞空间时，必须考虑摄取外部景色的整个画面构图。根据所借景物的观赏特征，在借景处理中又可分为静止借景和流动借景。静止借景是为收纳建筑外部的某一景物或景点所作的处理，供人们在静止状态进行观赏，一般设置景窗、景门、露花等（图4-20）；而流动借景是为了收纳建筑外部的某一景物或连续多个景点所作的处理，供人们在行走时进行观赏，有一步一景，步移景异的效果。一般设置敞廊、带形窗或连续的景窗等（图4-21）。借景处理手法在风景区建筑和园林建筑中较多采用。

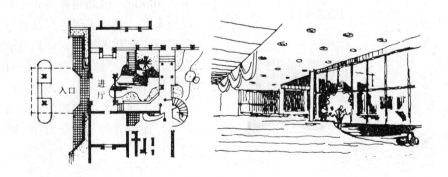

图 4-19　上海龙柏饭店进厅与庭园

图 4-20　苏州留园的景窗

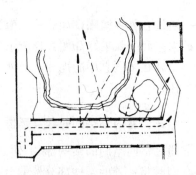

图 4-21　苏州狮子林复廊一侧的连续景窗

第五节　内部空间形态的构思和创造

人们对空间环境的要求随着生产、文化、科学技术的发展、生产水平的提高而愈来愈高，人类在长期的建筑实践中对室内空间环境的创造也积累了丰富的经验，对室内空间的处理手法多种多样，空间形态是千姿百态，但归纳起来大致有以下几种主要的：

一、下 沉 式 空 间

若室内地面的局部下沉，在统一的室内大空间中将出现一个独立的空间。这种下沉地面所获得的独立空间称为下沉式空间，它具有一定的宁静感和私密性（如图4-22）。人们在这种空间中休息、交谈会倍感亲切，工作、学习会感觉宁静而不受干扰。因此在许多公共建筑和住宅设计中得到了广泛的运用。

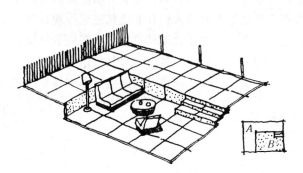

图 4-22　下沉式空间

二、地 台 式 空 间

将一整体空间中的局部地面抬高，形成一个台座，和周围空间相比，显得十分突出和醒目。因此这种空间适应于惹人注目的表现、表演、展览以及眺望等功能。许多商店常利用地台式空间将最新产品布置在上面，使顾客一进店就一目了然，很好地发挥商品的广告宣传作用；表演性建筑中为了突出表演者和缩短观演者之间的距离，而设置伸入观众厅的舞台（图4-23）。

图 4-23　瑞典马尔摩市立剧院

三、回 廊 与 挑 台

回廊与挑台是室内常用的一种形式，

经常出现在多层大厅内，它除了功能作用外（如作为交通联系），在空间形式上能增加空间层次，并与大厅形成鲜明对比。回廊的设置，主要是通过同一空间的空间尺度感进行处理，达到以小衬大的、突出主体的目的。如北京铁路客站的中央大厅处理，将回廊上下空间尽可能压低，借对比作用极大地衬托出中央部分的空间（图4-24）。

图 4-24　某公共建筑门厅内回廊

图 4-25　德国埃森歌剧院前厅

挑台是在大厅空间中结合交通联系、休息等功能在适当位置设置伸入大厅平台，使大厅空间显现出活泼、轻快而又热情奔放的意趣，同时也可丰富大厅的空间层次，使空间具有一定的渗透性（图4-25）。

四、交错、穿插空间

现代室内空间设计中，已经突破了封闭的六面体和静止的空间形态，使空间内部人流上下交错、彼此相望，室内空间相互穿插、融为一体，丰富了室内景观，增添了生气和热闹气氛（图4-26）。适应于博览、游乐、文娱性建筑物的大厅采用。

图 4-26　华盛顿美国国家艺术馆东馆

五、母子空间

在具有若干类似功能的空间组织中，为了满足一部分人的心理需求，增加空间的私密性或宁静感，以一大空间作为母体（即母空间）而辅以若干小空间（即子空间），彼此相融，形成一个整体空间，这种空间形状称为母子空间。如在商场营业厅的设计，可以大厅为中心在周围布置营业小间，在小间中设置首饰、钟表、精品等内容（图4-27）。

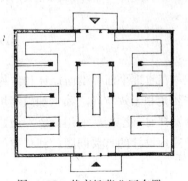

图 4-27　某商场营业厅布置

六、虚幻空间

为了改变室内的闭塞感，扩大空间的尺度感和视野，常在狭小房间的一面或几面墙装设镜面玻璃而使空间尺度感增大；或者利用具有一定景深的大幅墙画，把人的视觉引向"远方"，造成空间深远的意象（图4-28）。

图 4-28 利用大幅墙画扩大空间感

图 4-29 国外某旅馆共享大厅

七、共享空间

波特曼首创的共享空间（图4-29），在各国享有盛誉，现在许多建筑都竞相效仿，象四季厅、中庭等都属这一类。它们的共同特点就是大厅的高度贯通若干层，使其大厅规模大、内容多、空间层次丰富，具有较高的视觉观赏价值。可以说共享大厅是一个具有运用多种空间处理手法的综合性体系。

从上所知，内部空间的形态是多种多样的，除上列形态之外，还有诸如流动空间、心理空间、悬浮空间等五花八门，都具有不同的用途和性质，但主要还是取决于功能的需要。应该指出，善于利用客观条件和技术手段，采取灵活变化的设计手法，这也是室内空间赖以创造的必要条件和重要因素。一般说来，主要体现在下列几个方面：

1. 结合地形，因地制宜；
2. 结构形势的创新；
3. 建筑布局与结构系统的统一与变化；
4. 建筑上下层空间的非对应关系。

第六节 建筑空间的利用

在建筑平面、剖面设计和结构选型时，为了方便结构及构造，往往在建筑内部出现一些死角和无效空间，如不加以利用，便造成一定的空间浪费。如何合理利用这些空间，充分发挥建筑空间的使用价值，使建筑功能与室内空间艺术处理紧密结合，达到完善的统一是室内设计的首要问题。利用空间的处理手法很多，常见的有以下几个方面：

一、夹 层

在很多公共建筑的大厅（如商场的营业厅、车站的候车室、体育馆的比赛大厅等）中，其空间高度都很大，而与此相联系的辅助用房都小得多，因此常采取在大厅周围布置夹层的方式，而使大厅的空间高度相当于辅助用房的两层和两层以上的高度；在体育馆设计中，由于比赛大厅和休息、办公以及其他各种辅助房间相比，在高度和体量方面相差极大，因此通常结合大厅看台升起的剖面特点，利用看台以下和大厅四周的空间设置夹层，布置各种不同高度的使用房间（图4-30）。

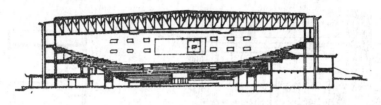

图 4-30　北京首都体育馆剖面

二、坡屋顶的利用

我国许多地方民居的屋顶形式大多采用坡屋顶，屋顶空间的中部位置其高度也能满足次要房间的使用要求，因此，在设计时应充分考虑，充分利用屋顶空间（图4-31）。有些公共建筑也常采用坡屋顶（如影剧院等），其屋顶空间常作为布置通风设施、照明线路的技术层来考虑。

三、走道上部空间的利用

走道是水平交通联系的主要空间，就满足交通联系要求而言，空间高度并不大，但为了简化结构布置，一般和它所联系的房间层高一样，因而走道的上部空间也是可以利用的。在居住建筑中的交通空间上部常设置搁板或吊柜（图4-32），公共建筑走道的上部常作为铺设各种管线的技术层（图4-33）。

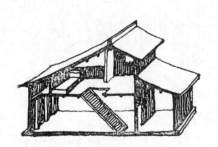

图 4-31　坡屋顶的空间利用

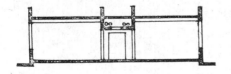

图 4-32　走道上部空间作技术层　　　图 4-33　走道上部空间作吊柜

四、楼梯间底层及顶层空间的利用

楼梯底层平台下部及顶层平台上部空间的顶部，从楼梯的交通而言，是属于无效空间。为了充分发挥建筑空间的效能，可以在设计中适当处理使部分空间发挥作用。对于底层平台下部的空间，公共建筑大厅内主要楼梯下部可设置水池绿化，以美化大厅环境（图4-34）；一般楼梯底层平台下部还作为建筑次要出入口或作为储藏之用；对于楼梯顶层平台上部空间的顶部可作为一间小房间（图4-35），这样不但增加了使用面积，而且也避免了过高的楼梯空间给人空旷的感觉。

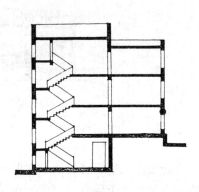

图 4-34 广州东方宾馆门厅内楼梯　　　　图 4-35 楼梯间顶部及底部的空间利用

建筑内部空间的利用除以上几种常见处理手法之外，还有结构方案的选择也有很大的关系，在结构方案合理的前提下，应该尽量减少结构构件占有空间，不同的结构类型所占有的空间有很大差别，因此，合理选择结构方案对建筑空间利用率有直接影响。

总之，建筑内部空间的充分利用是在建筑占地面积和平面布局基本不变的情况下，以少量投资，获得扩大建筑使用空间和充分发挥投资效益的有效途径。

第五章 建筑造型设计

建筑造型包括建筑的体型、立面和细部处理，它贯穿于整个建筑设计的始终。建筑的外部形象既不是内部空间被动地直接反映，也不是简单地在形式上进行表面加工，更不是建筑设计完成后的外形处理。建筑造型设计是在内部空间及功能合理的基础上，在物质技术条件的制约下并考虑到所处的地理位置及环境的协调，对外部形象从总的体型到各个立面以及细部，按照一定的美学规律加以处理，以求得完美的建筑形象，这就是建筑造型设计的任务。

第一节 建筑造型艺术特征

建筑造型设计的目的是为了创造美的建筑形象。要创造出美的建筑形象，首先必须了解什么是建筑美。

美感是一种由形式引起的直接感受。这种美感对建筑来说，就是人们对建筑物的体量、体型、色彩、质感等以及它们之间的相互关系所产生的形象效果的感受。

建筑美与其它艺术形式不尽相同，有着其自身的特点。大量的建筑除供人们观赏、产生美感（即精神功能）外，主要还是为了给人们提供生活、生产及其他各种社会活动的物质环境（即物质功能）。为此，人们就得以必要的物质技术手段（如材料、结构、设备、施工等）来实现上述功能的需要。建筑美溶合、渗透、统一于使用功能和物质技术之中，这是建筑美与其它艺术形式的一个重要区别。

具体的说，优美的建筑造型应该具备以下艺术特征：

一、建筑造型应反映建筑个性特征

建筑外部体型要受各种不同使用功能的内部空间和物质技术条件的制约，它应该正确反映内部空间组合的特点。象建筑体型的大小和高低、体型组合的简单或复杂、墙面门窗位置的安排以及大小和形式等，都是以建筑物内部空间的组合为依据。

由于不同功能要求的建筑类型，具有不同的内部空间组合特点，一幢建筑的外部形象在很大程度上是其内部空间功能的表露，因此，采用那些与其功能要求相适应的外部形式，并在此基础上采用适当建筑艺术处理方法来强调该建筑的性格特征，使其更为鲜明、更为突出，从而能更有效地区别于其它建筑。

如图5-1所示，通过巨大的观众厅和高耸的舞台部分的体量组合以及门厅、休息厅与观众厅、舞台的强烈虚实对比来表现剧院建筑的性格特征；用入口上部的红"十"符号作为象征，加强医疗性格的特征；以简单的体型、小巧的尺寸感、单元的组合、门厅的整齐排列以及阳台、凹廊的重复出现而获得居住建筑的生活气息及性格特征。

此外，纪念性建筑，它的要求是唤起人们对历史事件或历史人物的怀念，因此须具有强烈的思想性和艺术感染力，它的性格特征是由设计者根据一定的表现意图赋予的。一般说来，它的平面和体型应力求简单、严谨、厚重、稳固，以期形成庄严、雄伟、崇高、肃穆气氛（图5-2）。园林建筑的房间组成和功能要求一般都比较简单，然而观赏方面的要求较高，它的空间、体型组合主要是出于观赏方面的考虑（图5-3）。象征主义手法也是体现建筑性格特征的途径之一，如纽约肯尼迪机场候机楼（图5-4），针对建筑物的功能特点，将建筑物体形处理成为一只展翅欲飞的鸟；又如澳大利亚悉尼歌剧院（图5-5），建筑物伸向水平，由三组白色尖拱形屋顶覆盖，整个建筑物如同一艘迎风扬帆破浪前进的帆船。

图 5-2 人民英雄纪念碑

图 5-1 建筑外部形象反映不同建筑类型的性格特征

图 5-3 苏州留园一景

图 5-4 美国肯尼迪ＴＷＡ航空楼

图 5-5 悉尼歌剧院

二、建筑造型应善于利用结构、施工技术的特点

建筑结构体系是构成建筑物内部空间和外部形体重要条件之一。一个优秀的建筑作品，除了使用功能和建筑风格上的完美之外，也应该符合结构体系的科学规律。由于结构体系的选择不同，建筑将会产生不同的外部形象和不同的建筑风格（图5-6）。因此，在建筑设计工作中，要善于利用结构体系本身所具有的美学表现力这一因素，根据结构和材

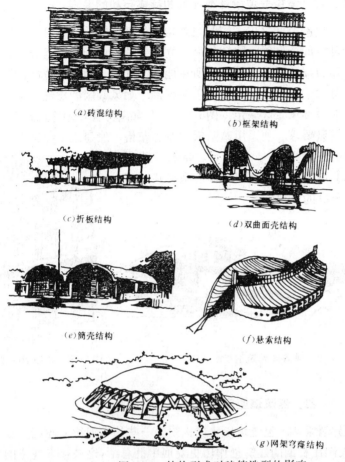

(a)砖混结构

(b)框架结构

(c)折板结构

(d)双曲面壳结构

(e)筒壳结构

(f)悬索结构

(g)网架穹窿结构

图 5-6 结构形式对建筑造型的影响

料的特点，巧妙地把结构体系与建筑造型有机地结合起来，使建筑造型充分体现结构特点。

　　施工技术是实现建筑功能和建筑内部空间以外部造型的最后手段，工艺先进与否，对建筑体型和立面处理有一定的影响，尤其是现代工业化建筑，建筑物建成后，在建筑物上所留下来的施工痕迹（如构件的连接缝、现浇混凝土构件上的模板痕迹等），都将使建筑物显示出工业化生产工艺的外形特点。图 5-7 是采用大型墙板的装配式建筑，利用构件本身的形体、材料质感和墙面色彩的对比，使建筑体型和立面更趋简洁、新颖，体现了大板建筑生产工艺的外形特点。

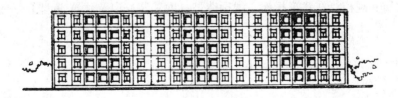

图 5-7 某大板住宅立面

三、建筑造型要适应基地环境和群体布局的要求

　　任何一幢建筑都处于外部空间之中，同时也是构成外部空间的成分之一。因此建筑造型不可避免地要受外部空间的制约。建筑体型、立面处理、内外空间组合以及建筑风格等都要与基地环境和群体布局相适应。建筑物所在地区的气候、地形、道路、原有建筑物及绿化等基地环境，也是影响建筑造型设计的重要因素。如风景区的建筑在造型设计上应同周围环境相协调，不应破坏风景区景色（图5-8）；又如南方炎热地区的建筑，为减轻阳光的辐射和满足室内的通风要求，便采用遮阳板和通透花格，使建筑立面富有节奏感和通透感（图5-9）。建筑物处于群体环境之中，既要有单体建筑个性，又要有群体的共性，这也是处理建筑造型与基地环境和群体布局关系时要解决的首要问题。

图 5-8　风景区建筑造型　　　　　　　图 5-9　炎热地区建筑的外型

四、建筑造型应符合建筑美学原则

　　建筑造型设计中的美学原则，也就是指建筑构图的一些基本规律（此内容在本章第二节中具体介绍）。它是人们在长期的建筑创作历史发展中的总结，这些基本规律的特点是：

　　1.建筑构图规律是构成建筑形式（或称建筑作品）的基本规律；

　　2.建筑构图规律在现实中具有客观基础，即来源于实践，又运用到实践中去；

　　3.建筑构图规律是长期的建筑实践中所形成的规律；

　　4.建筑构图规律的发展具有相对的独立性；

　　5.建筑构图规律可以应用于任何建筑作品。

　　因此，建筑构图规律既是指导建筑造型设计的原则，又是检验建筑造型美与不美的标准。在建筑造型设计中，必须遵循建筑构图的基本规律，创造出完美的建筑造型。

五、建筑造型应与一定的经济条件相适应

　　建筑造型设计必须正确处理适用、经济、美观三者的关系。各种不同类型的建筑物，根据使用性质和规模，在建筑标准、结构造型、内外装修以及建筑造型等方面应区别对待。

第二节　建筑构图基本规律

　　建筑造型的构思和立意需要通过一定的构图形式才能反映出来，构思和立意与构图有

着密切的联系，在建筑造型设计中应该是相辅相成的。但在现实创作中并非如此简单，有时构思和立意很好，但所表现出来的构图并不令人满意；反之，有时许多建筑虽然大体上符合一般的构图规律，但并不能引起任何美感。由此可见，构思和立意与构图是建筑造型设计不可分割的两个因素，同时也说明构图在建筑造型设计中所起的重要作用。下面将分别介绍建筑构图的一般要点：

一、统 一 与 变 化

无论是建筑物内部空间中还是外观形象上，都存在着若干统一与变化的因素，如何处理它们之间的相互关系，是建筑构图中一个非常重要的问题。在建筑处理上，统一的概念并不仅局限在一栋建筑物的外形上，而必须是外部形象和内部空间以及使用功能的统一；变化则是为了得到整齐、简洁、秩序而又不致于单调、呆板的建筑形象。即所谓从"统一中求变化"，反之则称为"变化中求统一"。

为了取得和谐的统一，有以下几种基本手法：

（一）以简单的几何形状求统一

任何简单的几何形状本身都具有必然的统一性，并容易被人们所受感受。由这些几何形体(图5-10)所获得的基本建筑形式，它们之间具有严格的约制关系，给人以肯定、明确和统一的感觉。因此，借助这些简单的几何形体可以获得高度的统一。毛主席纪念堂建筑，以简单的正方形为基本形体，达到统一，给人以庄重、稳定的感受（图5-11）。

图 5-10　建筑的基本形体

图 5-11　毛主席纪念堂

（二）主从分明，以陪衬求统一

借助主从关系来组织较复杂体量的建筑物的形体，用若干附属部分来衬托建筑物主体，便可以突出主体，获得理想的统一（图5-12）。

（三）以协调求统一

将一幢建筑物的各部分在形状、尺度、比例、色彩、质感和细部都采用协调的处理手

图 5-12　斯德哥尔摩市政厅　　　　　　　图 5-13　巴黎某公寓立面

法，也可求得统一感，如图5-7所示的多层大板住宅正立面，由于和谐部件的连续重复，而获得统一性。

统一中必须有变化，在变化中求得统一。图5-13为某公寓建筑，其开间、层高、窗洞、材料是调和统一的，而利用楼梯间错位变化的窗洞打破了单调感，取得了有机的统一。

图5-14为北京漏明墙，其布局统一，但在漏花窗大小基本一致的基础上形状各异，达到一一景、步移景异，变化无穷的效果。

图 5-14　北京漏明墙

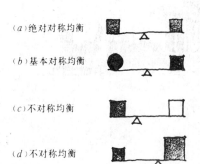

（a）绝对对称均衡

（b）基本对称均衡

（c）不对称均衡

（d）不对称均衡

图 5-15　不同形式均衡的支点位置

二、均 衡 与 稳 定

人们的均衡感和力学原理有密切的联系，图5-15说明支点位置与左右两侧体形、质量及距离的关系。建筑造型中的均衡是指建筑体型的左右、前后之间保持平衡的一种美学特征，要求给人以安定、平衡和完整的感觉。均衡必须强调均衡中心（即图5-15中的支点）。均衡中心往往是人们视线停留的地方，因此，建筑物的均衡中心位置必须要进行重点处理。均衡的形式分为对称均衡和不对称均衡，对称均衡具有庄严肃穆的特点（如图5-11）；不对称均衡则显得轻巧活泼（图5-16）。

稳重是建筑物上下之间的轻重关系。过去在人们的实际感受中，上小下大，上轻下重就能获得稳定感（图5-17）。随着科学技术的进步和人们审美观念的发展变化，关于稳定的概念也随之发生了变化，利用新材料、新结构的特点，创造出了上大下小、上重下轻的新的稳定概念（图5-18）。

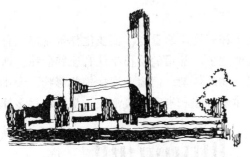

图 5-16 荷兰希尔佛逊市政厅

图 5-17 埃及金字塔

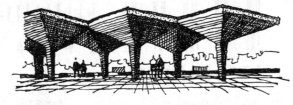

图 5-18 天津水上公园某休息廊

三、对 比 与 微 差

一个有机统一的整体，各种要素除按一定规律结合在一起外，必然存在各种大小不同的差异，对比与微差所指的就是这种差异。在建筑造型设计中，对比指的是指建筑物各部分之间显著的差异，而微差则是指不显著的差异（即微弱的对比）。

对比可以相互衬托而突出各自的特点，以求得统一中有变化；而微差则是借助相互的连续性使得变化中求统一。微差之间保持连续性，而连续性中断形成突变，则表现为对比关系。突变程度越大，对比表现得越强烈（图5-19）。

(a)色调关系的变化

(b)大小关系的变化

图 5-19 对比与微差

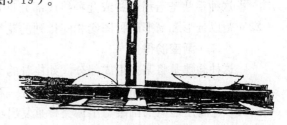

图 5-20 巴西国会大厦

对比与微差要针对某一共同因素进行比较。概括起来，有量（大小、长短、高低、粗细等）的对比、形（方圆、锐钝等）的对比、方向对比、虚实对比、简繁疏密对比、色彩质感对比、光影明暗对比以及强弱刚柔对比等。建筑造型设计中应综合运用对比与微差的手法，使建筑物达到重点突出、和谐统一的效果。例如巴西利亚的巴西国会大厦（图5-20），体型处理运用了竖向的两片板式办公楼与横向体量的政府宫的对比，上院和下院一正一反两个碗状的议会厅的对比，以及整个建筑体型的直与曲、高与低、虚与实的对比。此外，还充分运用了钢筋水泥的雕塑感和玻璃窗洞的透明感以及大型坡道的流畅感，从而谐调了整个建筑的统一气氛，给人们留下了强烈的印象。

四、韵　律

所谓韵律，常指建筑构图中的有组织的变化和有规律的重复，使变化与重复形成有节奏的韵律感，从而可以给人以美的感受。建筑造型中，常用的韵律手法有连续韵律、渐变韵律、交错韵律和起伏韵律等（图5-21）。建筑物的体型、门窗、墙柱等的形状、大小、色彩、质感的重复和有组织的变化都可形成韵律来加强和丰富建筑形象，从而取得多样统一的效果。

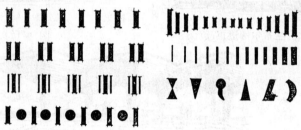

(a) 连续韵律　　　　　　(b) 渐变韵律

(c) 交错韵律　　　　　　(d) 起伏韵律

图 5-21　韵律的类型

（一）连续韵律

这种手法是运用一种或几种组成部分重复出现的有组织排列所产生的韵律感。如图5-22 a 是以蛋形和箭形两种图案相间排列的花饰，具有连续的韵律感。

（二）渐变韵律

这种韵律是将某些组成部分，如体量的大小、高低，色彩的冷暖、浓淡，质感的粗细、轻重等，作有规律的增减，以造成统一和谐的韵律感。例如西安大雁塔（图5-22 b）以大小与高度递减的圆碹与出檐交替重复出现，取得渐变的韵律。

（三）交错韵律

这种韵律是指在建筑构图中，运用各种造型因素，如体型的大小、空间的虚实、细部的疏密等手法，作有规律的纵横交错、相互穿插的处理，形成一种丰富的韵律感。如我国传统建筑中常见的木棂窗（图5-22 c），按照木结构榫接的规律，巧妙地利用水平与垂直两个方向构件的交错和穿插而形成了一种交错韵律。

（四）起伏韵律

这种手法虽然也是将某些组成部作有规律的增减变化所形成的韵律感，但它与渐变的韵律有所不同，而是在体型处理中，更加强调某一因素的变化，使体型组合或细部处理高低错落，起伏生动。如图5-22 c 所示的某展览馆，屋顶结构以一个方向为拱形、另一个方向为波形线条所交织的图案、具有起伏的韵律感。

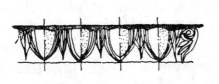

(a)两种不同图案相间排列的花饰

(b)西安大雁塔

(c)传统建筑中的木棂窗

(d)某展览馆的屋顶结构

图 5-22　韵律在建筑中的运用

五、比　　例

在建筑造型设计中，比例是指建筑整体、各体部及细部之间的相对尺寸关系。比如大小、长短、宽窄、高低、粗细、厚薄、深浅、多少等都需要有一种和谐的比例关系，只有这样才能给人以美感。

在建筑外观上，矩形最为常见，建筑物的轮廓、门窗、开间等都形成不同的矩形，如果这些矩形的对角线有某种平行或垂直、重合的关系，那将有助于探求和谐的比例关系（图5-23）。对于高耸的建筑物或距观赏点较远的建筑部位，应该考虑因透视作用而使比例失调，相反，在设计中也可运用这一特征进行特殊处理。

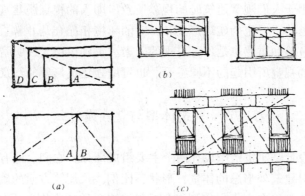

图 5-23　以相似比例求得和谐统一

六、尺　　度

尺度是指建筑物的整体或局部与人体之间在度量上的制约关系，用以表现建筑物正确的尺寸或者表现所追求的尺寸效果。

几何形状本身并没有尺度（图5-24）比例也只是一种相对的尺度。只有通过与人或人所习见的某些建筑构件（如踏步、栏杆等）和其它参照物（如汽车、家具、设备等）来作为尺度标准进行比较，才能体现出建筑物的整体或局部的尺度感（图5-25）。

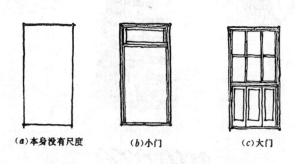

(a)本身没有尺度　　　(b)小门　　　(c)大门

图 5-24　不同的划分有不同的尺度感

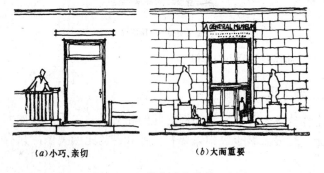

(a)小巧、亲切　　　(b)大而重要

图 5-25　尺度感的获得

尺度与环境空间的关系非常密切。同样尺度的物体在室内可能恰到好处，放到室外则会感觉太小，甚至产生截然不同的效果，这是由于与环境尺度的比较而形成的。

尺度效果一般为三种类型：

1.自然尺度

是以人体的大小度量建筑的实际大小方法来确定建筑的尺寸大小的。一般用于住宅、中小学、幼儿园、商店等建筑物的尺寸确定。

2.夸张尺度

有意将建筑的尺寸设计得比实际需要大些，使人感觉建筑物雄伟、壮观。一般用于纪念性建筑和一些大型的公共建筑。

3.亲切尺度

将建筑物的尺寸设计得比实际需要小一些，使人们获得亲切、舒适的感受。一般用于园林建筑的尺寸确定。

在运用上述有关建筑造型构图规律时，还应注意解决透视变形和环境对建筑造型影响的问题。透视变形是由于人们观赏建筑时的视差所致，即人的视点距建筑越近，感到建筑越大，反之感到建筑越小。一定的建筑形象和一定的环境相配合是非常重要的。在建筑处理中，一定的光感、色感和质感也是不可忽视的因素。正确运用光线明暗、颜色冷暖、质地粗细或软硬等对人的视觉所引起的不同感受，也可增强建筑形象的气氛。

第三节　建筑体型与立面设计

建筑体型和立面设计是建筑造型设计两个主要组成部分。它们之间有着密切的联系，建筑体型设计主要是对建筑外形总的体量、形状、比例、尺度等方面的确定，并针对不同类型建筑采用相应的体型组合方式，体型组合对建筑形象的总体效果具有重要影响；立面设计主要是对建筑体型的各个立面进行深入刻划和处理，使整个建筑形象趋于完善。

建筑体型和立面设计各有不同的设计方法，但它们都是遵循建筑构图的基本规律和利用建筑结构、构造、材料、设备、施工等物质技术条件，以及结合建筑使用功能的要求，从建筑的整体到局部反复推敲、相互协调、力争达到完美的境地。

一、建 筑 体 型 组 合

建筑体型反映出建筑物总的体量大小和形状。根据建筑物规模大小、功能特点和基地环境创造出来的建筑体型有可能是简单的，也有可能是复杂的。但是建筑外形可以归纳为两大类，即对称外形（图5-26a）和不对称外形（图5-26b）。

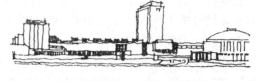

(a)美国驻印度大使馆   (b)哈罗城中心区的建筑群

图 5-26   不同类型的建筑外形

不论建筑体型的简单与复杂，但它们都是由一些基本的几何型体组合而成。建筑体型设计，就是以建筑的使用功能和物质技术条件为前题，运用建筑构图的基本规律，将建筑各部分体量巧妙地组合成一个有机整体。

（一）不同体型特点和处理方法

1.单一性体型

这类建筑的特点是平面和体型都较完整单一，平面形式多采用对称式的正方形、三角形、圆形、多边形、风车型、"Y"形等单一几何形状。单一体型的建筑，很容易给人以统一、完整、简洁大方、轮廓鲜明和印象强烈的效果。图5-27是日本东京新大谷旅馆，把不同用途的大小房间，合理地、有效地加以简化，概括在一个简单的"Y"形平面中。这种体型设计方法是建筑造型设计中常用的方法之一。

2.单元组合体型

单元组合体型是单一性体型的进一步发展它是把整个建筑分解成若干个相同或相近的单元体，可以进行多种形式的组合，并能创造出不同风格的建筑形象。这种类型的建筑体型广泛应用于住宅、学校、幼儿园、医院等建筑类型。图5-28是重庆人民路住宅，按基地环境的道路走向和地形现状形成了阶梯式的单元组合形式。

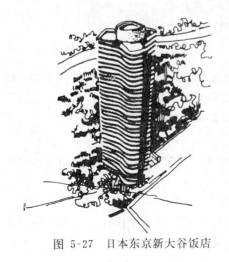

图 5-27   日本东京新大谷饭店   图 5-28   重庆人民路住宅

3.复杂体型

这类体型的特点是由于各种原因不能按上述两体型方式处理而使得整个建筑由不同大小、数量和形状的体量所组成的较为复杂的体型。因此不同体量之间就存在着彼此相互间的关系，如何正确处理这些关系是这类体型构图的重要问题。

复杂体型的组合应运用建筑构图的基本规律，将其主要部分、次要部分分别形成主体、附体，突出重点，主次分明，并将各部分有机的联系起来，形成完整的建筑形象。下面列举几例分析一下体型设计中对构图规律的运用。

（1）运用统一规律的组合

杭州剧院（图5-29a）的体型组合以主体为核心，从属部分环绕四周形成完整统一的整体。图5-29b所示为一医院建筑的体型组合，主体部分形成曲尺形躯干，低矮部分从属于主体，取得了统一。

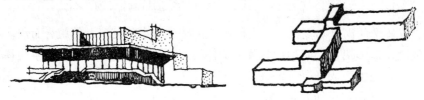

杭州剧院　　　　　　　　　　　　　某医院建筑

图 5-29　运用统一规律的体型组合

（2）运用对比规律的组合

罗马尼亚派拉旅馆（图5-30a）以强烈的方向对比求得变化；几内亚科纳克里旅馆（图5-30b）以不同形状的对比求得变化。

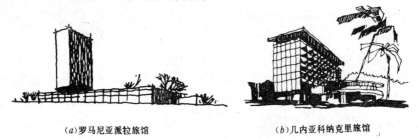

(a)罗马尼亚派拉旅馆　　　　　　　(b)几内亚科纳克里旅馆

图 5-30　运用对比规律的旅馆建筑

（3）运用稳定规律的组合

上小下大、上轻下重的传统稳定概念，长期以来支配着人们的设计思想。图5-31a就是利用了上小下大的体型组合取得了稳定感；由于技术的发展与进步，上大下小、上重下轻这种新的稳定概念早已建立，莱特设计的哥根哈姆美术馆（图5-31b）就是一例。

（4）运用均衡规律的组合

均衡包括有对称均衡、不对称均衡、动态均衡等形式，图5-32为几种不同的均衡组合形式。

（二）体型的转折与转角处理

体型的转折与转角，都是在特定的地形、位置条件下强调建筑整体性、完整性的一种处理方法。由于地形环境的影响，为了创造较好的建筑形象及环境景观，尤其是处于道路

(b)新的稳定

(a)传统稳定

图 5-31　不同的稳定概念

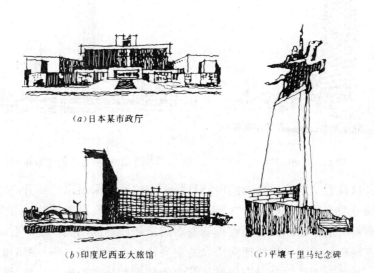

(a)日本某市政厅

(b)印度尼西亚大旅馆　　　　(c)平壤千里马纪念碑

图 5-32　运用均衡规律的体型组合

交叉口等各种转角位置，必须对建筑物进行转折或转角处理，以保持与地形环境相协调。转折与转角处理中，应顺其自然地形，充分发挥地形环境优势，合理进行总体布局。体型的转折与转角处理常采取的手段有以下几种：

　　1.单一性体型的等高处理

　　采用单一性体型等高处理时，一般是顺着自然地形（有时也可能为了保有价值的树木、水景、古迹等），或折或曲地将单一的几何性建筑体型进行简单的变化和延伸，并保持原有体型等高的特征。建筑造型具有自然大方、简洁流畅、统一完整的艺术效果（图5-33）。

　　2.主附体相结合的处理

　　以主附体相结合处理，常把建筑主体作为主要观赏面，在体量上大于附体，附体主要起着陪衬的作用。图5-34为广州宾馆，建筑处于广场一角，主高层的客房楼为主体面向广场布置，获得了较好的景观效果。

　　3.以塔楼为重点的处理

图 5-33　巴西七层蛇形公寓

图 5-34　广州宾馆

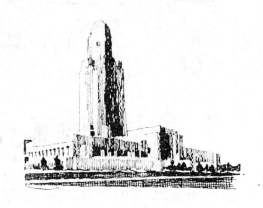

图 5-35　美国波诺斯堪州议会厅

在道路交叉口位置，常将建筑物的中心移到转角位置，采用以局部升高的塔楼为重点的处理方式，使道路交叉口显得非常突出、醒目，常形成建筑群布局的"高潮"，塔楼不但起着联系左右附体的作用，而且还有控制左右道路和广场的功能。是一般城市中心、繁华街道、以及宽阔广场的交叉口处理常采取的主要建筑造型手法之一（图5-35）。

除了以上三种处理手法之外，有许多种其它的转折和转角处理，如单元体组合的转折转角处理、高低起伏地形的特殊处理等，在体型组合上更为复杂，应结合具体条件，灵活采用相当的措施，以求得完美的建筑体型。

（三）体量间的联系和交接

由不同大小、高低、形状、方向的体量组合成的建筑，都存在着体量之间的联系和交接处理。这个问题处理得是否得当，直接影响到建筑体型的完整性，同时和建筑物的结构构造、地区的气候条件，地震烈度以及基地环境等有密切的关系。

建筑体型组合中当不同方向体量交接时，一般以正交为宜（即相互垂直），尽可能避免锐角交接的出现。因为锐角交接，不论是在内部空间组合和外部造型处理，还有建筑结构、构造、施工等方面都将带来不利影响。但有时由于地形的限制以及其它特殊因素的影响，不可避免地出现锐角交接，为了便于内部空间的组合和使用，则应加以适当的修正（图5-36）。

各体量之间的联系和交接的形式是多种多样的，归纳起来不外乎就是两大类四种形式：第一类是直接连接，包括有拼接和咬接两种形式（图5-37a、b），直接连接具有造型集中紧凑、内部交通短捷等特点；第二类是间接连接，包括有廊连接和连接体连接两种形式（图5-37c、d），间接连接具有建筑造型丰富、轻快、舒展、空透以及各体量各自独立、有利于庭园组织等特点。

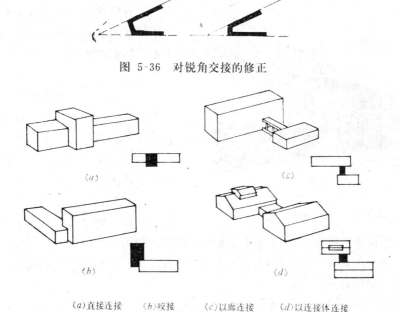

图 5-36　对锐角交接的修正

(a)直接连接　　(b)咬接　　(c)以廊连接　　(d)以连接体连接

图 5-37　建筑各体量间的连接方式

　　一个完整的、干净利落的体量组合，不管如何复杂，都应该能被分解成若干独立完整的简单几何体。所谓组合就是互相重叠、相嵌、穿插的关系，这样才能给人以体型分明、交接明确的感觉。

（四）体型的切割

　　传统的体型处理一般以"组合"的手法进行，而对某些现代建筑，若采用去掉多余部分即体型切割的手法，则可使建筑形象更为别具一格，表现出雕塑性的特征。

　　著名建筑师贝律铭设计的华盛顿美国国家艺术馆东馆，由于地形特点采用三角形平面的构图形式，外部体型犹如在一个不等腰梯形的体量中挖去多余的部分（图5-38）。又如波兰某剧院建筑，螺旋形平面，打破了传统空间组合概念，在一块大的螺旋体内挖去多余的部分，从而使剩余的部分更完整、更有变化（图5-39）。

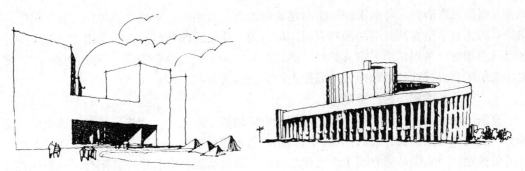

图 5-38　华盛顿美国国家艺术馆东馆　　　　　图 5-39　波兰某剧院建筑

在建筑体型设计中，完全采用切割的手法来处理的建筑是不多的，而比较普遍的还是以组合与切割相结合的手法来处理体型的建筑居多。在同一建筑中同时采用组合与切割的手法，可以使建筑体型变化更为丰富，由于体型具有强烈的凹凸关系，在光影作用下更具体积感（图5-40）。

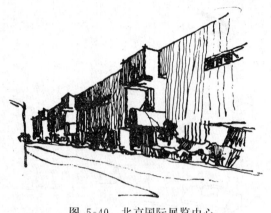

图 5-40 北京国际展览中心

二、立面设计

建筑造型艺术，是一种空间艺术。立面设计是在符合功能使用要求、结构构造合理的基础上，紧密结合内部空间，对建筑体型作进一步处理。建筑立面可以看成是由许多构部件（如门、窗、墙、柱、雨篷、屋顶、檐口、台基、勒脚、凹廊、阳台、线脚、花饰等）组成，恰当地确定这些组成部分和构部件的比例、尺度、材料质感和色彩等，运用构图要点，设计出与总体协调，与内容统一、与内部空间相呼应的建筑立面，这就是立面设计的任务。

在立面设计中，除对单独确定各个立面的处理之外，还必须考虑实际空间的效果，因为人们观赏建筑时并不是只观赏某一个立面，而要求的是一种透视效果。使每个立面之间相互协调，形成有机统一的整体。

（一）立面比例尺度的处理

立面各部分之间比例以及墙面的划分都必须根据内部功能特点，在体型组合的基础上，考虑建筑结构、构造、材料、施工等因素仔细推敲，创造出与建筑性格特征相适应的建筑立面比例效果。图5-41是某住宅建筑的比例关系处理，建筑开间相同、窗面积相同，由于采取不同的处理手法，而取得了不同的比例效果。

图 5-41 某住宅建筑比例关系处理

立面的尺度恰当，可以正确反映出建筑物的真实大小。否则便会出现"失真"现象。图5-42为北京铁路客站候车厅局部立面，层高为一般建筑的两倍，由于采用了拱形大窗并加以适当划分，从而显出了应有的尺寸感。图5-43为人民大会堂立面，利用"失真"现象，采用了夸大尺度的处理手法，而使人们感到高大雄伟、肃穆庄重。

（二）立面虚实、凹凸处理

立面上的虚实、凹凸关系是对比处理当中常用的手法之一，"虚"是指立面上的空虚部分，主要由玻璃、门窗洞口、门廊、空廊、凹廊等形成，能给人以不同程度的空透、开敞、轻盈的感觉；"实"是指立面上的实体部分，主要由墙面、柱面、檐口、阳台、雨篷、栏板等形成，能给人以不同程度的封闭、厚重、坚实的感觉。如何根据建筑功能、结构特点在立面上组织好虚实、凹凸关系，合理安排它们的相对位置、面积大小，是立面虚实、凹凸处理成败的关键所在。不同的虚实关系可以给人以不同的感受。图5-44为广州某公园建筑，以虚为主，局部用实墙面使之形成一定的虚实变化，给人以轻快、开朗的感受；而象莫斯科红场列宁墓（图5-45）则是实多虚少，以实为主，给人以厚重、坚实的感受。若采用虚实均匀分布的处理方法，将给人以平静、安全的感受（图5-46）。

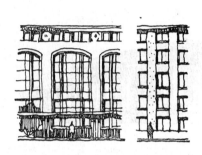

图 5-42 北京站候车厅局部立面

图 5-43 人民大会堂局部立面

图 5-44 广州某公园休息厅

图 5-45 列宁墓

图 5-46 北京和平宾馆

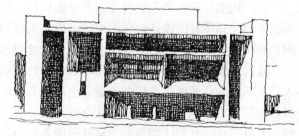

图 5-47 美国得梅因艺术中心扩建部分

　　立面凹凸关系的处理，可以丰富立面效果，加强光影变化，组织韵律、突出重点。图5-47为美国得梅因艺术中心扩建部分，由于将实体部分相互穿插，并且巧妙地把窗户嵌入适当的部位，不仅使虚实两者有良好的组合关系，而且凹凸变化也十分显著，给人以强烈的起伏感和体积感。

　　（三）立面线条处理

　　由于体量的交接、立面的起伏、以及色彩和材料的变化、结构与构造的需要，在立面形成若干方向不同、大小不等、长短各一的线条。正确运用这些不同类型的线条（如柱、遮阳、带形窗、窗间墙、挑廊等）并加以适当的艺术处理（如粗细、长短、横竖、曲直、凹凸、疏密与简繁，连续与间断、刚劲与柔和等），对建筑立面韵律的组织、比例尺度的权衡都能带来不同的效果。如北京建外公寓（图5-48）强调水平线条，给人以轻快、舒展、亲切的感受。又如北京人民大会堂（图5-49）则强调垂直线条，给人以雄伟、庄严的感受。

图 5-48 北京建外公寓   图 5-49 北京人民大会堂

（四）立面色彩、质感处理

建筑物的体形、色彩、质感是构成建筑形象感染力的三要素。如何正确运用色彩和质感的特点来加强建筑的表现力，是建筑立面设计中的重要课题。

建筑色彩的处理包括有色调选择和色彩构图两个方面的问题。

色调选择主要考虑以下因素：

第一，色彩要适应气候条件；

第二，色彩应与四周环境相协调；

第三，色彩应与建筑性格特征相适应；

第四，色彩处理应考虑民族文化传统和地方特色。

色彩构图应该有利于实现总的调子和气氛，要全面计划，弥补基调的某些不足。色彩构图主要是强调对比或是调和。对比可以使人感到兴奋，过分强调对比又使人感到刺激；调和则使人有淡雅之感，但过于淡雅又使人感到单调乏味。

建筑立面设计中，材料的运用，质感的处理也是极其重要的。表面粗糙与光滑都能使人产生不同的心理感受，粗糙的混凝土和毛石表面显得厚重坚实，平整光滑的面砖、金属材料及玻璃表面则令人有轻巧细腻之感。立面设计应充分利用材料质感的特性，巧妙处理，有机组合，有助于加强和丰富建筑的表现力。图5-50是近代建筑巨匠莱物设计的考夫曼别墅，利用天然石料所具有的粗糙质感与光滑的大玻璃和细腻的抹灰面形成强烈对比，丰富了建筑感染力，并与环境极为协调。

（五）立面的重点与细部处理

在建筑立面处理中，对需要引起人的注意的一些位置（如建筑物主要出入口、车站钟塔、商店橱窗等），一般需要进行重点处理，以吸引人们的视线，同时也能起到"画龙点睛"的作用，增强和丰富建筑立面的艺术处理。

重点处理常采用对比手法，如华盛顿美国国家美术馆东馆（图5-51），将入口大幅度

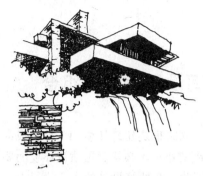

图 5-50　美国考夫曼别墅

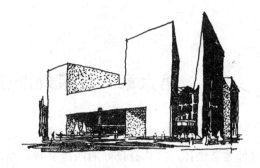

图 5-51　华盛顿美国国家美术馆东馆

内凹，与大面积实墙面形成强烈的对比，增加了入口的吸引力。又如重庆铁路客站的入口处理（图5-52），利用外伸大雨篷增强光影、明暗变化，起到了醒目的作用。

　　局部和细部都是建筑整体中不可分割的组成部分。如建筑入口一般包括踏步、雨篷、大门、花台等局部，而其中每一部分都包括许多细部的作法。在造型设计上，要首先以大局着眼，仔细推敲，精心设计才能使整体和局部达到完整统一的效果。图5-53为建筑立面上的几种细部处理。

　　建筑体型及立面设计，决不是建筑设计完成后进行的最后加工，它应该贯穿于建筑设计的整个过程。从方案的初步构思到施工图的绘制，从总体布局到内部空间的组织，自始至终都应该在推敲整个建筑

图 5-52　重庆新站入口

的造型、立面设计以及局部和细部处理。只有把建筑创作看作是一门空间艺术，从空间（即三度空间乃至四度空间）考虑问题，反复深入，不断调整，并作出多方案进行比较，才能搞好建筑体型和立面设计，创造出完美的建筑形象。

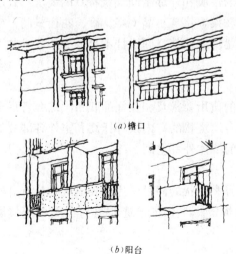

(a)檐口

(b)阳台

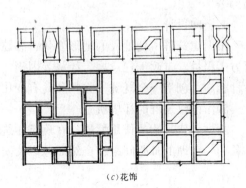

(c)花饰

图 5-53　建筑立面细部处理

第六章　建筑外部空间设计及群体组合

每一幢建筑物都处于一定的建筑环境之中，同时也是建筑环境的一个组成部分。一个好的建筑设计，除具有良好的内部空间和外部造型外，还必须满足建筑环境的要求，为创造完美的外部空间和群体组合创造有利条件。因此，在建筑设计的各个阶段中，在解决好建筑内部功能要求的同时，还应该考虑建筑环境的约束，对其室外空间的组合进行相应的研究分析，以期达到室内外空间的互相联系、互相延伸、互相渗透，形成一个整体统一而又协调的空间关系。合理的室外空间组合，应该有机地处理个体与群体、空间与体型、建筑与绿化、小品之间的关系，从而使建筑空间与自然环境互相衬托，并和周围的建筑共同组合成为一个统一的有机整体。既增加建筑本身的美感，又达到丰富外部空间的目的。

建筑群外部空间设计的内容主要包括以下几个方面：

1.确定各建筑物的位置及其形状

根据建筑环境（地形的宽窄、大小、起伏变化、周围建筑物的布局和建筑外观、城市道路的布局、自然环境保护等）的特定条件和建筑群各部分的使用性质、规模等进行功能分区，恰当地、紧凑地选定建筑物的位置，并确定建筑物的形状，选择合适的群体组合方式。

2.布置道路网

根据建筑群的位置、城市道路的布局以及车流、人流的安全畅通，合理布置建筑群内部的道路网络，确定主次干道和主次出入口、处理好建筑群内部道路与城市道路的衔接关系。

3.布置建筑小品与绿化

为了改善环境气候和环境质量，根据建筑群的性质和外部空间气氛特点的要求，合理布置绿化（不同的树种、树型、花卉、草坪等）和设置建筑小品（亭、廊、花窗景门、坐凳、庭园灯、小桥流水、喷泉、雕塑等），这是建筑群外部空间设计不可缺少的艺术加工的部分。

4.竖向设计

根据建筑群所处地段的地形变化、各建筑物的使用要求及相互间的联系，综合考虑土石方工程量、市政工程设施、经济等因素，确定各建筑物的室内设计标高和室外各部分的设计标高，创造一个既统一完整又具有变化丰富的群体外部空间。

5.保证建筑群的环境质量

根据各建筑物的使用性质，在确定建筑物位置和形状的同时，应使各建筑物具有良好的朝向、合理的日照间距、自然通风以及安全防护条件，保证建筑群具有良好的环境质量。

6.考虑消防要求

在考虑日照、通风间距的同时，应根据各幢建筑物的使用性质，按防火规范的要求，保证一定的防火间距，并设置必要的消防通道，确保防火安全。

7.考虑群体空间的艺术效果

在满足功能、技术要求的前提下，运用各种形式美的规律，按照一定的设计意图，充分考虑建筑群的性格特征，创造出完整统一的群体空间，以满足人们的审美要求。

第一节　外部空间设计的技术准备及环境质量

为了使外部空间设计和群体组合充分考虑基地及环境的各种因素，更加切合实际。在进行外部空间设计和群体组合之前，必须掌握足够的基础资料，并对有关资料进行必要的分析，使之成为外部空间设计和群体组合的可靠依据。

一、基础资料的收集

（一）建设地段及近邻的现状情况

建设地段及近邻的现状情况是外部空间设计和群体组合时放在首位的一项基础资料。要了解这些资料，首先要掌握一定比例的地形图，然后进行实地踏勘，了解它们之间的相互关系，以便合理地利用或者采取相应的改造措施。

（二）城镇规划意图

在进行外部空间设计和群体组合之前，应掌握建设地段在城镇总体规划中的地位和作用，以及近期发展情况，了解规划对建设地段建筑规模、高度以及群体的艺术效果等方面的要求。

（三）市政设施的现状情况

市政设施主要指城市给排水、供热、供气、供电、通讯、交通、人防等。各种市政设施都不同程度的影响建筑群内部的布局和各种管线的布置以及道路网组织。因此，在进行外部空间设计和群体组合之前，对各种市政设施必须清楚地了解。

（四）气象水文资料

气象水文资料包括有风向风速（风玫瑰图）、降雨量、洪水淹没线等方面的资料。它们分别影响建筑的朝向、污染源的布置、排水的组织以及基地的利用等。因此气象水文资料是进行外部空间设计和群体组合不可缺少的资料之一。

除以上几方面基础资料以外，日照、地方特点以及民俗等方面也对建筑群的设计有直接影响。总之，基础资料的收集是一项极为重要的工作。有了足够充分的基础资料，才能保证外部空间设计和群体组合的顺利进行。

二、设计资料的分析

（一）建筑地段的地形分析

为了合理利用地形，充分发挥土地的使用效率，节省工程建设费用，对建设地段的自然地形进行必要的分析是很有价值的。对自然地形的分析，是根据自然地形的特点，划分出不同性质特征的地区范围，以便在建筑群体布局时，根据建筑物的使用特点，正确选择各自相应的地段。

建设地段的地形分析，主要是进行以下几个方面的分析，并标注在地形图上，从而形成用地分析图。

1.地面坡度的分析

地面坡度的分析是用不同的线型或色彩在地形图上划分出不同地面坡度的地区范围。平坦的建设地段一般分为2%以下、2～5%、5～8%、8%以上几级；山地丘陵地段可分为3%以下、3～10%、10～25%、25～50%、50～100%、100%以上几级。

2.地面起伏变化的分析

根据自然地形坡度的变化，分析划出分水线、汇水线和地面水流方向。

3.不利建设地段的分析

在新建地段范围内，可能有各种不同类型不利于建造房屋的地段，如冲沟、滑坡、沼泽、漫滩等，应单独划分出来，以便建筑群布局时对地段的合理利用或改造。

（二）建设地段的现状分析

建设地段的现状包括有许多内容，有主有次，也有利有弊。考虑尽可能节省投资，充分利用有利条件，避免不利因素，主要应对以下几部分进行分析，并标注在地形图上，从而形成现状分析图。

1.建设地段房屋现状的分析

房屋现状的分析应协同有关部门和单位，对建设地段内所有现存房屋进行调查和分析，确定不允许拆除的、改造利用的、保留的、可拆除的等建筑类型。

2.建设地段道路系统现状分析

道路系统现状分析是根据地形图和实地踏勘，查明各种类型道路的布局、路面宽度、断面形式、纵向坡度及路面质量。

3.建设地段绿化现状分析

将建设地段现有的树种、树龄进行分类分级，并评定其优劣。对有价值的树木。草皮等在地形图中加以标注，以作为建筑群体布置时对现存绿化的保留、移植或废除的依据。

（三）建设地段与环境关系分析

新建地段的建筑群体直接影响着城市环境的空间形象和气氛，同时也受到城市环境中各种因素的制约。因此在进行新建建筑群的外部空间设计及群体组合之前，必须充分了解地段周围的环境条件，并加以分析。

1.地段周围建筑物的分析

为了使新建建筑群与周围建筑物形成统一协调的整体，在地段内建筑群布局时，必须首先了解地段周围建筑物的规模、高度、风格、色彩及建筑物的使用性质和污染情况。

2.地段周围市政设施对地段内总体布局的影响

地段周围现有的和规划的道路交通及各种管线设施直接影响地段内的道路、管线的开口和接头位置以及内部网络布置，也间接影响地段内建筑群的总体布局。为了使建筑群布局更加趋于合理完善，必须了解地段周围市政设施的现状以及城镇规划的要求。

三、建筑群体组合设计与基地环境

建筑群体组合设计是根据建筑群体的功能分区，在特定的基地环境中对建筑群体进行总体布局，比单栋建筑的组合设计（已在第二章第四节中介绍）要复杂得多，涉及的面更广，各种矛盾更为突出。故要搞好建筑群体的组合设计，就必须综合各种客观条件进行全面的分析比较。对各部分的主次、动静、内外、洁污等方面进行深入分析，以便获得良好的分隔与联系。

下面以综合医院建筑群体为例，分析如何考虑建筑群内部功能关系和对基地环境利用等方面的问题。

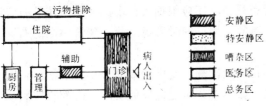

图 6-1　综合医院功能关系示意图

从功能分析图（图 6-1）中可以看出，整个医院建筑群可以分为医务区和总务区两大部分。

医务区是为病人诊断和治疗疾病的部分，应保证有良好的卫生条件和与外界有方便的联系，并保持与总务区有较严格的卫生隔离，但又应有必要的联系。医务区包括有门诊部、住院部和辅助医疗三部分，住院部分主要是病房，是医院建筑群中的主要组成部分，应有安静、卫生、适用的治疗和休养环境。门诊部分主要接待非住院病人的诊断和治疗，直接与外界人流接触，人流量多，相互干扰大，因此该部分应布置在靠近人流来向的位置，并避免对住院部的干扰。辅助医疗部分同时为住院部和门诊部服务，为了使用方便，通常布置在门诊部与住院部之间，形成一个有机联系的整体，同时又起到了隔离作用。

总务部分主要是供应和服务两部分，一般要求设在僻静处，与医务部分既有联系又要有分隔。该部分进出的交通运输较频繁，因此宜设置在靠近次要街道处，并设置单独出入口，为避免噪音及烟尘等对地段的影响，应布置在常年主导风向的下风区。

太平间一般布置在单独的区域内，并应与其它部分保持较大的间距，以设置专门出入口为宜。

总之，医院建筑群的总体布置是一项较复杂的工作，合理地组织医疗程序，创造最佳的卫生条件，是医院建筑中极为重要的问题。同时既要保证便利短捷的交通联系和安静的环境，又要有必要的卫生间隔。特定的基地环境也对建筑群的总体布局提出了一系列的制约因素。如何处理好功能关系与基地环境之间的矛盾，这是建筑群总体布局的核心问题。

例如某工矿医院是按100床350门诊人次进行设计的，拟建在一不规整且有高差变化的地段上。建设地段东北地势较高，西南偏低，南面有一较大水塘，基地中部贯穿南北有一陡坡，城市主干道在基地东面通过。在这样一个特定的地形条件下，根据医院的功能要求，建筑群的总体布局采用了如图6-2所示的方案，该方案将门诊部与住院部分别设立，利用高差设简易坡道彼此相连，按使用性质将辅助医疗划分为两部分分别归于门诊部和住院部之中，联系方便，管理较集中，朝向理想，

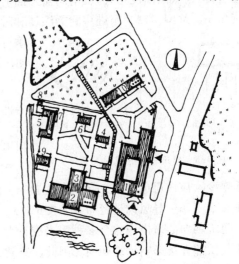

图 6-2　应城盐矿医院总体布置

1.门诊部；2.住院部；3.手术部；4.中心供应；5.洗衣、浴室；6.厨房；7.锅炉房；8.停尸房；9.传染病房；10.宿舍

住院部安静、视野开阔，同时减少了土方工程量，又可分期建设。

由此可见，建筑群的总体布置必须首先对各建筑物的使用特点、功能要求以及它们之间的相互关系进行分析研究，方可对建筑群各部分采取一定的组织形式加以联系与分隔的处理。建筑群的总体布置除对建筑物进行布局外，还应根据人、车的流向、流量布置道路系统，选择道路的横断面，以及与城市干道的衔接，同时考虑绿化、建筑小品的布置，以达到美化环境的目的。

建设基地的环境对建筑群总体布置也有很大影响。建设地段的大小、形状、朝向、地势起伏及周围环境、道路、原有建筑现状、城镇规划对建筑群的要求等，都直接影响建筑群总体布置的形式。在进行总体布置时，由于结合地形特点，各单体建筑的内部空间组合与外部形象都可能有所变化，因此，在整个建筑群的设计中，必须做到群体与单体相结合，相互协调，使之成为一个统一的整体。

四、建筑群的环境质量

建筑群的外部空间设计除创造一个完美的外部空间艺术效果外，还必须满足一定的环境质量要求，达到一定的技术标准。技术标准主要是指安全（如防火、疏散、防震等）、卫生（如日照、通风、隔噪等）、室外管线的铺设等方面对建筑群组合的要求，常用这些技术标准从技术角度对建筑群组合的好坏予以评价。下面仅对建筑朝向和间距的有关问题加以简略介绍。

（一）朝向

建筑群总体布局要为得到室内冬暖夏凉的环境创造条件。良好的建筑朝向可以阳光和自然风起到调剂室内气温的作用。因此，太阳的辐射强度、日照时间以及常年主导风向等都是影响建筑朝向的因素。从建筑的受热情况来看，我国绝大部分地区都处于北回归线以北，太阳辐射热从南向北影响建筑物，根据季节变化，南向在夏季受太阳照射的时间虽然较冬季长，但因太阳高度角大，从南向窗户照射到室内的深度和时间都较少。相反，冬季太阳高度角小，从南向窗户照进房间的深度和时间都比夏季多，这就有利于夏季避免日晒而冬季可以利用日照。人们在长期的生活实残中也证明，南向是我国最受欢迎的建筑朝向。

我国南方地区夏季气候炎热，利用自然风组织建筑内部穿堂风，这是单体建筑组合设计的常用手法。建筑群总体布置应为单体设计创造条件，充分利用自然风。只有将建筑物的长轴方向垂直于夏季主导风向，才能获得较理想的穿堂风。而北方地区冬季寒冷，应该避免冬季主导风向的影响，因此，建筑群总体布置时应将建筑物的长轴方向平行于冬季主导风向进行布置（图6-3）。

(a) 垂直于夏季主导风向   *(b)* 垂直于冬季主导风向

图6-3 建筑与主导风向关系

建筑朝向的选择应综合多种因素进行考虑，除以上因素外，建筑所处的地理位置、地方小气候都直接影响建筑朝向。因此，在建筑群总体布置时要依照具体情况具体分析，选择较为理想的朝向。

（二）间距

我们已经知道，建筑间距对单体建筑的组合有直接影响。同样建筑间距也直接影响着建筑群的总体布置。而决定建筑间距的因素则较为复杂，如房屋室外的使用要求、日照、通风、防火安全、建筑观瞻、施工及经济等都是确定建筑间距的依据。但在一般情况下，除了室外庭院所需的室外空间外，日照、通风因素便是确定建筑间距的主要依据，有时防火间距也可能成为确定建筑间距的主要依据。下面就日照、通风、防火等对建筑间距的要求进行简单分析。

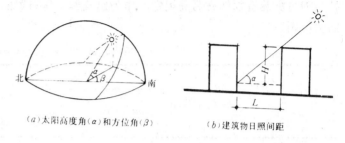

(a)太阳高度角(α)和方位角(β)　　(b)建筑物日照间距

图 6-4　日照和建筑物的间距

1.日照间距

日照间距主要满足后排房屋（北向）不受前排房屋（南向）的遮挡，并保证后排房屋底层南向房间有一定的日照时间。日照时间的长短，是由房屋和太阳相对位置的变化关系决定的，这个相对位置以太阳的高度角和方位角表示（图6-4a），它和建筑物所在的地理纬度、建筑方位以及季节、时间有关。通常以建筑物以正南向、当地冬至日正午十二时的高度角，作为确定房屋日照间距的依据（图6-4b），日照间距的计算式为：

$$L = \frac{H}{\tan\alpha}$$

式中　L——房屋间距；

　　　H——前排房屋檐口与后排房屋底层窗台（寒冷地区为墙脚）的垂直高度；

　　　α——冬至日正午的太阳高度角。

根据日照计算，我国部分城市的日照间距约在1～1.7倍前排房屋高度，一般愈往南的地区日照间距愈小，往北则偏大。

2.通风间距

考虑通风间距主要是为了保证建筑物具有良好的自然通风。影响自然通风的因素很多，如周围的建筑物，尤其是上风向建筑物的阻挡以及风向都有密切的关系。当前排建筑物正面迎风,如考虑后排建筑物迎风面窗口进风,建筑物的间距要求在4～5倍前排建筑物的高度（图6-5），从用地的经济性考虑不可能选择这样的标准来满足通风的间距要求。为了使建筑物具有良好的自然通风，又要节约用地，通常避免建筑物正面迎风，采取夏季主导风向与建筑物成一定角度的布局形式。通过实践证明，当风向入射角在30°～60°之间时，各排建筑物迎风面窗口的通风效果较佳，而且当建筑间距为1.3～1.5H（H为前排建筑高度）时较为经济合理（图6-6）。

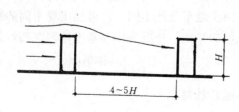

图 6-5　建筑物正面迎风的间距

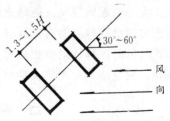

图 6-6　通风间距的确定

3. 防火间距

建筑间距除满足日照、通风要求以外，还应考虑防火安全方面的要求。为避免火灾在建筑物之间相互漫延，各建筑物必须保证有一定的防火间距，我国现行《建筑设计防火规范》对各类建筑物都有明确规定，作为建筑群总体布置的参考依据。 表6-1为民用建筑的防火间距。

民 用 建 筑 的 防 火 间 距   表 6-1

耐 火 等 级	耐 火 等 级		
	一、二级	三 级	四 级
	防 火 间 距 （米）		
一、二级	6	7	9
三 级	7	8	10
四 级	9	10	12

建筑间距的确定，应综合考虑日照、通风及防火方面的要求。此外，各类建筑物所处的环境不同、使用性质不同，建筑间距也可能受到影响。 如中小学校建筑 为满足教学要求，教学用房的主要采光面距离相邻房屋的间距， 不应小于相邻房 屋高度的2.5倍，同时不应小于12m。总之，建筑间距的影响因素很多，在选择建筑间距时，要做到既满足建筑的功能要求，又要考虑尽可能提高建设基地的使用效率。

第二节　建 筑 群 体 组 合

一、群体组合的意义

在评价建筑的时候，不能只着眼于某一单体建筑，因为单体建筑只有与环境及其它建筑组合成为一个有机整体时才能完整、充分地表现出它的价值。

建筑是不能孤立存在的，它必然处于一定的环境之中，不同的环境对建筑产生不同的影响。因此，这就要求在进行群体组合时，必须周密地考虑建筑 物 与 环 境之间的关系问题，力求建筑与环境相协调，建筑与环境融为一体，增强建筑艺术的感染力。相反，如果建筑与环境的关系处理得不好，甚至格格不入，那么，不论建筑本身有多完美，也将不可能取得良好的效果。

此外，基地地形对群体组合的影响也是不可忽视的重要因素。基地地形主要体现在基地的形状、大小、起伏变化、道路走向等方面。群体组织中，在满足群体内部的功能要求外，必须充分考虑这些因素对建筑群体的影响。由于地形条件不同，有可能出现不同的群体组合方式，同时，群体组合也应充分体现出地形的特征，建筑群体与基地地形能巧妙地结合和利用，使之成为一个完美的整体。

二、各类建筑群体组合的特点

不同类型的建筑群，由于功能性质不同，反映在群体组合的形式上也必然会有各自的特点。下面根据几种不同类型的群体组合，来简要说明由于功能要求不同而导致布局形式上的某些差异，也就是说，由功能而赋予群体组合形式上的特点。

（一）公共建筑群体组合的特点

公共建筑的类型很多，功能特点也各有不同。但若用概括的方法可以划分为两大类，它们在群体组合上的特点也是有所区别的。

第一类是组成群体各建筑相互之间功能联系不甚密切，甚至基本上没有什么功能联系。这类公共建筑群体组合受到功能的制约较少，主要考虑的是如何结合地形而使建筑体形、外部空间保持完整、统一，一般采用对称式的或规则式的组合。如天津大学图书馆、教学楼相互之间无功能联系，通过对称形式的组合使之主从分明，并有机地结合成为统一的整体（图6-7）。

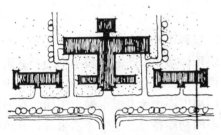

图 6-7　天津大学图书馆、教学楼的群体组合

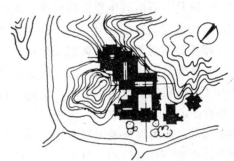

图 6-8　毛主席旧居纪念馆的群体组合

第二类是组成群体的各建筑相互之间功能联系比较密切或十分密切。这类公共建筑的群体组合，首先必须保证各建筑物相互之间合理的功能关系，同时考虑与地形、环境的结合，并使建筑体形、外部空间保持完整、统一。因此，这类公共建筑的群体组合特征一般表现为不对称的或自由式的形式。

如毛主席旧居纪念馆的建筑群体组合，在满足群体内部功能连续性要求的同时，充分利用地形，与周围环境相协调，充分保持了韶山原有的风貌（图6-8）。

（二）居住建筑群体组合的特点

住宅建筑相互之间没有直接的功能联系，在群体组合中，往往通过一些公共设施——托幼、商业供应点、小学校等把它们组成一些团、块或街坊，以保证居民生活上的方便。居住建筑群体组合通常采用周边式、行列式和点式三种形式（图6-9）。如上海蕃瓜弄新村，结合地形环境，综合采用了周边式、行列式和点式的布局，既保证了居住建筑群体内部安静的环境，又争取了好的朝向（图6-10）。

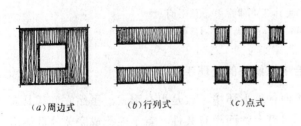

(a)周边式　　　(b)行列式　　　(c)点式

图 6-9　居住建筑群体组合的形式

图 6-10　上海蕃瓜弄新村

（三）沿街建筑群体组合的特点

沿街建筑可以由商店、公共建筑或居住建筑所组成。沿街建筑相互之间一般功能关系不密切，在群体组合中主要考虑的问题是通过建筑物与空间的处理，使之具有统一和谐的风格。根据街坊与街道的空间关系不同，沿街建筑群体组合的形式可分为封闭式、半封闭式和开敞式三种形式，如上海闵行一条街（图

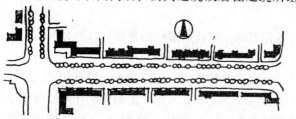

图 6-11 上海闵行一条街

6-11)，这是一条由居住建筑所组成的街道，采用封闭式的组合形式而形成了一条狭长的空间，由于底层为商店，因而也是一条商业街。

（四）公共活动中心群体组合的特点

把某些性质上比较接近的公共建筑集中在一起，以利于开展某种社会性的活动，则形成具有某种性质的公共活动中心。常见的有：文化娱乐活动中心、科学技术中心、艺术中心、体育中心、金融中心等。此外，还有一些综合性的中心，象市中心那样，不是限于某种专业活动，而是综合地进行多种活动。各类公共活动中心由于功能、性质不同，在群体组合中是不能一律对待的，只有紧紧地抓住各类中心的功能特点及主要矛盾来进行群体组合，才能做到既适用而又具有鲜明的性格特征。公共活动中心的建筑群体组合一般通过向心的手法，达到整个建筑群的统一。或以广场、绿化、水面等为中心，各建筑物环绕布置；或以主体建筑为中心，周围布置其它建筑物。从而达到建筑主次分明，群体协调统一的目的（图6-12）。

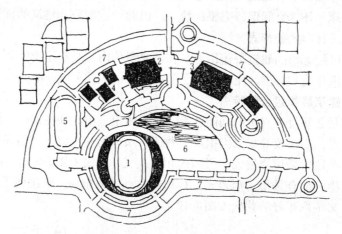

图 6-12 北京奥林匹克体育中心总平面
1.田径比赛；2.体育馆；3.游泳馆；4.练习馆；5.练习场；6.水面；7.停车场

三、群体组合中求统一的处理手法

不管是何种类型的建筑物，还是处于何种地形环境，或是组合形式，虽然它们都具有明显的特征，若不进行整体的统一处理，只有个性而没有共性，就不能构成完美的群体组合。因此，要使整个建筑群形成统一的整体，就必须运用一定的构图规律，采用相应的处理

手法，对建筑群加以统一的处理。

（一）通过对称求得统一

沿着一条中轴线作对称形式的排列，就会建立一种秩序感，从而得到统一。如果将中轴线上的主体建筑突出，这种统一就会更加强烈。以对称求统一的手法，被历史上很多杰出的建筑群组合所采用，尤其是我国古代建筑中采用得更为广泛。这一传统手法在现代建筑中同样被采用，如图6-13为日本某市政厅建筑群，以一个相对高大的建筑物布置在中轴线上，以它的入口门廊及屋顶中央的塔楼，更加突出了一个强烈的主导中轴，两座相对低矮的体部配置于两侧，尽管它们内部功能不尽相同，但外部空间被以中轴为主左右对称的格局所统一，构成了市政厅应有的庄重气氛。

图 6-13　日本某市政厅建筑群

（二）通过轴线的引导、转折求得统一

通过对称固然可以求得统一，但对称的形式也有它的局限性。例如在功能或地形变化比较复杂的情况下，机械地采用对称形式的布局，就可能妨碍功能使用要求或与地形、环境格格不入。在这种情况下，如果能够巧妙地利用轴线的引导使之自由地转折，那么不仅可以扩大组合的灵活性以适应功能或地形的要求与变化，同时也可以建立起一种新的制约关系和秩序感，即建立起另外一种形式的统一。如图6-14所示某高校群体组合示意，组合地形特点巧妙地运用轴线的引导而自由地转折，从而把建筑物与外部空间分成若干段落以分别适应不同的要求。

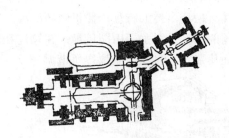

图 6-14　某高等学校群体组合

图 6-15　巴黎明星广场

（三）通过向心求得统一

在广场、湖面、绿地等地段周围布置建筑群时，为了使各建筑物相互之间有所呼应，获得良好的整体感，这时可以通过向心求得整个建筑群的统一。如著名的巴黎明星广场建筑群（图6-15），以凯旋门为中心，十二条街道成放射状布置，十二幢建筑物形成了一个圆形的空间，使各建筑相互吸引，具有强烈的向心感。这是以向心求得统一的典型实例。

（四）以类同的体型求得统一

在建筑群中，各幢建筑物如果在体型上都具有某种共同的特点，这些特点越是明显和突出，各建筑物之间的共性就越强烈，这样的建筑群就具有较好的整体感和统一性。如图6-16所示广州"珠江帆影"建筑群设计方案，采用相同的棱形平面，而各幢建筑物体量有大有小、前后参差，形成了一组整体强、既统一又有变化、形象优美生动的建筑群，犹如一支气势磅礴的"船队"正扬帆起航。

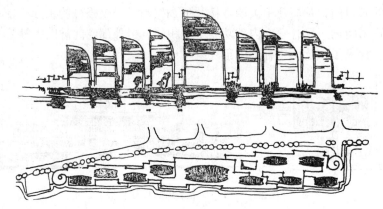

图 6-16 广州"珠江帆影"建筑群方案

（五）以形式与风格的一致求得统一

一个建筑群中，虽然各幢建筑物的形式是千差万别，但是它们之间具有统一的风格，各建筑物中存在着具有共性的东西，使之它们之间有某种内在的联系，便可产生相互呼应而达到统一的效果。如图6-17所示桂林芦笛岩风景区的建筑群，形式与风格的处理是非常成功的，它们虽然具有不同的功能要求和地形条件，以及不同的建筑形态，又参差错落地分散在不同风景"画面"上，既点缀了不同的"画面"，又具有各自不同的风景视野，并能彼此对应互为对景。之所以它们能具有独特的风景格调，又协调统一，就是因为它们之间存在共性的东西。起翘的两坡顶既保留了传统屋面的风格，又体现了现代钢筋混凝土刚性的特点；建筑群还吸取了南方及广西民居的搁楼、栏杆出挑的特征，显得轻巧活泼；装饰上采用广西壮锦图案和人们常见的动植物为主题的图案，增加了田园风趣；在尺度和体量处理上做到了适度，以表现自然风景为主，进而使建筑与自然风景取得了谐调一致。

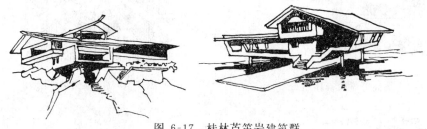

图 6-17 桂林芦笛岩建筑群

形式与风格的一致处理除以上手法外，还可以利用类似的门窗排列、阳台组织及统一的墙面划分、色彩、质感效果等，这些共性的东西都可以使建筑群获得完整统一的效果。

第三节 外部空间的组合形式及处理手法

一、外部空间与建筑体的关系

外部空间与建筑体形的关系是：一方表现为实，另一方表现为虚，两者互为镶嵌，非此即彼，非彼即此，呈现出一种互余、互补或互逆的关系。外部空间与建筑体形的关系有两种典型的表现形式（图6-18）：一是建筑包围空间，即以建筑体形围合而形成的封闭式外部空间，这种外部空间具有较强的向心、集中的感觉；另一种是空间包围建筑，即指除去建筑实体所占的那

（a）建筑包围空间　　　（b）空间包围建筑

图 6-18　外部空间与建筑体形的关系

一部分空间之外的空间，这种形式的外部空间一般称为开敞式外部空间，它融于自然空间之中，漫无边际，具有离心、扩散的感觉。

二、外部空间的组合形式

外部空间的组合形式可根据建筑群的性质、功能要求以及基地特点等因素呈现出多种多样，但归纳起来大致有以下几种：

（一）对称式空间组合

对称式的空间组合根据其布局形式可以分为两类：一类是以建筑群体中的主体建筑的中心线为轴线，或以连续几栋建筑的中心线为轴线，两翼对称或基本对称布置次要建筑，道路、绿化、建筑小品等采用均衡的布置方式，形成对称式的群体空间组合；另一类是两侧仍均匀对称的布置建筑群，中央利用道路、绿化、喷泉、建筑小品等形成中轴线，从而形成较开阔的对称式空间组合。对称式空间组合具有以下几方面的特点：

1.建筑群中的建筑物，彼此间不存在严格的功能制约关系，其位置、型体、朝向等不影响使用功能的前提下，可根据群体空间的组合要求进行布置。

2.对称式空间组合容易形成庄严、肃穆、井然的气氛，同时也具有均衡、统一、协调的效果。对党政机关等类型建筑群较为适应。

3.对称式空间组合不仅是对建筑群而言，同时道路、绿化、旗杆、灯柱以及建筑小品等也对称或基本对称布置，起到加强建筑群外部空间对称性的作用。

4.对称式布局所形成的空间形式，有可能是封闭式，也有可能是开敞式的或者其它形式，主要根据建筑群的性质、数量、规模以及基地情况进行布置。

图6-19所示北京天安门广场的空间组合，因为这里是我国首都的中心，是富有历史意义和政治意义的地方，要在这里举行规模宏大的检阅和集会活动，是我国人民革命胜利的象征，要求显示出祖国社会主义建设的辉煌成就及无限广阔的前景。为了体现这些特点，采用了对称式的组合方式，使广场空间表现出了雄伟、壮丽、庄严和开阔的空间效果。

（二）自由式空间组合

自由式空间组合是根据建筑群的性质及基地条件等因素形成非对称式空间组合。自由

图 6-19　北京天安门广场的空间组合

式空间组合具有以下几方面的特点：

1.建筑群中各建筑物的格局，随各种条件的不同，可自由、灵活的布局。

2.根据建筑群的功能要求对建筑物进行布置，其位置、形状、朝向的选择较灵活、随意。还可利用柱廊、花墙、敞廊等将各建筑物联系起来，形成丰富多变的建筑空间。

3.建筑群中各建筑物随地形的曲直、宽窄变化进行布置，建筑与环境融为一体，形成灵活多变，利用自然环境而形成和谐的建筑空间。

此外，自由式空间组合还具有适应性强的特点。因此，这种组合形式被各种建筑群体组合广泛采用，并获得了良好的效果。

图6-20所示某大学留学生活动区的总体布置，布局上为造成轻松、活泼、幽雅、宁静的气氛，以利于学习、休息和文化娱乐等活动，采用了自由式空间组合方式。结合地形特点，将各建筑物围绕着湖面的四周分散布置，并与绿化、道路、铺地相结合，从而形成了一个有机的、统一的整体。

又如广东肇庆星岩饭店（图6-21），该饭店位于七星岩风景区，地势起伏，环境优美。空间群体组合采取分散的自由式布局。三栋客房楼错开布置，并用廊子连成一个整体，客房既有开阔的视野又有良好的朝向；中栋客房位于建筑群的中心位置，将底层全部架空，从而形成整个建筑群的主要交通枢纽，同时与自然环境融为一体，为旅客提供了良好的户外活动场所；扇形空间的大餐厅，临湖面大露台的挑出，整个建筑群由弯曲的小路所包围，由茂盛的树木所衬托，由幽静的湖面所映照，形成一幅动人的画面。

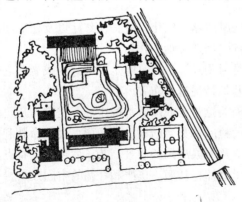

图 6-20　某大学留学生活动区总体布局

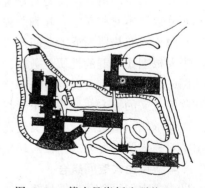

图 6-21　肇庆星岩饭店群体组合

112

（三）庭园式空间组合

庭园式空间组合是由数栋建筑围合而成的一座院落或层层院落的空间组合形式。这种组合形式既能适应地形起伏及弯曲湖水隔挡等的变化，又能满足各栋建筑功能所需有一定隔离和联系的要求。这种组合形式常借助于廊道、踏步、空花墙等建筑小品形成多个庭院，丰富空间层次，使不同空间互相渗透、互相陪衬，形成具有一定特色的建筑群体空间。

建筑规模较大、平面关系要求既适当展开又联系紧凑的建筑群，为了解决建筑群的特殊要求与地形之间的矛盾，采取内外空间相融合的层层院落的布置方式，将可获得较为理想的效果。若干院落可以保证建筑群内部各部分之间的相对独立性，而院落的层层相连，又保证了建筑群内部的紧密联系。院落可大可小，可左可右，基地标高可高可低，从而可以充分利用地形的曲直变化、高低错落，使建筑群布置不仅能满足功能要求和工程技术经济要求，而且变化的空间艺术构图，增强了建筑艺术的感染力。

图6-22是韶山毛主席旧居纪念馆，建筑在距离毛主席旧居六百米左右的引凤山下，建筑地段自东南向西北倾斜，面向道路，背依群山，建筑物掩映于山林之间，与旧居周围自然朴实的环境相协调，充分保持了韶山原有的风貌。空间组合采取内庭单廊形式。建筑结合地形，利用坡地组成高低错落、形式与大小各不相同的内庭。

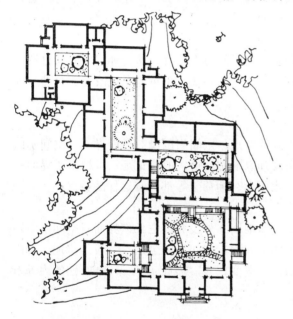

图 6-22　毛主席旧居纪念馆

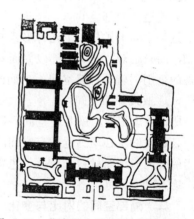

图 6-23　北京积水潭医院总体布局

（四）综合式空间组合

对于建筑功能较复杂、地形变化不规则的建筑群总体布置，单纯采用一种组合形式往往不能解决问题，需要同时采用两种或两种以上的综合处理措施。如北京积水潭医院（图6-23）在群体布局上，基本分成四个部分：根据功能要求，门诊部布置在干道一侧的前区中心位置，并采用一主二辅的对称式布局，方便门诊病人就医；根据地形特点和水面的布局，教学区布置在门诊楼的右侧，并设有单独的出入口，教学实习也很方便；住院部布置在门诊楼的左侧，采用自由式空间组合方式，三栋平行布置，并用柱廊连成整体，病房楼既安静、朝向好，楼与楼之间用庭园与绿化相隔，又创造了良好的疗养环境；生活区布置在后区，有单独出入口，与前区互不干扰。这种综合式组合方式，既满足了功能要求，又达到了完整统一。

三、外部空间的处理手法

（一）外部空间的封闭程度

外部空间是由建筑物或其它物体围合形成的具有不同封闭程度的室外空间。外部空间的封闭程度不同，其特征也不相同。

1.封闭式外部空间

在空间四周均有明确的界面，这些界面有可能是建筑物，也有可能是绿化、围墙、假山，或者是其它建筑小品。封闭式外部空间很容易使人感受到它的大小、宽窄和形状，与自然空间有鲜明对比。

2.半封闭式外部空间

空间周围的一部分以建筑物或其它物体作为界面对空间加以限制，而另一部分则自然开敞，与自然空间相互穿插，这种空间形式称之为半封闭式（或称半开敞式）空间。它具有封闭与开敞之间的特点，给人以变化、自由的感受。

3.开敞式外部空间

这种空间的特点是由建筑物围合的空间转变为空间包围建筑，这时外部空间与自然空间融为一体，空间的封闭性完全消失。但由于建筑物的存在，不可避免地改变了自然空间及自然环境，而形成一种开敞式的外部空间。

4.遮避式外部空间

这种空间形式与以上几种形式有明显不同的特点，空间周围没有任何界面对空间加以限制，而只是对空间的上部以界面对空间高度加以限制。给人的感觉是一旦越出了界面所覆盖的范围，就是自然空间了。如蘑菇亭、太阳伞、葡萄架等都具有这样的特点。

5.虚拟式外部空间

所谓"虚拟"，就是说空间限制底界面（即地面）外没有其它任何界面对空间加以限制，只是人们从心理感觉上有空间的存在，即空间感。空间感的创造，一般是将地面加以适当的处理（地面材料、质感、色彩、小的高差等变化），形成具有某种特性的内外对比，给人以一种范围感。

（二）外部空间的对比与变化

通常利用空间的大与小、高与矮、开敞与封闭以及不同形体之间的差异进行对比，以打破外部空间平淡、呆板的单调感，从而取得一定的变化效果。正确运用对比与变化的手法，是使空间具有特色和满足人们精神功能要求的关键。在外部空间组合中，应根据建筑群的使用功能、规模大小以及基地情况等因素，适当运用空间构图规律，使空间既有对比变化，又有完整统一，起到为建筑群增色的作用。

我国古典的苏州庭园具有小中见大的特点，这在很大程度上就是依靠空间对比手法的运用——即欲扬先抑的方法，先使人们经过曲折狭长的空间，然后再进入园内主要空间，从而利用空间的对比使人感到豁然开朗（图6-24）。

利用封闭的外部空间与辽阔的自然空间进行对比，也是我国古典建筑的一种传统手法。如图6-25所示北京颐和园入口部分的建筑群外部空间处理，入口部分的仁寿殿建筑群

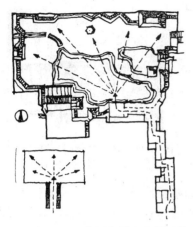

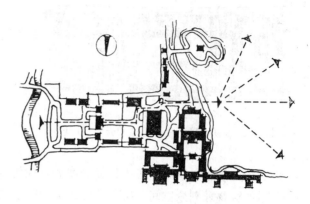

图 6-24　苏州庭园中空间对比　　　　　　图 6-25　北京颐和园的空间对比

所采用的是封闭形式的外部空间，空间被建筑物所包围，人们的视野受到了一定的限制，但只要穿过这个空间绕到仁寿殿的后侧，便可放眼眺望辽阔无际的湖光山色，从而使人精神为之一振，与前面的封闭式空间形成了鲜明的对比。

（三）外部空间的渗透与层次

在建筑群外部空间的组合中，为了使各空间之间不致于完全隔绝，往往借助建筑物的空廊、门窗洞口以及自然的树木、山石、湖水等来划分空间，由于采用这些方法划分空间时，各空间之间既有一定的分隔又具有适当的连通，使各空间相互因借和渗透，起到丰富空间层次感的作用。为达到此目的，归纳起来，常采用以下办法处理：

1.利用门洞或景窗使空间相互渗透

在外部空间的划分中，常采用隔墙等方法对空间进行分隔，为了使空间具有"隔而不断"的效果，往往在隔墙上设置适量的门洞或者景窗，人们可以从一个空间观赏到另一个空间，从而起到加强空间相互渗透及层次感的作用。在我国传统的四合

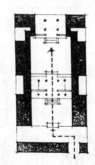

图 6-26　四合院民居的空间层次

院民居建筑中，多半沿中轴线布置垂花门、敞厅、花厅等透空建筑，使人们进入前院便可通过垂花门看到层层内院，给人以深远的感觉，并通过院落之间的渗透，丰富了空间的层次（图6-26）。

2.利用敞廊使空间相互渗透

当采用敞廊划分外部空间时，人们可以从一个空间通过敞廊看到另一个空间，达到加强空间层次和相互渗透的目的。如北京中国历史博物馆前院西侧的门廊处理，人们通过高大的门廊看天安门广场及人民英雄纪念碑和人民大会堂获得了很好的效果（图6-27）；再如苏州拙政园"小飞鸿"空廊的处理（图6-28），使两个空间内的景物相互因借、渗透，并各自成为对方的远景或背景，还加强了空间的变化和丰富了空间层次感。

图 6-27　从中国历史博物馆看天安门广场

图 6-28　苏州拙政园，通过"小飞鸿"看另一侧景物

3.利用建筑物底层架空或类似过街楼的处理使空间相互渗透

利用建筑物来划分空间层次，并使建筑物底层架空而具有一定的通透性，便可使人们的视线通过架空的底层从一个空间看到另一个空间，以达到各空间的相互渗透。如日本广岛和平会馆原子弹纪念陈列馆（图6-29），底层架空的建筑物既划分了空间而又没有隔断空间，使广场空间更为宽阔深远。又如图6-30所示为美国某大学综合医疗中心过街楼的处理，过街楼增加了空间层次的变化，人们的视线通过过街楼的底部看到庭园空间，使人感到饶有趣味。

图 6-29　日本广岛和平会馆原子弹纪念陈列馆

图 6-30　美国某大学综合医疗中心

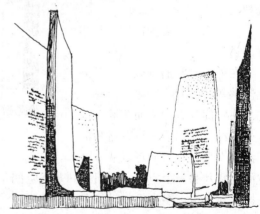

图 6-31　华盛顿罗斯福总统纪念碑方案

空间的渗透与层次，还可以通过绿化、列柱、牌坊、建筑布局等手段来实现。如图6-31为华盛顿罗斯福总统纪念碑设计方案，以群碑的形式来代替传统的单碑形式，并且巧妙地利用各个碑的位置不同、转折不同、体量不同而形成一个层次变化极为丰富的外部空间。

（四）外部空间的序列组织

建筑群的外部空间多数由两个或两个以上的空间组合而成。与内部空间的组织一样，具有空间先后顺序的问题，即依据一种"行为工艺过程"的客观条件，运用空间构图规律，合理组织各空间的先后顺序。外部空间的序列组织与人流活动规律密切相关，因此在外部空间的序列组织中，应该使人们视点运动所形成的动态空间与外部空间和谐完美，并使人们获得系统的、连续的、完整的序列空间，从而给人们留下深刻的印象，并充分发挥艺术的感染力。外部空间的序列组织是一个带有全局性的问题，它关系到群体组合的整个布局。合理运用空间的收束与开敞，突出序列的高潮是外部空间序列组织常用的手法。综合功能、地形、人流活动特点，外部空间序列组织可分为以下几种基本类型（图6-22）：

    1.沿着一条轴线向纵深方向逐一展开；

    2.沿纵向主轴线和横向副轴线作纵、横展开；

    3.沿纵向主轴线和斜向副轴线同时展开；

    4.作迂回、循环形式的展开。

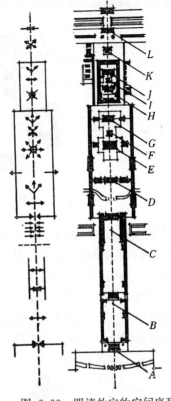

图 6-32　外部空间序列组织的几种展开形式　　　　图 6-33　明清故宫的空间序列

    如图6-33所示明、清故宫就是第一种类型的典型实例，整个建筑群沿中轴线布置，形成向纵深展开的空间序列：从大清门（已拆除）开始进入由东西两侧千步廊围成的纵向狭长的空间，至左、右长安门处一转而为一个横向狭长的空间，由于方向的改变而形成一次强烈的对比。过金水桥进天安门（A）空间极度收束，过天安门门洞又复开敞，紧接着经过端门（B）至午门（C）又是一间间朝房而围成的又深远又狭长的空间，直至午门门洞空间再度收束，过午门至太和门（D）前院，空间豁然开朗，预示着高潮即将到来，过太和门至太和殿前院从而达到高潮，往后是由太和、中和、保和三殿组成的"前三殿"（E、F、G），相继而来的是"后三殿"（H、I、J），与前三殿保持着大同小异的重复，犹如乐曲中的变奏，再往后是御花园，至此，空间的气氛为之一变——由庄严变为小巧、宁静——预示着空间序列即将结束。

    在近现代建筑群体组合中，由于建筑功能日趋复杂，从而要求群体组合能有较大的自由灵活性，以适应复杂多样的功能联系。因而采用沿一条轴线向纵深发展的对称或基本对称的空间序列组织的方法诚然是愈来愈少了，但是如果在功能要求允许的条件下，却仍然可以运用这种空间序列组织的方法来获得相应的效果。如日本武芷野艺术大学的群体组合（图6-34），该建筑群的规模不大，仅包括四幢建筑物，由于采用了前述的空间序列的组织方法，从而获得了良好的效果。在入口处设置了一个牌楼式的大门（B），通过这个门即可看到远处的主楼，从大门开始即进入有组织的空间序列（C）——一个由绿篱、踏步、灯柱所形成的纵向狭长的空间。这个空间起着序列的引导作用，通过它把人流引至主楼，这是空间序列的第一个阶段。进入主楼后人们由室外转入室内（D），空间极度收束，通过主楼到达中央广场（E），空间突然开敞，人们迅即进到外部空间序列的高潮，并就此结束序列。

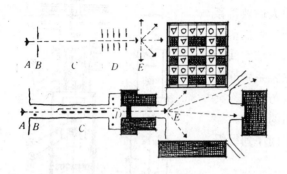

图 6-34　日本武芷野艺术大学群体组合

（五）外部空间的视觉分析

人们对建筑群体空间的观赏有可能是动态观赏，也有可能是静态观赏。在群体组合中，应该结合功能特点及基地条件有意识地布置观赏路线或观赏点，满足人们动态或静态观赏的要求，创造出完美的空间构图和丰富的艺术效果。

空间构图的重要因素之一就是景物的层次，通常人们在一定观赏点作静态观赏时，空间层次可分为远、中、近三个层次。借助层次可以加强空间的景深感，犹如"山外有山，虽断而不断；树外有树，似连而非连。"在建筑群体空间中，远景呈现大体的轮廓，建筑体量不甚分明，中景可看清楚建筑全貌，而近景则显出清楚的细部（图6-35）。通常中景作为观赏的对象，即画面的主题，而远景是它的背景起衬托作用，近景则成为画面的景框或起到透视引导的作用。

图 6-35　北海静心斋后院自西面爬山廊东望

为了获得完美的空间构图，常利用视觉分析来确定建筑物的位置、高度、体量与道路、广场、庭院的比例关系。为了满足人们观赏建筑群的视觉要求，应该研究人眼的可视空间区域（即视野），也就是说要研究人眼的水平面视野和垂直面视野，以便确定建筑群的空间尺度。

1.水平面视野

水平面视野是以角度测量的水平面可视区域，在这个区域里，人无需转动头和眼睛就可以看得见。当人们用双眼同时看景物时，两只眼睛的视野重叠，所形成的中间视区称为"双眼视区"（一只眼睛的视野称为"单眼视区"），"双眼视区"的范围大约为120°，而人眼能较好地观赏景物的最佳视区则是在60°以内（图6-36）。长期的建筑实践证明，观赏建筑物的最短距离应该是等于建筑物宽度的距离，这就是说最佳水平面视野应该是54°。因此，在建筑群总体布置中,对主要建筑平面空间尺寸的决定,应考虑水平面视野的特点,以满足人们观赏建筑群体的视角要求,使之充分发挥建筑空间的艺术效果。

2.垂直面视野

根据人眼垂直面视野的特点,观赏景物的最佳仰角应该在20°以内,这时人们就可以较好地观赏景物。长期的建筑实践也证明,要观赏建筑群体的全景,就应该使视点离建筑群有建筑物三倍高度的距离;要以近景观赏建筑物时,视点距建筑物应有建筑物二倍高度的距离;观赏单体建筑时的视点距建筑物的极限距离也应保持建筑物一倍高度的距离。这就是说人们观赏建筑群的最佳仰角为18°,观赏单体建筑的最佳仰角为27°,其最大仰角不应超过45°(图6-37),如果超过45°不仅易造成视觉疲劳,而且也会因仰角过大使建筑物产生严重的透视变形。

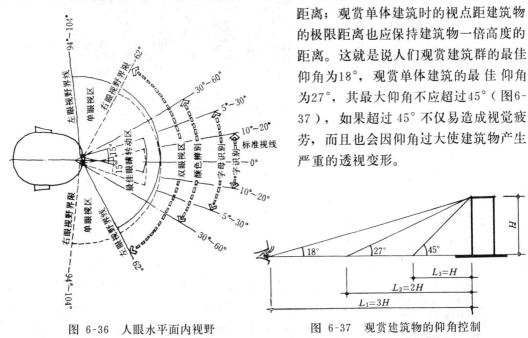

图 6-36 人眼水平面内视野   图 6-37 观赏建筑物的仰角控制

由此可见,一个建筑群的总体布置,必须认真考虑人眼的视野,使建筑群的视角要求得到充分满足。特别是当一个建筑群曾按18°、27°的仰角决定其高度时,那么在27°仰角的视点上应尽量运用54°的水平视角,使其既满足垂直面视野的要求,又满足水平面视野的要求。如果建筑群体空间设计中能满足上述视觉特点的要求,就能使建筑群的艺术感染力充分被人们所感受。

四、公共建筑室外空间与环境处理的关系

公共建筑设计和其它类型的建筑设计一样,必须与周围的建筑、道路、绿化、建筑小品等有密切的联系和配合,同时还应考虑自然条件如地形、朝向等因素的影响。在总体布局中应从整体出发,综合地考虑组织空间的各种因素,并使这些因素能够取得协调一致、有机结合。在考虑公共建筑室外空间的问题时,概括起来有利用环境与创造环境两方面的问题。

（一）室外空间的利用环境问题

公共建筑室外空间组合对环境的利用,应运用辨证的观点考虑问题,正如《园冶》所说:"俗则摒之,嘉则收之",只有达到摒俗收嘉,才能使室外空间布局收到得体合宜的效果。如广州白云宾馆(图6-38),在室外空间组合中,就利用了如下几个环境特点:南

面临环市东路，距广交会展览馆仅四公里，交通联系方便；附近的建筑和绿化设施比较整齐；基地的东面和南面比较空旷，可结合该宾馆大楼的建造，逐步形成一个地区的中心广场。另外，该地段的土质较好，有利于建造高层建筑。同时，在空间处理上以及建筑与庭园的结合上，都是比较自然生动、巧具匠心的。

(a)总平面　　　　　　　　　(b)内庭

图 6-38　广州白云宾馆

（二）室外空间的创造环境问题

进行公共建筑室外空间组合时，充分利用环境的特点，并经过人工的加工改造，使环境的意趣更能为表达总体布局的设计意图服务。固有的环境条件，往往存在着一定的局限性，或多或少地与具体的设计意图相矛盾。因此在室外空间组合中，对其不利因素加以改造，创造出与设计意图相适应的室外环境。如天津水上公园茶室（图6-39），虽然后有林木曲径，前有广阔水面，但是在水面的尽处，只能远眺对岸稀疏的景色，缺乏中景的层次感。在这种情况下，如对原有环境的缺欠不加以改造，势必造成单调乏味的后果。因此，设计中利用临湖一侧的窄长半岛，并设花架于端部，从而增添了湖中景色的层次感，加之半圆茶厅伸入水中，使游客于室中能环顾水上驱波荡舟的生动景色，起到了开阔视野的作用。同时，茶室的室外空间，也给广阔湖面增添了观赏点

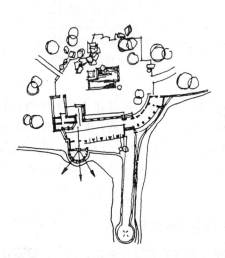

图 6-39　天津水上公园茶室

第四节　室外空间与场地、绿化、建筑小品

一、室　外　场　地

在建筑外部空间组合中，由于群体中各部分使用性质的不同，对外部场地的要求也不

同，因此形成各式各样的场地，一般可分为以下几种形式：

（一）集散场地

由于某些建筑物的使用性质决定，人流量和车流量大而集中，交通组织比较复杂，建筑物前面需要有较大的场地来满足人流、车流的集散要求。这种类型的场地 称 为 集 散 场地。对于集散场地空间组合的首要问题就是解决好交通流线。如长沙铁路客站广场（图6-40），南北宽259米，东西深138米，根据流线要求，中间用两条绿化带将广场 分 为 南、北、中三个部分，中部广场供迎宾、集会和停靠小汽车用，北部广场为出租汽车停靠和出站旅客疏散广场；南部广场可供团 体 机动车 辆 停靠。此外，行包房前还有行包广场和公共汽车停靠作业场。整个广场上人车分流，停车分区，流线清晰。集散广场在艺术处理上也有较高的要求，需要深入研究广场的空间尺度，为人们观赏主体建筑提供良好的位置和角度。在设计中常结合室外构图的需要，安排一定绿化与建筑小品来丰富室外空间的艺术效果。

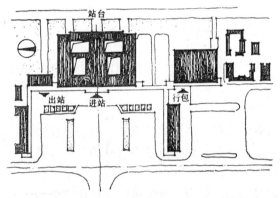

图 6-40 长沙铁路客站总平面

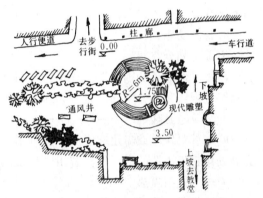

图 6-41 日内瓦旧城彼隆古堡小广场

（二）活动场地

活动场地要求为人们创造良好的室外生活环境，供人们休息、社交或儿童游戏等，同时给外部空间增添多变的色彩。如日内瓦旧城彼隆小广场（图6-41）是一个非常活泼有趣的街心广场，它位于旧城中心区和商业街过渡地带，宽仅五十多米，深仅二十余米，但垂直高差达四米以上。车流从广场的一侧通过，保持了广场完整、安静的环境，设计手法比较新颖，垂直方向通过圆形台阶平台交错组合来解决人流交通，同时配以不同高度的圆形树池、平台、雕塑，变化多端，过往人们在此小憩片刻，别有一番乐趣。

（三）停车场地

停车场地包括有汽车和自行车停车场，公共建筑设计中，停车场应结合总体布局进行合理安排。其位置要求靠近出入口，但要防止影响建筑物前面的交通与美观。因此一般设在主体建筑的一侧或后面。根据我国实际情况，在各类建筑布局中都应考虑自行车停放场。它的布置主要应考虑使用方便，避免与其它车辆的交叉和干扰，因此多选择顺应人流来向，靠近建筑附近的部位。

二、环 境 绿 化

优美的环境绿化是构成良好的建筑群外部空间不可分割的一部分，它不仅可以改变城市面貌、美化生活，而且在改善气候等方面都具有极其重要的作用。

（一）绿化的功能

1.心理功能

绿色，象征青春、活力与希望。绿色环境使人联想到万物复苏、气象更新。它能调节人的神经系统，使紧张疲劳得到缓和消除，使激动恢复平静。以树木、花草等植物所组成的自然环境还包含着极其丰富的形象美、色彩美、芳香美和风韵美。因此，人们都希望在居住、工作、休息、娱乐等场所欣赏到植物与花卉的装饰，处处享受到植物的色彩与形态美，以满足其心理需求。

2.生态功能

绿化植物给建筑空间创造出极其有益的生态环境。植物能制造新鲜氧气、净化空气，还可以调节温度、湿度。因此，在建筑群内部及周围布置一定数量的树木、草皮以及花卉，能提供充足的氧气、吸收和隔离空气中的污染，以及在夏季降温增湿、隔热遮阳，冬季增温减湿、避风去寒。

3.物理功能

（1）划分空间

绿化可作"活的围墙"——篱笆，用来分隔平面与空间。外部空间设计中，利用绿化作为遮避视线和划分空间，是较为理想的手法之一。

（2）隐丑蔽乱

城市重要地段或新建筑区内，有时不可避免的存在一些影响建筑群环境的建筑物、构筑物或其它不协调的场所等，若用绿化加以隔离或遮避，则可以获得化丑为美的效果。

（3）遮阳隔热

常用紫藤、葡萄、地锦或其它藤萝植物攀缘墙面、阳台，不仅可以美化建筑物的外观和丰富建筑群体空间形象，还能改善建筑物外墙的热工性能。

（4）防御风袭

如在建筑群四周或窗前种栽阔叶树木，其下配植低矮树种和灌木丛，就能减轻对建筑物的风压，改善建筑物所受的水平气流作用。此外，常绿树林在冬天还能阻减风雪飞扬的现象。

（5）隔声减噪

实验表明，声波经过植物时，借叶面吸收、叶间多次反射和空间绕射，声能转变为动能和热能，具有一定的减声效果，当植物长得高、密、厚时，就愈发显出隔声减噪的效能。

（二）绿化布置

绿化布置应考虑建筑群总体布局的要求，建筑群的功能特点、地区气候、土壤条件等因素，选择适应性强、既美观又经济的树种；绿化布置还应考虑季节变化、空间构图的因素，主次分明地选择适当的树种和布置方式；此外，遮阳、隔离也应予以考虑，利用绿化来弥补建筑群布局或环境条件的不良缺陷。

1.小游园的绿化

为了满足人们的精神要求，在建筑群外部空间组织中布置游园，作为人们的室外休息场所。绿化是小游园中不可缺少的一部分，小游园中的绿化布置应与周围环境取得协调一致，真正成为人们受欢迎的室外活动空间。其形式主要有以下几种（图6-42）：

（1）规则式

小游园中的道路、绿地均以规整的几何图形布置，树木、花卉也呈图案或成行成排有规律的组合，这种形式为规则式布置。

（2）自由式

小游园中的道路曲折迂回、绿地形状自如、树木花卉无规则组合的布置形式为自由式布置。

（3）混合式

在同一小游园中既采用规则式又采用自由式的布置形式为混合式布置。

2．庭园绿化

建筑群体组合中的小园、庭园、庭院等统称为庭园。庭园的绿化不仅可以起到分隔空间、减少噪音、减弱视线干扰等作用，并给建筑群增添了大自然的美感，给人们创造了一个安静、舒适的休息场地。庭园的绿化布置应综合考虑庭园的规模、性质和在建筑群中所处的地位等因素采取相应的手法。

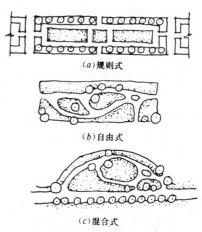

图 6-42　小游园绿化布置形式

（1）小园

所谓"小园"是指建筑群体组合中所形成的天井或面积较小的院落。小园的绿化布置既要考虑对环境的美化，又要不影响建筑内部的采光通风。小园的位置可能在厅室的前后左右，也有可能在走廊的端点或转折处，而构成室内外空间相互交融或形成吸引人们视线的"对景"。小园中的绿化布置应结合其它建筑小品（水池、假山、雕塑等），使小园布置小巧玲珑、简洁大方。图6-43为杭州玉泉"山外山"小园框景，在面向入口处采用扇形景窗的框景手法，不仅使入口的咫尺空间扩大开来，同时通过框景将小园的组景映入眼帘，构成了一幅生动的画面。

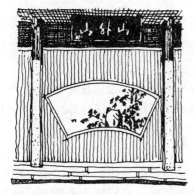

图 6-43　苏州玉泉"山外山"小园框景

图 6-44　广州铁路客站庭园

（2）庭园

一般规模比小园为大。在较大的庭园内也可以设置小园，形成园中有园，但应有主次之分，主庭的绿化是全园组景的高潮，可以是由山石、院墙、绿化、水景等作为庭园的空间限定，组成开阔的景观。如广州铁路客站庭园（图6-44），成组布置了灌木和花草，配置一池水景，添上曲折的小桥，给庭园增添了生气，不仅美化了空间环境，而且给旅客休息提供了幽静、宜人的场所，深受欢迎。

（3）庭院

庭院的规模又比庭园为大，范围较广，在院内可成组布置绿化，每组树种、树形、花种、草坪等各异，并可分别配置建筑小品，形成各有特色的景园。

3.屋顶绿化

随着建筑工业化的发展，建筑物屋顶结构中广泛采用了平屋顶形式。为了充分利用屋顶空间，为人们创造更多的室外活动场所，对于炎热地区，考虑屋顶的隔热，可以在屋顶布置绿化，并配以建筑小品而形成屋顶花园。

屋顶绿化的布置形成一般有以下几种：

（1）整片式

在平屋顶上几乎种满绿化植物，主要起到生态功能与供观赏之用。这种方式不仅可以美化城市、保护环境、调节气候，而且还具有良好的屋面隔热效果。

（2）周边式

沿平屋顶四周修筑绿化花坛，中间的大部分场地作室外活动与休息之用。

（3）自由式

在平屋顶上自由的点饰绿化盆栽或花坛，形式多种多样，可低可高，可成组布局也可点组相结合，形成既有绿化植被又有活动场地的灵活多变的屋顶花园。

图 6-45　广州东方宾馆屋顶花园

屋顶绿化布置在高层建筑的屋顶，可以增加在高层建筑中工作和生活的人们与大自然接触的机会，并弥补室外活动场所的不足。如广州东方宾馆屋顶花园（图6-45）就为人们提供了一个很好的室外活动场所。

建筑群内部的绿化布置应根据各建筑物的性质特点等因素合理选择其布置形式，达到既丰富外部空间、美化环境，又为人们提供良好的室外活动场所、满足环境调节的目的。

三、建 筑 小 品

所谓建筑小品是指建筑群中构成内部空间与外部空间的那些建筑要素，是一种功能简明、体量小巧、造型别致并带有意境、富于特色的建筑部件。它们的艺术处理、形式美的加工，以及同建筑群体环境的巧妙配置，都可构成一幅幅具有一定鉴赏价值的画面，形成隽永意匠的建筑小品，起到丰富空间、美化环境，并具有相应功能的作用。

（一）建筑小品的设计原则与种类

1.建筑小品的设计原则

建筑小品作为建筑群外部空间设计的一个组成部分，它的设计应以总体环境为依托，充分发挥建筑小品在外部空间中的作用，使整个外部空间丰富多彩。因此，建筑小品的设计应遵循以下原则：

（1）建筑小品的设置应满足公共使用的心理行为特点、便于管理、清洁和维护；

（2）建筑小品的造型要考虑外部空间环境的特点及总体设计意图，切忌生搬乱套；

（3）建筑小品的材料运用及构造处理，应考虑室外气候的影响，防止腐蚀、变形、退色等现象的发生而影响整个环境的良好效果；

（4）对于批量采用的建筑小品，应考虑制作、安装的方便，并进行经济效益的分析。

2．建筑小品的种类

建筑小品的种类甚多，根据它们的功能特点，可以归纳为以下几大类：

（1）城市家具

建筑群外部空间中的城市家具主要是指公共桌、凳、座椅，它不仅可以供人们在散步、游戏之余坐下小憩，同时又是外部环境中的一景，起到丰富环境的作用。城市家具在外部空间中的布置受到场所环境的限定，同时又具有更大的随意性，但又决不是随心所欲的设置，而是要求与环境谐调，与其它类型的建筑小品及绿化的布置有机的结合，形成一定的景观气氛，增强环境的舒适感。图6-46为一组城市家具。

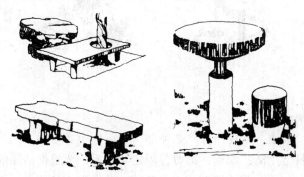

图 6-46　一组城市家具（桌、凳）

（2）种植容器

种植容器是盛放各种观赏植物的箱体，在外部环境设计中被广泛采用。种植容器的设置要讲究环境要求，活泼多样固然是它的特点，但决不能杂乱无章、随心所欲，否则将会给景观造成低劣的效果。在设置时要进行视线的分析和比较，以求景观中最佳效果。如果运用得体，它不仅能给整个景观锦上添花，而且还能在空间分隔与限定方面取得特殊效果。

种植容器根据不同环境气氛的要求，在设置时是丰富多样的。由于设置意义的差别，种植容器不论在选材上，还是在体量上均有不同。在开放性的环境中，种植容器应采用抗损能力强的硬质材料，一般以砖砌或混凝土为主，有些较大的花池、树池底部可直接与自然松软地面相接触而不需加箱底；在封闭性的环境及室内花园或共享大厅内，种植容器则应采用小巧的陶瓷制品或防锈金属制品。图6-47为一组种植容器。

（3）绿地灯具

图 6-47 一组种植容器

　　绿地灯具也称庭园灯。它不同于街道广场的高照度路灯。一般 用 于 庭院、绿地、花园、湖岸、宅门等位置，作为局部照明，并起到装饰作用。功能上求其舒适宜人，照度不宜过高，辐射面不宜过大，距离不宜过密。白昼看去是景观中的必要点缀，夜幕里又给人以柔和之光，使建筑群显宁静、典雅。图6-48为一组绿地灯具。

图 6-48 一组绿地灯具

　　（4）污物贮筒

　　污物贮筒包括垃圾箱、果皮筒等，是外部空间环境中不可缺少的卫生设施。污物贮筒的设置，要同人的日常生活、娱乐、消费等因素相联系，要根据清除的次数和场所的规模以及人口密度而定；污物贮筒的造型应力求简洁，并考虑方便清扫。图6-49为 一 组 污 物贮筒。

　　（5）环境标志

　　环境标志也是建筑群外部空间中不可缺少的要素，是建筑群中信息传递的重要手段。环境标志因功能不同而种类繁多，而常见的则以导向、告示及某种事物的简介居多。在设计上要考虑它们的特殊性，要求图案简洁概括抽象、色彩鲜明醒目、文字简明扼要清晰等等。图6-50为一组环境标志。

　　（6）围栏护柱

　　作为围栏，不论高矮，在功能上大多是防止和阻碍游人闯入某种特殊区域。一般用于花坛的围护或区域的划分。色彩的处理应以既不要灰暗呆板，又不要艳丽俗气为宜，白色是较理想的颜色，不仅易与各种颜色取得和谐，而且在整个绿丛的衬托下，会使围栏显得洁净素雅和大方。

　　护柱是分隔区域限定游人和车流的。护柱的设置应考虑具有一定的灵 活 性，易 于 迁移。若造型简洁、设置合理，同样会给建筑群外部环境带来特别的气氛。

图 6-49　一组污物贮筒　　　　　　　图 6-50　一组环境标志

图6-51为一组围栏与护柱。

（7）小桥汀步

小桥汀步是有水面的外部空间处理中常用一类建筑小品。桥可联系水面各风景点，并可点缀水上风光，增加空间的层次。汀步同样具有联系水面各景点的功能，所不同的是汀步别具特色，犹如漂浮水面的"浮桥"，使水面更具趣味性。图6-52为小桥和汀步。

（8）亭廊、花架

亭廊具有划分空间的功能，同时也具有空间联系的功能（在第十五章中详细介绍）。花架也具有亭廊的功能。花架可供植物攀缘或悬挂，它的布置形式可以是线状而发挥廊的功能，也可以是点状起到亭的作用（图6-53）。

建筑小品除以上类型外，还有景门、景窗、铺地、喷泉、雕塑等类型。在建筑群外部空间设计中，只要根据环境功能和空间组合的需求，合理选择和布置建筑小品，都将能使建筑群体空间获得良好的景观效果。

（二）建筑小品在外部空间中的运用

1.利用建筑小品强调主体建筑物

建筑小品虽然体量小巧，但在建筑群的外部空间组合中却占有很重要的地位。在建筑群体布局中，结合建筑物的性质、特点及外部空间的构思意图，常借助各种建筑小品来突出表现外部空间构图中的某些重点内容，起到强调主体建筑物的作用。

2.利用建筑小品满足环境功能要求

建筑小品在建筑群外部空间组合中，虽然不是主体，但通常它们都具有一定的功能意义和装饰作用。例如，庭院中的一组仿木坐凳，它不仅可供人们在散步、游戏之余坐下小憩，同时，它不是外部环境中的一景，丰富了环境空间；又如小园中的一组花架，在密布的攀缘植物覆盖下，提供了一个幽雅清爽的环境，并给环境增添了生气。

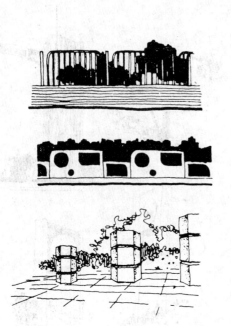

广州流花公园小拱桥

桂林芦笛岩、莲芳池荷叶汀步

图 6-51 围栏与护柱

图 6-52 小城和汀步

3.利用建筑小品分隔与联系空间

建筑群外部空间的组合中，常利用建筑小品来分隔与联系空间，从而增强空间层次感。在外部空间处理时用上一片墙或敞廊就可以将空间分成两个部分或是几个不同的空间，在这墙上或廊的一侧开出景窗或景门，不仅可以使各空间的景色互相渗透，同时还可增强空间的层次感，达到空间与空间之间具有既分隔又联系的效果。

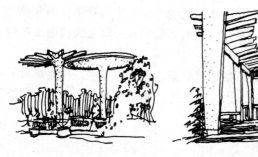

成都锦水苑花架　　　单排柱花架

图 6-53 花架

4.利用建筑小品作为观赏对象

建筑小品在建筑群外部空间组合中，除具有划分空间和强调主体建筑等功能外，有些建筑小品自身就是独立的观赏对象，具有十分引人的鉴赏价值。对它们的恰当运用，精心的进行艺术加工，使其具有较大的观赏价值，并可大大提高建筑群外部空间的艺术表现力。

总之，建筑群外部空间的类型、性质及规模等不同，所采用的建筑小品在风格下，形式上应有所区别，应符合总体设计的意图，取其特点，顺其自然，巧其点缀。

第七章 建 筑 经 济

无论何种建筑总是存在着经济问题。建筑经济是一项综合性课题，从建设用地规划、建筑设计、结构形式、建筑施工到建筑物的使用维修管理等一系列过程，均存在一个经济问题。一幢好的建筑物，应该针对这些问题进行综合考虑和评价，尽可能地降低造价，使其获得最大的经济效益。

第一节 建筑技术经济的几项主要指标

一、建 筑 面 积

由于建筑面积是国家控制基本建设规模和投资的主要依据之一，因此，国家有关主管部门对建筑面积的计算方法作了较详细的规定，在实际工程中应按照有关文件的规定及建筑物的实际情况进行计算，不得有随意性。

二、建筑物的单方造价

建筑物的单方造价（指平均每平方米建筑面积所花费的费用）＝房屋总造价/总建筑面积（元/m²）。它是衡量建筑物经济问题的一个主要经济指标，是各有关部门审批项目投资及设计的主要依据之一。

在初步设计阶段以工程概算来确定单方造价，施工图设计阶段以施工图预算来确定单方造价，工程竣工后以工程竣工决算来确定单方造价。各个不同阶段的单方造价均有不同的作用，必须严格控制，按规定指标执行，如需变动则须经过有关部门批准，在实际工程中要防止出现概算超投资，预算超概算，决算超预算的现象。

建筑单方造价的内容包括：

（1）房屋土建工程造价；

（2）室内给排水卫生设备造价；

（3）室内照明用电工程造价。

下列项目一般不计入建筑物的单方造价，应另列项目计算费用：

（1）室外给排水工程；

（2）室外输电线路；

（3）采暖通风工程；

（4）环境工程；

（5）平基土石方工程；

（6）室内使用设备费用（如剧院的座椅、旅馆的床铺等）。

三、建筑物的主要材料单方消耗量

由于各地区之间的定额标准不同，材料差价也不相同，故单方造价只能在同一地区才有可比性。由于差价的关系，即使是同一地区的建筑物，有时也影响单方造价的可比性，所以，除了单方造价外，也可以把每平方米建筑面积的主要材料消耗量来作为另一项主要经济指标来进行评价。

建筑物的主要材料一般为三材（钢材、木材、水泥）、砖和其它材料。每平方米建筑面积造价的基本构成成份主要是材料用量和耗工量，而材料消耗量与耗工量之间存在着对应关系，一定的材料消耗量必定需要一定的工日消耗量，而材料和工日消耗量可以在很大程度上反映造价指标，它可以排除材料价差和工日价差所带来的影响，具有一定的可比性。

新材料、新结构、新工艺的采用及施工技术的先进性均直接影响材料消耗量和工日消耗量，故单方材料消耗量指标也可以反映出建筑设计和施工技术的先进与否。

四、面 积 系 数

$$使用面积系数 = \frac{总使用面积}{总建筑面积}$$

$$结构面积系数 = \frac{总结构面积}{总建筑面积}$$

式中　使用面积——建筑平面内可供使用的面积。

结构面积——建筑平面中结构所占面积。

在一般建筑中，使用面积系数越大，则建筑经济性越好。所以，在满足建筑功能要求的前提下，合理选择结构形式，采用新材料，尽量减少结构面积具有重要意义。在一般框架结构中的结构面积系数可降到10％左右，但必须是在保证结构安全性的前提下来降低结构面积系数。

五、体 积 系 数

对建筑体积进行适当控制，也是控制建筑造价的一项有效措施。如建筑物层高选得太高，超过使用功能的实际需要，建筑体积增加，造价也就相应增加。因此在满足使用要求的基础上，应最大可能地将层高压缩到最小高度，也就是尽量减小使用面积体积系数。

$$使用面积体积系数 = \frac{建筑体积}{使用面积}$$

六、其它一些技术经济指标

某些建筑物除了可以使用上述技术经济指标外，还可以用另外的技术经济指标来进行建筑经济分析，如学校可以以"一个学生"为单位，影剧院以"一个观众"为单位，居住建筑以"每套"或"每人"为单位。

第二节　涉及建筑经济的几个问题

一、适用、技术、美观与经济的关系

建筑设计的基本原则是"适用、经济、在可能条件下注意美观"，在这里，"适用"是主要矛盾，应该在"适用"的前提下来考虑经济问题，两者有机地结合起来。一个建筑物不能脱离和违背适用条件去谈所谓的经济，不适用的建筑，本身就是一种极大的浪费，不可能获得好的经济效益。

新技术、新材料、新结构的采用必将加快施工进度，提高劳动生产率，节约原材料，可以使建筑物获得良好的经济效益。但在某些具体情况下也可能增加造价，此时应该将各种因素进行权衡，以决定是否采用。

为追求纯粹的建筑艺术，置经济性而不顾是不可以的，应该在满足适用和经济的前提下，通过设计手法尽可能的使建筑物产生其艺术效果。建筑设计的艺术水平高低，并不单纯取决于采用高档材料的多少以及造价的高低，采用常规的材料和地方材料，照样可以获得良好的艺术效果。当然，那种只顾经济性，完全不考虑建筑的艺术性也是不可取的。一个建筑物在不同程度上也是一个艺术作品，它随时展现在人们眼前，人们对其欣赏程度，实际上也具有一定的经济价值和社会效益在内。

二、结构型式及其建筑材料

结构与建筑是紧密结合的，结构的型式不只是一个单纯的结构问题，它具有很强的综合性。它要考虑并满足使用功能的要求、施工条件的许可、建筑造价的经济性和建筑艺术上的造型美观。不同的结构型式直接影响建筑空间和建筑形象，同时，建筑结构本身也具有一定的艺术性，应把结构与建筑两者有机结合起来。

在同一种类型的建筑物中，可以采用不同的结构型式，如大跨度屋盖和高层建筑，均可以用不同的结构型式来实现，而不同的结构型式均有各自不同的经济性，同时，不同的结构型式需采用不同的施工方法，而各种施工方法所需的费用也各不相同。如何结合结构的特点及其使用功能，在创作建筑空间和表现建筑艺术的同时，合理选择结构型式，使其达到应有的经济效益，这是一个建筑设计工作者不容忽视的问题。

不同的结构型式，所采用的材料种类和强度指标也不尽相同，在同一种材料中强度指标的采用也不完全相同，这些都直接影响建筑的经济性，故在设计中，在选用合适的结构型式的基础上，还要合理选择材料种类和强度指标，做到物尽其用，充分发挥材料的受力等作用。

三、建筑工业化

尽量缩短工期，提高劳动生产率，利用工业化产品采用机械化施工和安装，都是建筑经济应考虑的问题。应尽量减少构配件的类型，统一尺寸，采用标准化构件，以便于建筑构配件的通用性，实现建筑体系化。把建筑设计、施工工艺和生产方式考虑到建筑工业化中去，同时也要在研究建筑共同性的前提下，又要能满足在不同情况下所出现的特殊性，

做到既有统一又有一定的灵活性，可选性和应变性要强，所以在设计中应尽量做到以下几点：

1.编制并采用标准设计或定型设计

对于大量性的多次重复建造的同类型房屋，为加快设计速度和方便编制差异不大的施工方案，可以编制出标准设计或定型设计供选用。如标准住宅，单层厂房等工业化程度较高的建筑物。

2.部分定型化

有些建筑物不能作为定型设计，而其中重复出现的某一部分，比如建筑单元，可以采用部分定型的方法。在住宅平面空间的组合中，就可以采用定型单元的组合方法。

3.建筑和结构的构造作法定型化、标准化

对于一些通用的建筑构造和结构构造作法（如建筑构造上的屋面防水做法，结构上的框架节点构造等，可以使之定型，采用标准化设计，编制一些通用性标准图集，供设计和施工时选用。

4.建筑构配件统一化、标准化

经常使用的建筑构配件（如梁、板等构配件），可以采用标准构配件，编制标准图集。产品可在工厂中生产，设计和施工时按其标准进行选用。但在编制标准构件时，应充分考虑到通用和互换的可能性。

四、长期经济效益的评价

经济效益具有长期性，对建筑经济问题要有远见。有些建筑在设计阶段看来很经济，但它使用后的维修费用较多，或使用寿命短；有的建筑为了经济仅考虑短期的使用功能要求，但经过一个时期后则需要更新和改造，缺乏超前服务意识，这样反而影响建筑的经济性，实质上是一种浪费；有的建筑物设计时看来似乎不经济，但有一定的超前服务意识，长期经济效益还是好的。有的建筑物为了加快施工进度，虽然增加了房屋的造价，但可早日投产，可获得更大的经济效益。用长期经济效益来衡量建筑的经济性是十分重要的，特别是在改革开放的今天，在时间就是金钱，效益就是生命的形势下，长期经济效益越来越被人们重视。

使用年限过长，其使用期内的各项费用的总和往往比一次性投资大好多倍。据西德对几种典型住宅进行费用调查（其使用年限为80年），在使用期间所花费的维修费用为一次性投资的1.3～1.4倍之多。在英国，有一栋设备较完善的医院，有关部门对其进行费用分析，从设计、施工、设备更新、维修养护、使用管理等费用中，维修养护费是总造价的1.5倍，而使用管理费为总造价的1.4倍，在这座医院的全寿命期间的费用中，原总造价仅占10%，所以对长期经济效益要进行正确评价。

五、建筑设计中几个经济问题的考虑

（一）建筑平面形状

建筑平面形状对建筑经济具有一定的影响，主要反映在用地经济性和墙体工程量两个方面。

建筑平面形状与占地面积有很大关系，主要反映在建筑面积的空缺率上。那些平面形状规整简单的建筑可以少占土地，其建筑面积空缺率小（图7-1a）。那些平面形状较复杂的建筑物则需要占用较多的土地，其建筑面积空缺率大（图7-1b）。

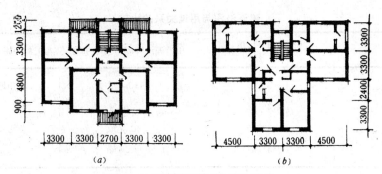

图 7-1 面积相同的两栋住宅图

$$建筑面积的空缺率 = \frac{建筑平面的长度 \times 建筑平面的最大进深}{平面的建筑面积}，图7-1a的建筑面积空$$

缺率为 $\frac{16.14 \times 10.44}{147.5} = 1.14$，图7-1b的建筑面积空缺率为 $\frac{15.84 \times 12.54}{147.5} = 1.35$。

因此，在建筑面积相同的情况下，应尽量降低空缺率，采用简单、方整的平面形状，以显示用地的经济性。

建筑物墙体工程量的大小与建筑平面形状有关，虽然建筑面积相同，但平面形状不同，则墙体工程量不同，显然造价也就不同，直接影响经济性。图7-1a平面墙体总长度为105.16m，每一平方米的墙体长度为0.713m，而图7-1b平面墙体总长度为113.6m，每一平方米的墙体长度为0.77m。由此可见图7-1a比图7-1b墙体工程量少，比较经济。

（二）建筑物的面宽、进深

建筑物的面宽和进深对建筑物每平方米墙体工程量有影响，在设计时，我们需要的是尽量减少墙体工程量，减少结构面积，增加使用面积，因此，在满足使用功能要求，不过多影响楼（屋）盖的结构尺寸和满足通风采光的前提下，适当加大建筑物的进深，可以减少墙体工程量，降低造价，产生良好的经济效益。图7-2可以说明面宽不变、进深加大，则单位面积墙体周长值发生变化。

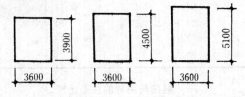

图 7-2 面宽不变，进深加大，单位面积墙体周长值的变化

图7-2中各图的每平方米墙体周长值分别为：

图7-2a 1.07m/m²；

图7-2b 1.00m/m²

图7-2c 0.95m/m²

建筑物的面宽、进深与用地也直接相关，如在居住建筑中用地指标与每户面宽成正比，平均每户面宽较小时则用地较经济，所以建筑面积一定时，加大建筑物的进深，可以节约用地，表7-1可以看出建筑进深与用地的关系。

建筑进深与用地关系的比较 表 7-1

进　深 (m)	平均每户用地 (m²/户)	相当进深9.84m住宅用地	与9.84m进深住宅用地比较
8.0	42.15	115.9%	多用地15.9%
9.84	36.36	100%	0%
11	33.70	92.7%	节约用地7.3%
12	31.81	87.5%	节约用地12.5%

（三）建筑的层高与层数

建筑物的层数愈多则用地愈省，层高愈高则用地愈不经济，层数的增多不仅可以节约用地，同时可以降低市政工程费用。但层数也不宜过多，否则人口密度大大增加，其相应的结构型式和设备、交通面积以及公共服务设施发生变化，单方造价反而增高，故在设计中要结合具体情况具体分析。表7-2为层数与用地的关系，表7-3为层高与用地的关系。

住宅层数与用地的关系比较 表 7-2

层　数	平均每户用地 (m²/户)	相当五层住宅用地	与五层住宅用地比较
3	44.84	123%	多用地23%
4	39.56	108.8%	多用地8.8%
5	36.36	100%	0%
6	34.22	94.1%	节约用地5.9%
7	32.71	90%	节约用地10%
8	31.58	86.9%	节约用地13.1%
9	30.69	84.4%	节约用地15.6%
10	29.95	82.4%	节约用地17.6%
11	29.39	80.8%	节约用地19.2%
12	28.94	79.6%	节约用地20.4%
13	28.49	78.4%	节约用地21.6%
14	28.16	77.4%	节约用地22.6%
15	27.88	76.7%	节约用地23.3%
16	27.59	75.9%	节约用地24.1%

层高与用地的关系比较 表 7-3

层　高	平均每户用地 (m²/户)	相当层高2.8m住宅用地	与层高2.8m住宅用地比较
2.7	35.46	92.3%	节约用地7.7%
2.8	36.36	100%	0%
2.9	37.14	102.1%	多用地2.1%
3.0	37.98	104.5%	多用地4.5%

第二篇 民用建筑设计

第八章 住宅建筑设计

住宅是人们居住生活的空间，是人类生存的必然产物，它与自然环境、地区特点、民族风俗和生活习惯密切相关，它随着人类社会的进步和人们生活水平的提高而不断变化、更新和发展。

我国解放以后，特别是改革开放之后，住宅建筑有了很大的发展，近几年来，为改变城市用地紧张及美化城市环境，高层等新型住宅建筑在各大中城市拔地而起。住宅建筑设计正朝着改善功能、节约土地、节约能源、多样化和标准化的方向发展。

第一节 住宅建筑的基本内容

住宅一般是由一套或多套组成一个单元，然后由多个单元组成一幢住宅。由此可见，套（有时又称为户）是我们进行住宅设计的基本单位，在这个基本单位中包括有居住部分、辅助部分、交通部分和其他部分。居住部分包括卧室和起居室等；辅助部分包括厨房、卫生间、厕所等；交通部分包括过道、楼梯、前室等；其它部分包括贮藏空间（如贮藏室、壁柜、搁楼、搁板等）和室外部分（如庭院、阳台等）。每个部分均有各自的特点和功能要求，同时相互之间又存在着一定的内在联系。因此，合理设计这个基本单位，是住宅建筑设计中的一个主要内容。

一、居住部分的设计

居住部分主要包括起居室和卧室，它是住宅设计的核心内容，它的功能要求比较复杂，一般包括起居、休息、学习三个方面的主要功能，有时根据具体情况也可以将饮食和家务组织在居住部分。

套内大多数都不止一个房间，一般设有 1～4 个居室，居室的设计主要应考虑不同地区的特点、文化传统、使用对象、功能要求、家俱设备布置及必需的活动空间，根据这些方面来确定房间的大小、形状及组合关系，要合理确定门窗开设大小和位置，同时要综合考虑居室的朝向、采光、通风、保温、隔热以及技术经济等因素。

（一）卧室

卧室是供人们睡眠、体息、有时兼作学习的空间。卧室要求安静，应合理分隔，不宜互相串通，避免互相干扰。卧室应有直接采光、自然通风，当通过走廊等间接采光时，应满足通风、安全和私密性要求。卧室要有好的朝向，夏天避免阳光直射，冬天应具有一定的日照和保温性能。

卧室分为主要卧室和次要卧室。主要卧室一般是供家庭主要成员居住，家俱布置主要是一个双人床或两个单人床及其它相应家俱，兼学习用房的还可以布置书桌、书架等。次要卧室是供家庭其他人员居住的，一般设一个单人床（单人卧室）或两个单人床（双人卧室）及其它相应的家俱。

在进行家俱布置时，床位一般不宜设置在窗口下，以防止小孩爬窗而发生危险，同时靠窗布置时冬天较冷，夏天不好挂蚊帐，且床位设在窗口也容易飘雨。一般应将床位布置在光线较差处，而把书桌等要求光线好的家俱布置在窗口附近。

卧室的平面设计应尽量做到室内的活动面积较完整，要尽量做到活动面积与交通面积综合使用，尽量减少交通面积，设置门窗时应尽可能考虑有利于保留较多的完整墙面，一般情况下门的设置应尽量集中在一侧或一角。

卧室的开间进深尺寸主要根据家俱布置的尺寸来确定，家俱与家俱之间应留有一定的空隙（如图8-1c）。

卧室的开间尺寸一般可以由床的长度加门的宽度再加上墙体厚度来确定（图8-1c），一般大卧室的开间不小于3.3m，中卧室开间一般为2.7～3.3m，小卧室开间常采用2.4～2.7m。进深的尺寸变化较大，它与卧室的家俱布置及使用要求有关。不论开间或进深尺寸均应符合建筑模数的要求。同时，双人卧室的面积不小于9m²，单人卧室的面积不小于5m²。对于一般标准的住宅，大卧室12.5～15m²，中卧室8.5～10.5m²，小卧室5～8.5m²。图8-1为卧室的平面布置举例。

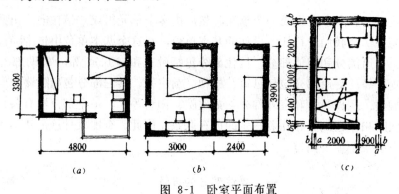

图 8-1 卧室平面布置

当套内有两个以上卧室时，由于平面组合及交通方面的原因，可能会不可避免地出现穿套，所谓穿套就是指通过一个卧室才能到达另一个卧室。穿套的方式可以采用左右穿套和前后穿套两种。左右穿套（图8-2a、b）不容易组织穿堂风。前后穿套（图8-2c、d）可以使两个房间具有良好的穿堂风，自然通风条件好。在设计套间时，应注意考虑门的设置位置，尽量减少穿越距离，注意减少相互之间的干扰，对要求私密性高和要求安静的房间不宜作为穿越房间。穿套房间的相互干扰较大，在设计中应尽量避免，特别要防止出现一穿到底的布置方式。

（二）起居室

起居室是家庭集体活动的空间，是家庭活动的中心，它是供人们休息、会客、娱乐的场所，有时还供进餐用。起居室往往还兼作套内的交通枢纽，与各部分（如卧室、厨房等）的联系要方便，与住宅的进户门最好是直接相连，由于门较多，应尽量集中布置，避

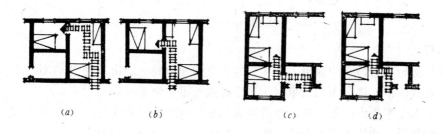

(a)   (b)   (c)   (d)

图 8-2　居室套间门的位置比较

免过多的穿越。

　　起居室的设计要满足居住功能的需要，应具有稳定的可供起居、进餐的活动区。起居室的家俱布置不宜太多，以保证有足够的活动空间，对于较大的起居室，可利用家俱设备等布置进行活动空间分区。起居室常布置的家俱有：沙发、餐桌（应考虑与厨房联系方便）、食品柜、电视机、有时还可布置冰箱和音响设备等。图8-3为起居室平面举例。

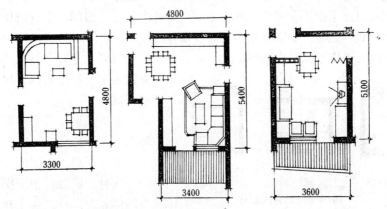

图 8-3　起居室平面布置

　　起居室应争取有良好的朝向和景观，可开设较大的窗户，起居室如能与生活阳台相连是比较理想的，起居室宜直接采光和自然通风，其面积不小于10m²。

　　（三）卧室兼起居

　　卧室兼起居的情况，对于小面积住宅来说是经常采用的，设计时，房间面积不宜小于12m²。在进行平面布置时，主要应注意床位的布置与起居空间应有一定的分隔，家俱布置力求简洁（图8-4）。

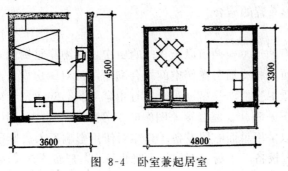

图 8-4　卧室兼起居室

二、辅助部分的设计

（一）厨房

住宅中的厨房一般均为一户独用，是住户的主要辅助房间。厨房应设置炉灶、洗涤池、案台、固定式碗柜（壁龛或搁板也可）等设备或预留其位置。

厨房的面积大小主要由设备布置、燃料堆放和操作空间等因素决定，设备布置宜紧凑，以减少人们往返走动的距离和方便操作。厨房的面积应符合下列规定：

（1）采用管道煤气、液化气灌为燃料的厨房不应小于3.5m²；

（2）以加工煤为燃料的厨房不应小于4m²；

（3）以原煤为燃料的厨房不应小于4.5m²；

（4）以薪柴为燃料的厨房不应小于5.5m²。

厨房朝向要求不高，可以不占用好的朝向，但一般应有外窗，以利油烟气的排出。

厨房的形式有独立式、穿过式和壁龛式三种。

1.独立式厨房

独立式厨房是指出入厨房只有一个门，是一个独立的房间，是目前住宅设计中常见的一种平面形式，它有三个完整墙面可布置设备。

设备的布置应考虑操作顺序（洗、切、烧），同时要注意开窗对设备布置的影响，独立式厨房一般经套内交通空间与其它房间取得联系。

独立式厨房设备布置的一般形式有三种：

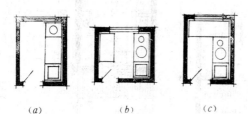

（a）　　　　（b）　　　　（c）
图 8-5　独立式厨房

（1）单面布置

这种布置方式便于操作，设备可按操作顺序布置，可以减小开间，一般净宽不小于1.4m。这种形式在厨房设备数量减少，尺寸较小时采用（图8-5a）。

（2）双面布置

这种布置形式是在厨房的两对边布置设备，它不太便于操作，占用的开间较宽，所以双面布置设备的厨房净宽不小于1.7m（图8-5b）。

（3）L形布置

这种布置方式可以充分利用厨房的墙面，操作比较方便，当设备数量较多、尺寸较长时可采用这种方式（图8-5c）。当设备更多时还可以采用凹形方式进行布置，凹形布置实际上是双面布置与L形布置的结合。

2.穿过式厨房

穿过式厨房是指有两道（或两道以上）门的厨房，必须穿过厨房才能到达另一个房间（或阳台）。设计时可以将交通与操作空间综合利用，但对厨房设备布置影响很大，干扰也较大，同时还不便于卫生清洁。穿过式厨房有角穿（图8-6a）、竖穿（图8-6b）、横穿（图8-6c）、斜穿（图8-6d）、复合穿（图8-6e）等形式。

角穿和竖穿均可以采用单面布置设备，角穿对使用影响不大；竖穿的穿行路线较长；横穿一般采用双面布置设备，当厨房面积较大时也可作L形布置；斜穿一般采用对角布置

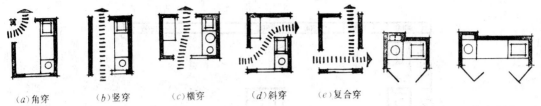

(a)角穿　　　(b)竖穿　　　(c)横穿　　　(d)斜穿　　　(e)复合穿

图 8-6　穿过式厨房　　　　　　　　　　　　图 8-7　壁龛式厨房

设备，但穿行路线也较长，使用不方便；复合穿交通面积大，设备很不好布置，使用不方便，一般不在万不得已的情况下，尽量不采用这种穿过形式。

3.壁龛式厨房

壁龛式厨房是将设备布置在壁龛内，设置折叠门、推拉门或百叶门等与其它空间隔离开来（图8-7），当壁龛深大于1.2米时可以关门操作，小于1.2米时则开门操作，厨房操作空间为所在房间的空间，面积得到充分利用，操作时将门打开，不操作时将门关上。壁龛式厨房最好直接与用餐房间联系在一起，以方便使用。

壁龛式厨房必须采用电能或管道煤气，并应设机械排烟装置，炉灶部分应有防火安全措施，其深度不得小于0.5m。

壁龛式厨房内的设备应尽量从简，一般设置洗池、案桌、炉灶。

由于我国居民的生活方式和习惯，这种厨房形式在实际工程中采用较少。

4.厨房的细部设计

厨房设计时要考虑燃料、炊具、餐具、粮菜等的贮藏，要尽可能的利用厨房的内部空间，尽量不另占面积，可设置嵌墙壁柜、吊柜、搁板之类的贮藏空间，设置高度要考虑存取方便，常用的物品不宜放得太高，案桌和水池下部空间可用来存放燃料、粮食和蔬菜。

在较大的厨房内可以布置餐桌兼作进餐用，使用方便，便于卫生清扫，但应对油烟有较好的处理。厨房墙面和地面要便于清洗。还要考虑给排水设备的位置和对设备布置的影响问题。厨房垃圾较多，特别是不用煤气的厨房，当层数较多时可以设置共用垃圾道，垃圾道一般设置在楼梯间的适当位置。

（二）卫生间

卫生间是用来便溺、漱洗、沐浴之用，有时还包括洗涤，如仅只用来便溺的可称为厕所。

卫生间的设备布置与住宅的标准等级、生活水平及生活习惯有关。标准不高的住宅，在卫生间内只设置大便器（或蹲位），沐浴可采用移动式浴盆（或装置淋浴龙头），漱洗可利用厨房进行。标准较高的住宅可在卫生间内设置大便器、浴盆、脸盆三大件。根据我国目前的实际情况，在卫生间内可考虑设置洗衣机，但应适当增加面积和设置电源插座。卫生间内还应考虑设置存放肥皂和手纸的壁龛及挂衣钩等。

卫生间的设备布置宜紧凑，以便节约面积，有条件的可将便溺、沐浴与漱洗适当分隔。平面设计时要注意考虑给排水管道的布置。图8-8为厕所卫生间平面布置举例。

卫生间，厕所的面积不应小于下列规定：

外开门的卫生间　　1.8m²

内开门的卫生间　　2.0m²

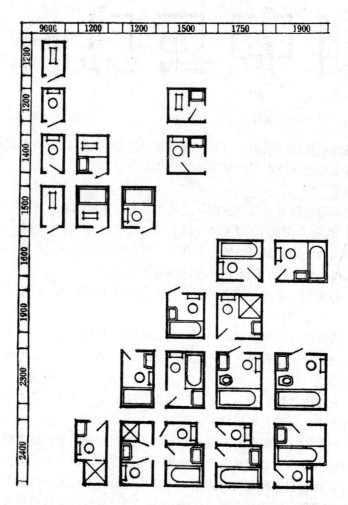

图 8-8 卫生间、厕所平面布置

外开门的厕所　1.1m²
内开门的厕所　1.3m²

在多层住宅中，卫生间、厕所不宜设在卧室、起居室和厨房的上层，如必须设置时，其下水管道及存水管水弯不得在室内外露，并应有可靠的防火、隔声和便于检修的措施。

卫生间、厕所一般不占用好的朝向、可布置在北向，最好能直接采光，必要时可做成暗厕，但必须设置通风道，并组织好进风和排气。

卫生间（或厕所）的地面和墙面应考虑防水，地面一般可做成水泥砂浆、水磨石、马赛克和面砖等，墙面可做成0.9～1.2m高的墙裙，材料可与地面相似。为防止卫生间、厕所地面的水流进其他房间，其地面可降低30～60mm。

标准很低的住宅可设置合用厕所，单层住宅也可设置公用厕所。

三、交通部分的设计

交通部分分为户内交通与户外交通。户内交通是指套内各房间联系所必须的通行空间，户外交通是套与套及层与层之间相互联系的公共交通空间。

户（套）内交通一般是指过道、前室和户内楼梯。公共交通一般分为垂直交通与水平交通，垂直交通为楼梯、电梯等，水平交通为门厅、走道等。

（一）户（套）内过道和前室

过道是套内各房间联系所需的交通空间，为满足使用要求，将过道扩宽便成为前室，户内过道的设置可以有效地防止房间的穿套，过道与前室还可以起隔音和缓冲的作用，但均需占用一定的面积。

作交通用的过道，应考虑家俱搬运所需的空间尺度。一般情况下，通往卧室、起居室的过道净宽不宜小于1m，通往辅助用房的过道净宽不应小于0.8m，过道在转弯处的尺度应便于搬运家俱。

充分利用过道和前室空间是住宅建筑设计中一个值得注意的问题。在前室和走道的隐蔽处可以考虑存放小件物品。前室靠近卫生间时，可以和卫生间有效地联系起来，在前室内设置脸盆或洗衣机等。较大的前室（又称过厅）可以兼作进餐或起居（图8-9）。

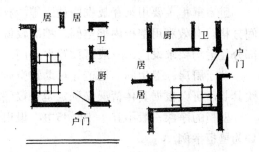

图 8-9 前室

走道和前室的采光可以稍差一些，一般可利用其他房间间接采光，如能直接采光当然更好。

（二）户（或套）内楼梯

当一套内占有两层或两层以上空间时需设置户内楼梯，户内楼梯的梯段净宽，当一边临空时，不应小于0.75m，当两边为墙面时，不应小于0.9m；户内楼梯的踏步宽度不应小于0.22m，高度不应大于0.2m，扇形踏步在内侧0.25m处的宽度不应小于0.22m。

（三）公共交通（楼梯与走廊）

住宅中的公共楼梯主要是解决住户的垂直交通，楼梯间应有天然采光和自然通风，其平面位置如不受地形和道路走向的限制，一般在北向，不占用好的朝向。梯段净宽不应小于1.10m（六层及六层以下单元式住宅中，一边设有栏杆的梯段净宽可不小于1m）。楼梯踏步宽度不应小于0.25m，踏步高度不应大于0.18m，扶手高度不宜小于0.9m。楼梯平台的净宽不应小于梯段净宽，并不得小于1.10m，楼梯平台的结构下缘至人行道的垂直高度不应低于2m。

住宅楼梯一般设计成双跑，也可采用直跑等其他形式，双跑楼梯的梯间宽度常用2.4m、2.7m、3.0m。

七层及七层以上住宅，或最高住户入口层楼面距底层室内地面的高度在16m以上的住宅，应增设电梯。十二层及十二层以上的住宅宜设置二台以上的电梯。

一般住宅的出入口处均应按邮电部门的规定设置信报箱。

公用走廊的净宽一般常采用1.2~1.5m，外廊的栏杆高度不应低于1m（中高层、高层住宅不应低于1.1m），高层住宅中作主要通道的外廊宜做成封闭外廊，并设置开启的窗扇或通风排烟设施。

四、其它部分的设计

（一）贮藏空间的设计

贮藏空间的设计在住宅设计中也不容忽视，如果能合理设计，一则可以为住户的生活带来极大的方便，二则也可以改善室内的空间环境，提高人们的居住水平。

贮藏空间设计的基本原则应是：有利家俱布置，不影响室内环境，尽量少占建筑面积，存取方便。

贮藏空间的一般形式有：壁柜、壁龛、吊柜、搁板、贮藏小室。

1.壁柜

卧室壁柜主要用来存放衣服被褥等，衣服可以悬挂和平放，故壁柜内部应合理考虑空间分格，有效利用壁柜内部空间。档次较低的壁柜可以不设门而由住户自用布帘遮挡，大部分住宅均要求设门，一般可设置平开门，以便于存取。

位于厨房、卫生间、过道等辅助和交通部分的壁柜，一般主要用来存放杂物、食品、炊具等，可以根据具体情况来确定是否设门。

壁柜的净深一般不宜小于0.45m，但用于卧室的和用于辅助房间的应区别对待。图8-10为壁柜举例。

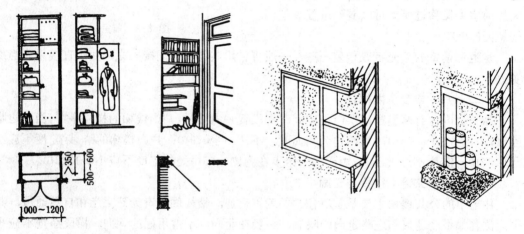

图 8-10　壁柜　　　　　　　　　　　　　图 8-11　壁龛

2.壁龛

所谓壁龛是在墙身上留出一个空间来作为贮藏设施，由于其深度受到构造上的限制，故通常从墙边挑出0.1～0.2m左右。壁龛可以用来作碗柜、书架等，这是住宅设计中常采用的一种贮藏方法（图8-11）。它既不占用建筑面积，而且使用也比较方便。但其位置设置必须考虑家俱的布置和使用方便，同时特别要注意墙身结构的安全问题。

3.吊柜和搁板

吊柜和搁板主要是利用距地2m以上的靠墙上部隐蔽空间，深度视贮藏用途而定，一般在600mm左右。

搁板一般可采用简支或悬挑（图8-12），搁板一般不封闭。

吊柜可以在搁板上做门，也可以采用专门的吊柜，吊柜的净空高度一般不小于0.35m（图8-13）。

吊柜和搁板主要存放一些不是经常存取的物品，由于是利用上部空间，结构下部的净高要保证人行通过的需要，一般不小于 2 m。

有时为满足用户需要还可以设计嵌墙搁板，用作存放书籍、饮具、食品、鞋子等物（图 8-14），深度一般在 300mm 左右为宜。

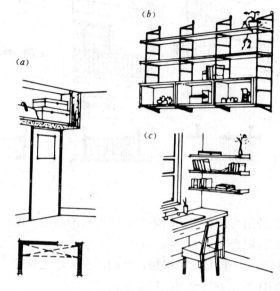

图 8-12 搁板

4.贮藏小室

对于标准较高的住宅可设计单独的贮藏间，它是专门存放箱子或其它物品的贮藏小室，贮藏室可以是暗室，但要注意防潮问题，同时宜设置在较隐蔽处，贮藏室的尺寸应考虑箱子等物品的大小。

（二）阳台的设计

阳台按用途可分为生活阳台和服务阳台。生活阳台是供人们生活起居用，是一种户外活动空间，一般设在居室外面。服务阳台一般设在厨房外面，供堆放杂物和生炉子用。也可以将生活阳台和服务阳台合并使用。生活阳台的宽度一般不小于 1.2m，服务阳台一般不小于 1 m。

图 8-13 吊柜

图 8-14 嵌墙搁板

按阳台的形式可以分为以下几种形式的阳台：

1.凸阳台

这种阳台一般采用悬挑结构。其特点是凸出房屋外墙，有较广阔的视野，通风良好，不占或少占建筑面积，但其隐蔽性较差，户与户之间的视线干扰大，且容易飘雨（图 8-15 a）。

2.凹阳台

凹阳台是指三面靠墙一面临空。这种阳台隐蔽性好，能够防雨，起居方便，但视野欠开阔（图 8-15 b）。

3.半凸半凹阳台

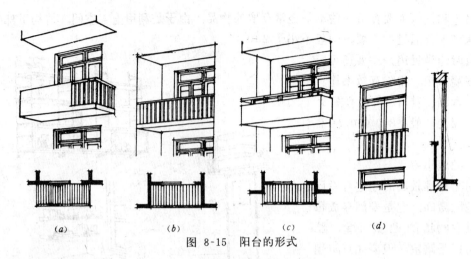

图 8-15 阳台的形式

此种阳台兼有上述凸阳台和凹阳台的功能（图8-15c）。

4.假阳台

假阳台一般是指利用居住空间，在外墙上设置落地窗，这种阳台可以将室内空间和室外空间联系在一起（图8-15d）。

阳台应设置晾晒衣物的设施，顶层阳台应设雨篷，各套住宅之间互相连通的阳台应设置分隔板。阳台地面一般应比室内地面低3～6cm，同时还应解决排水问题。

第二节　住宅的主要技术经济指标

根据国民经济发展的实际情况，我国对住宅设计制定了一定的标准和技术经济指标，在设计住宅时，要遵循这些标准，计算出一定的技术经济指标，努力在有限的建筑面积内设计出功能齐、造价低、美观大方的住宅建筑。

一、套内使用面积

一幢住宅是由许多套(户)组合而成，住宅的套形有大、中、小三种。小套的使用面积不小于18m²，中套的使用面积不小于30m²，大套的使用面积不小于45m²。

套内使用面积的计算应符合下列规定：

（1）套内使用面积包括卧室、起居室、过厅、过道、厨房、卫生间、厕所、贮藏室、壁柜等分户门内净面积的总和；

（2）跃层住宅中的楼梯按自然层数的面积总和计入使用面积；

（3）不包含在结构面积内的烟囱、通风道、管道井均计入使用面积；

（4）内墙面装修厚度均计入使用面积。

将每套的使用面积加起来便是一幢住宅总套内使用面积，单位为平方米。

二、总建筑面积

总建筑面积应包括各套内使用面积以及户外楼梯间面积及结构面积等，建筑面积的计算可按国家有关文件规定进行。

三、平均每套建筑面积

$$平均每套建筑面积 = \frac{总建筑面积}{总套数} \quad (m^2/套)$$

平均每套建筑面积是国家控制住宅标准的政策性规定。不同地区、不同居住对象都有不同的标准规定，一般分为下列四个类别：

Ⅰ类　42～45m²/套

Ⅱ类　45～50m²/套

Ⅲ类　60～70m²/套

Ⅳ类　80～90m²/套

四、使 用 面 积 系 数

$$使用面积系数 = \frac{总套内使用面积}{总建筑面积} \times 100\%$$

使用面积系数反映了住宅设计中使用面积占整个建筑面积的百分率，使用面积系数以大者为优。在高层住宅设计中，应尽量提高使用面积系数，即尽可能增加使用面积，这样可以充分发挥经济效益，其它一般住宅也应这样做。这就要求其它面积（如结构面积）尽可能小，要积极鼓励采用新材料、新结构，以减小结构所占面积，同时应合理使用其它建筑面积（如交通面积）。

五、单 方 建 筑 造 价

$$单方建筑造价 = \frac{房屋总造价}{总建筑面积} \quad (元/m^2)$$

房屋总造价包括土建部分和设备部分（水、暖、电）。这项指标与住宅的设计标准、结构选型和施工方案直接相关，它是有关部门审批设计和投资时控制的一项主要经济指标。

六、套 型 比

套型比是指各种套型（大、中、小）在总套数中所占的百分比。套型比与平均每套建筑面积的类别有关。一般情况下，Ⅰ类标准可以考虑中小套结合，Ⅱ类标准可以考虑大、中套结合，也可以大、中、小套结合。

七、平 均 每 套 面 宽

每套面宽是指每户在开间方向所占的外墙宽，若面宽小则进深大，若面宽大则进深小。合理的面宽与所处地区和居住习惯有关，一般平均每套面宽以小者为优。

$$平均每套面宽 = \frac{总面宽}{总套数} \quad (m/套)$$

第三节　住宅的平面组合

一、住宅平面组合的基本原则

住宅平面组合的基本原则一般有以下几点：

1.合理确定套型比

根据建设单位提出的设计任务书进行调查研究，合理确定所设计住宅的套型比，尽量做到分户明确。

2.以居住行为模式作为住宅设计的主要依据，合理确定平面类型

住宅设计应以居住行为模式作为设计的主要依据，不同的居住行为模式对住宅设计有不同的要求。生存型住宅是以"食寝"为主，小康型住宅则以"起居"为主，所以一般设计成"食寝"分离的小厅式住宅和"住得下、分得开"的小面积多空间住宅。近几年来，特别是改革开放以来，人们的居住行为模式发生了很大改变，同时各类家电进入家庭，他们已不满足生存型和小康型了，逐步向舒适型发展，要求以起居活动为主的大厅或起居室型的住宅。

平面类型根据居住行为模式进行选择，它与气候特征，人们的生活习惯、朝向通风等密切相关，各种不同的平面类型有各种不同的使用特点和适用范围，同时平面类型的选择也直接影响建筑的造型。

3.注意标准化和多样化的完美统一

建筑平面形状力求简洁，体型不宜过于复杂，要便于建筑结构的设计和构配件标准化，同时要考虑方便施工，可运用异型定型的原理，既满足工业化的要求，又具有多种组合的条件，做到标准化和多样化的完美统一。

4.充分利用建筑面积

设计时应在有限的建筑面积内，在满足使用功能的前提下，尽可能增加套内使用面积，特别是居住部分的使用面积，努力提高经济效益。在手法上，要采用新技术，实现灵活空间的设计，增加住宅的应变能力，使住宅具有一定的可选性和可变性。

5.严格控制技术经济指标

住宅的建筑面积、单方造价等都是国家严格控制的技术经济指标，建筑设计中一定要按有关文件规定进行。注意建筑标准、节约用地和降低造价。

二、平 面 组 合 方 法

前面已对住宅中的各部分进行了研究和分析，而住宅是一个整体，它是由各基本部分（即居住部分、辅助部分、交通部分及其它部分）组成套（户），再由套组合成单元，再由单元组合成一幢住宅，即套→单元→幢，这是住宅平面组合的基本方法。一幢住宅中有端部单元和中间单元，住宅设计时可将多个单元进行拼接，各层相同时可设计成一个标准层，若各单元相同时又可设计成一个标准单元，图8-16为单元组合示意。

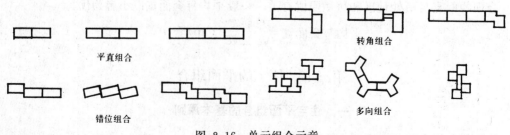

平直组合　　　　　　　　　　　　　　　　　　转角组合

错位组合　　　　　　　　　　　　多向组合

图 8-16　单元组合示意

146

三、单元平面的类型

单元平面的类型一般常采用下列几种形式：

（一）内廊式

内廊式住宅的特点是各分户门全在建筑的中部，与公共楼梯、走道相联系，它的交通紧凑，入户门不直接受室外寒风影响，故保温性好。内廊式有长内廊与短内廊之分，长内廊一个楼梯服务套数较多，一般 6～8 套，它可以节约交通面积，经济性好，但干扰大，环境差，分套与朝向等在设计中不太好处理，故在实际工程中较少采用。

短内廊一个楼梯间服务套数少，一般每层不超过 4 套。特别是一梯两套，是比较受欢迎的一种平面形式，单元内各套集中，户内干扰小，平面紧凑，每套都是双朝向户，占建筑的全进深，每套面宽较小，进深较大，保温防寒好，容易满足朝向和通风的要求，南北方均适宜。

短内廊中仅用楼梯间范围内的走道作为公共走廊的，有时又称为梯间式住宅。内廊式楼梯间的入口一般设在北向，以增加南向房间，根据需要也可设在南向。图8-17为内廊式住宅平面形式举例。

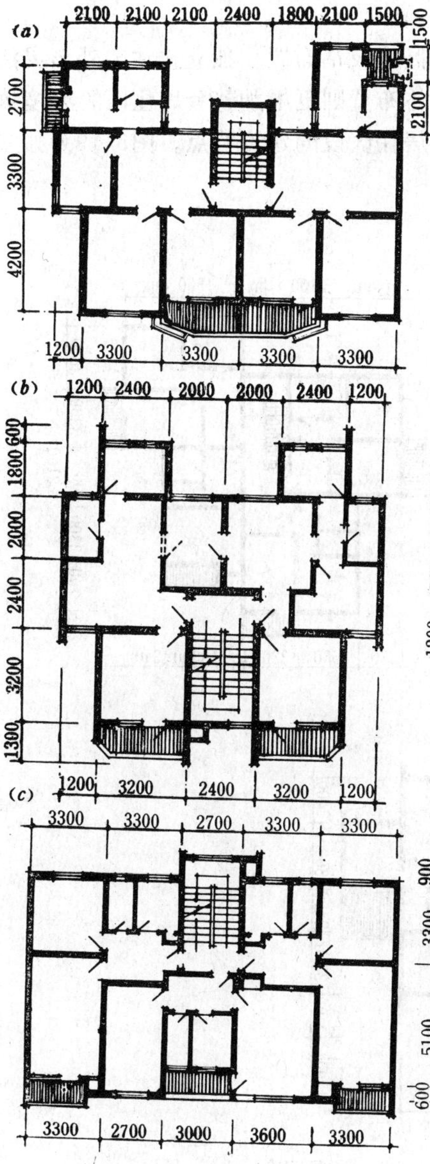

图 8-17　内廊式住宅

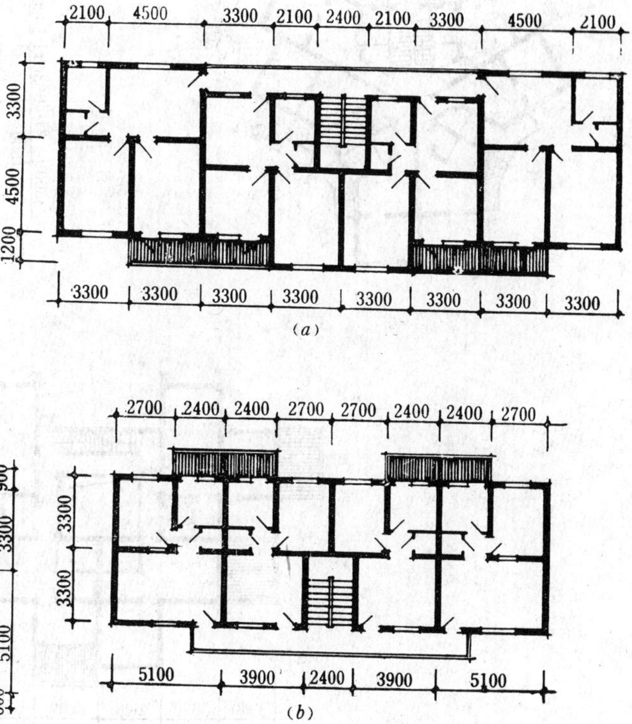

图 8-18　外廊式住宅

（二）外廊式

外廊式的主要特点是从建筑物的外墙一侧进入各套，每套都可以占建筑物的全部进深，具有良好的朝向和通风，外廊可作为公共交通，也可作为公共活动场所。外廊式住宅套与套之间干扰较大，进套门直接对外，保温防寒差。

外廊式可以是南外廊和北外廊，也可以是长外廊或短外廊，应根据不同地区、不同气候条件、不同的使用要求等因素进行选择。图8-18为外廊式住宅举例。

（三）独立式

独立式住宅一般是指一个单元独立而不互相拼接的住宅类型。

独立式住宅的外墙四面临空，每套均有较好的日照、采光和通风条件较好、开窗机会多、群体遮挡少，视野开阔。但独立式住宅体型一般较复杂，且一般均设计成一梯多套，所以朝向通风问题有时不太好处理。

独立式住宅占地少，可以很好地利用地形，沿等高线灵活布置。独立式住宅外形灵活多变，体形美观，容易满足建筑艺术的要求，若是群体布置则更增加整个居住区的环境效果，甚至可以利用独立式住宅的体型特点来展示一个居住区段的建筑特点。图8-19为独立式住宅的平面形式举例。

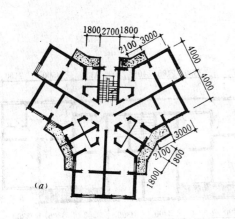

(a)

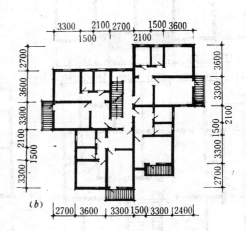

(b)

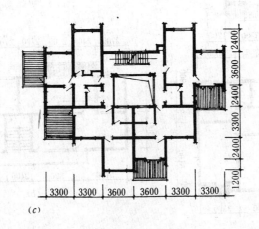

(c)

图 8-19　独立式住宅

第四节 住宅的层数与层高

一、住 宅 的 层 数

住宅层数的确定应根据地形、使用要求、施工条件以及城市规划对建设地段的规划要求进行。

一~三层为低层住宅，四~六层为多层住宅，七~九层为中高层住宅，十~三十层为高层住宅。层数越多，竖向交通问题显得越重要，故七层及七层以上的住宅应增设电梯，十二层以上的住宅每栋楼不少于两台电梯。对于高层住宅的防火设计应按有关规范规定进行。

二、层 高 和 净 高

层高的确定对满足使用要求和降低造价显得比较重要。一般情况下，层高每降低或提高10cm，建筑造价便可降低或提高1%左右。故住宅设计，在满足使用空间要求的前提下，层高不宜太高，规范规定住宅层高不应高于2.8m。同时规定卧室、起居室的净高不应低于2.4m，其局部净高不应低于2 m；厨房的净高不应低于2.2m；卫生间、厕所、贮藏室的净高不应低于2 m。

第五节 住宅的群体布置

住宅群体是居住小区中的重要组成部分之一，它的布置应满足居住小区规划设计的要求。

住宅群体布置应从整个居住区的使用、卫生、美观、经济要求和道路、绿化等周围环境的协调来确定其布置形式。

一、布 置 形 式

住宅群体布置的形式一般有以下几种：

（一）行列式

行列式是住宅群体布置的一种基本组合形式（图8-20a），这种形式中的每幢住宅均具有良好的朝向，可利于道路和管网的布置，施工定位放线比较方便。但这种形式比较单调呆板，很难形成一个完整的庭院绿化活动空间。

（二）周边式

周边式是沿建设场地四周布置（图8-20b）。这种形式的特点是用地比较紧凑，中间可以围成一个绿化地带及活动空间，场地大的中心可以形成一个小型公园式庭院，供人们休息娱乐之用，对美化环境大有好处。但这种布置方式一般很难解决好朝向与通风的问题，对于日照和通风有严格要求的地区不宜采用这种形式。

（三）混合布置

混合式是将行列式和周边式结合使用的一种形式（图8-20c）。它具有两种形式的优

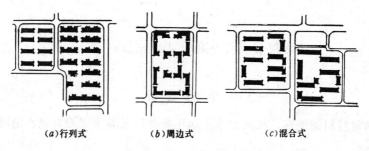

|(a)行列式|(b)周边式|(c)混合式|

图 8-20 住宅群体布置形式

点，周边布置一些服务性公共建筑，有利于改善城市街道景观，改善了行列式单调呆板的缺点，这种形式在庭院组织、日照、通风、道路、管线等方面均比较有利，是一种经常采用的布置形式。

除此以外，住宅群体布置还有其它一些形式，如自由式、点式组群和条点结合组群等。

二、住宅群的日照通风与房屋的间距

我国地域辽阔，各地对日照均有不同要求，但在一般情况下，大部分地区住宅的朝向为朝南或南偏东或南偏西。在进行住宅群体布置时，应保证有一定的日照时间，同时应保证具有一定的通风条件，这就牵涉到房屋的互相遮挡的问题，因此建筑物的高度与间距应有一定的要求。具体要求详见第六章第一节。

第六节 大空间住宅、复式住宅和住宅商品化介绍

我国近几年来，由于经济的发展，住房制度的改革，人们生活水平的提高和居住心理的改变，以及城镇建设事业的需要和国外住宅设计及建设的影响，在我们住宅设计和建设中出现了一些新的观念和理论，主要有大空间住宅设计、复式住宅设计和商品住宅等。这些观念和理论在我国还处在起步阶段，还有待我们去进一步探索和完善。

一、大 空 间 住 宅

大空间住宅又称为大开间住宅或灵活空间住宅，有时又称为活动空间住宅。一般住宅设计尽管有多种套型品种和档次供住户选择，但还是不可能完全符合所有住户的需要。采用大空间，灵活隔墙，实行构配件家具等系列配套，让住户自己参与设计，能提高住宅内部空间的灵活性和可变性。

大空间住宅是一种在工业化大生产的条件下，高度体现居住者意愿的住宅类型。这种设计的基本方法通常是只把楼梯间、卫生间（有时包括厨房）作为基本的不变体，其它的则采用一个大空间可变体，为住户提供一个室内空间设计有充分灵活度的结构体，由住户按照自己的意愿进行空间分隔和装修设计。

大空间住宅主要是要解决好隔墙板防火、隔音以及连接等问题，作为空间分隔用的轻质隔墙板目前已开始进入商品市场，住户可以根据自己的需要进行选购。大空间住宅在我

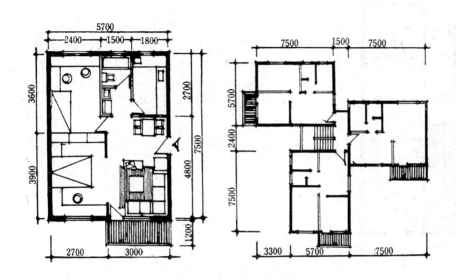

图 8-21　大开间住宅

国虽然只是刚刚起步，但日益受到住户的喜爱，有较强的生命力。图8-21为大开间住宅设计举例。

二、复 式 住 宅

复式住宅是近几年出现的一种新型的住宅形式。其主要设计思路是根据人体尺度和人体活动所需空间尺寸，活跃内部层高，使家俱所需空间与活动空间有机结合，合理巧妙地布置一些夹层，在有限的建筑面积中获得更多的使用面积，充分发挥住宅内部空间的使用效率，力求创造出经济合理的复合式空间。

在设计手法上，以人们在住宅内部的各种活动特点为依据，将普通住宅中的无用空间（如床下，柜顶等）进行合理利用，做到该高则高，该低则低，高低结合。对于公共活动部分（如客厅）则采用高大、开敞、明亮的处理手法，对私密性较强的部分（卧室等）则可采用矮小、封闭的处理手法。合理组织好采光、通风、解决好结构、构造等技术问题，为人们创造出一个良好的居住环境。

复式住宅与普通住宅相比较，复式住宅具有使用面积大，节约城市用地，降低住宅投资等特点。

图8-22为香港李鸿仁先生研究设计的复式住宅。住宅层高为3.3m，建筑面积为33m²，户内形成几个独立的生活分区，复层上下不用垂直爬梯而采用踏步，且均有保证卧、坐、立活动自如的空间，配以全套新颖、经济适用的复式空间家俱，巧妙地布置夹层，形成空间的重复利用，使得使用面积达到了56m²，比建筑面积增加75%，其使用面积系数大大超过了普通住宅。复式住宅由于住宅空间体积的压缩，则可以节约用地10～20%，节约投资20～30%。由此可见，复式住宅是一种用地少，投资省的住宅形式，对于用地紧张的大中城市、旧城改造建设尤为适用。

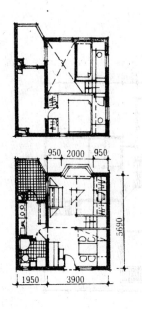

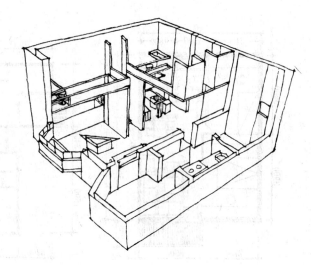

图 8-22 复式住宅

三、住宅的商品化

解放以来，由于我国的经济建设还比较落后，城市人口增长较快，加上城镇居民的住房主要是采用由国家统包、低租分配的制度，所以，尽管住宅建设取得了巨大成就，但城镇居民的住房问题还是没有得到完全解决。关键问题就是我国的住房制度没有把住宅列入商品范畴，国家用于住宅建设的大量投资不能回收，不能出现经济上的良性循环。钱花了，住宅也建了不少，但城镇居民的居住没有根本解决，国家的包袱反而越背越重。

随着国家住房制度的改革，国家逐步不再统包，谁住房谁出钱，把住宅作为商品进入消费市场，使城镇的住房建设出现经济投出与回收的良性循环。也就是说，国家投资建住宅，然后将住宅作为商品出售或高租出租，收回资金后作为下一轮住宅建设的投资，也可以采取居民先集资后建房的方式，这就是住宅商品化的基本思路。

既然是商品，就存在商品的价值问题和居民选购的问题。不受欢迎的住宅是卖不出去或租不出去的，所以，对住宅的设计提出了新的要求，要求设计者更新设计观念、设计理论和设计方法，要树立起商品意识，以满足多层次的住宅商品市场的需求。

过去的住宅建设是一种社会福利，住宅设计往往容易凭建设单位的行政意志办事，忽视按照居住行为模式来改善和提高居住功能质量，而是单纯追求大面积、高标准，出现住宅设计单一化问题。作为商品住宅设计，则应突出树立起市场观念和商品价值观念，因住宅的功能质量均直接影响其价格和购买率，所以，商品住宅的设计必须适用、舒适、精巧。

（一）商品住宅设计应以中小套型为主

从我国目前的经济情况、人民的实际生活水平和经济负担能力、我国的人口政策和城镇家庭人口结构的情况来看，中、小套型住宅在相当长的时间内还是受欢迎的，基本能满足大部分居民的居住要求，当然也应根据不同地区和对象设计出一些大套住宅。

（二）尽量提高住宅的综合经济效益

我国的城镇建设用地、能源、材料和资金都还是比较紧张的，设计中要充分考虑节约，标准适当，尽量提高经济效益，降低造价，真正做到住宅商品物美价廉。

（三）努力提高居住环境质量

要精心设计，尽量充分发挥平面的使用功能，不浪费建筑面积。对住宅的采光、通风、隔声、平面布局、平面尺寸、空间利用、厨房、卫生间、厅堂等设计均要精心安排，给住户创造出一个好的居住环境，使人们感到舒适和方便。

（四）住宅的功能质量上要多品种和多档次

住宅既然作为商品，就必然会有一个选购的问题。不同的居住对象，都会根据各自不同的生活水平、经济负担能力、家庭人口结构、居住心理要求及爱好来选购住宅，所以住宅设计不能单一化，应当有多种套型、多种类别的设计，在装修水平上有多种档次，以满足不同层次的住户选择心理。

（五）采用灵活的设计手法

无论住宅设计的类型和档次如何多样化，必竟有限，如果采取前面所述的大空间住宅设计，让住户自己根据需要进行第二次室内空间分隔设计和装修设计，则具有更大的灵活性。

目前，我国的住房制度改革正在稳步进行，商品住宅建设尽管还只是处于探索起步阶段，但发展还是较快的，不少城市已建成了相当数量的商品住宅，收到了良好的经济效益和社会效益。

第九章 托儿所、幼儿园建筑设计

托儿所、幼儿园是保育和教养学龄前儿童的机构。我国幼儿教育的特点是：托儿所以养为主；幼儿园教、养并重。我国规定托儿所是3岁前儿童集体保教的机构；幼儿园是对3~6岁幼儿进行学龄前教育的机构。

幼儿总数中进入幼儿机构的百分数称为"入托率"或"入园率"。但一般"入园（托）率"是按总人口的百分数或千人居民所占百分数（即千人指标）计算的。1980年国家建委提出教育部门在居住小区兴办的托幼机构的入园率按20~25座/千人。

第一节 概 述

一、托儿所、幼儿园的类型

（一）按管理方式分

1.独立管理的托儿所或幼儿园。即托儿所和幼儿园分别自成一个独立单位。这种托儿所或幼儿园性质较为单一，对管理、设备以及卫生保健等方面都比较简便。

2.混合管理的托幼机构。即托儿所与幼儿园合并设置，甚至还包括哺乳班。这种方式经济，但对防病隔离不利，管理较复杂。

（二）按受托方式分

1.日托制托儿所和全日制幼儿园。所谓日托制和全日制是指收托一天中早来晚归的幼儿，孩子在所或园里吃一顿午饭或早、中、晚三顿饭。这种方式建筑面积和设备都较经济，管理简便，人员编制少。同时孩子每日仍回家接受父母的爱护，对儿童各方面的健康发展是有利的。这是托幼机构的主要形式。

2.全托制托儿所和寄宿制幼儿园。全托制和寄宿制是指收托的婴、幼儿昼夜生活在托儿所或幼儿园内，每半周或一周或节假日由家长接回。这种托幼方式建筑面积较大设备较多，管理上较复杂。

二、托儿所、幼儿园的规模和组成

（一）规模

班数的多少是托、幼建筑规模大小的标志。托、幼建筑规模的大小除考虑其本身的卫生、保育人员的配备以及经济合理等因素外，尚与托、幼机构所在地区的居民居住密度和均匀合理的服务半径等因素有关。

幼儿园的规模以3、6、9、12班划分为宜，6~9班幼儿园居多。幼儿园按年龄一般分设小班（3~4岁儿童）、中班（4~5岁儿童）、大班（5~6岁儿童）。小班可容纳20~25人；中班可容纳26~30人；大班可容纳31~35人。

托儿所的规模一般不宜超过 6 个班。托儿所按年龄应分设：乳儿班（初生到10个月以前）、小班（11个月～18个月）、中班（19个月～2周岁）、大班（2～3周岁）。托儿所的乳儿班、小班和中班一般容纳15～20人；托儿所大班容纳21～25人。

全托制和寄宿制托、幼机构，各班人数可酌减。

托儿所、幼儿园的建筑面积及用地面积指标分别按表9-1考虑。其建筑密度不宜大于30%。

<table>
<tr><td colspan="3" align="center">托、幼建筑面积及用地面积指标</td><td align="right">表 9-1</td></tr>
</table>

类　　　　别	建 筑 面 积 （m²/人）	用 地 面 积 （m²/人）
托　儿　所	7～9	15～20
幼　儿　园	8～12	20～25

（二）托儿所、幼儿园建筑的组成（图9-1）

托儿所、幼儿园的基本组成分为：儿童使用部分；辅助用房和服务用房；以及室外活动场地等。

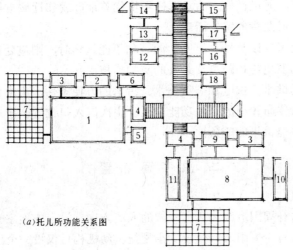

(a) 托儿所功能关系图

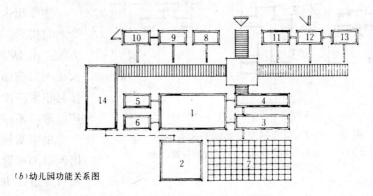

(b) 幼儿园功能关系图

图 9-1　托儿所、幼儿园建筑功能关系图

1.活动室（兼用餐）；2.卧室；3.盥洗、厕、浴；4.收容、衣帽；5.茶点；6.贮存；7.室外平台；8.乳儿室；9.哺乳；10.配奶；11.观察；12.办公室；13.医务；14.隔离；15.厨房；16.洗衣房；17.杂物院，晒衣场；18.儿童车库

儿童使用部分包括活动室、卧室、乳儿班的哺乳室、乳儿室、配奶间等和卫生间（厕所、浴室、盥洗），还有供儿童集体活动的音体室。

辅助用房包括卫生保健用房（医务室、隔离室等）和管理、教学用房（园、所长室、行政办公室、休息室、传达室等）。

服务用房主要有厨房、主副食库房、洗衣室和烘干室等。

室外活动场地则包括公共活动场地和班级用活动场地。

第二节　托儿所、幼儿园的用地选择及总平面布置

一、用 地 选 择

新建的托儿所、幼儿园应该有独立的建筑基地，一般位于居住小区的中心。

（一）托、幼机构的服务半径不宜太大，应使家长接送儿童的路线短捷，并能考虑到上、下班接送的顺路。适宜的服务半径不超过500m。

（二）日照条件好，通风良好。力求选择环境优美地区或邻近城市绿化地带，有利于利用这些条件和设施开展儿童的室外活动。

（三）周围环境无污染以及噪声等发生源。如不能远离时，则应处在当地常年主导风的上风向，并有足够的卫生防护距离及必要的防护措施。

（四）应有充足的供水、供电和排除雨水、污水的方便条件，力求各种管线短捷。

（五）基地应对总体布置中的合理功能分区、主次出入口位置、游戏活动、种植等场地的布置，以及绿化等提供可能的条件。

二、总 平 面 布 置

（一）出入口布置

出入口的设置应结合周围道路和儿童入园的人流方向，设在方便家长接送儿童的路线上。一般杂务院出入口与主要出入口分设，小型托、幼机构可仅设一个出入口，但必须使儿童路线和工作路线分开。

主要出入口内一般应形成一个入口部分，留出一定的用地供人流、车辆的停留、等候。主要出入口应面临街道，且位置明显易识别。次要出入口则相对地应隐蔽，不一定面临主要街道。

根据基地条件的不同，一般出入口的布置方式有：主、次出入口并设；主、次出入口面临同一街道（在同一方向）；主、次出入口面临两条街道（在不同方向）等形式（图9-2）。

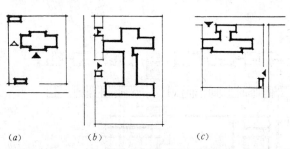

(a)　　　　(b)　　　　(c)

图 9-2　出入口与基地形状间的关系示例

（a）长方形地段、短边临街；（b）长方形地段、长边临街；（c）两边临街

（二）建筑物的布置

1.建筑朝向　要保证儿童生活用房能获得良好的日照条件。即冬季能获得较多的直射

阳光，夏季避免灼热的西晒。一般在我国北方寒冷地区，儿童生活用房应避免朝北；南方炎热地区则尽量朝南，以利通风。具体设计时应结合不同地区的气候条件进行。

2．卫生间距　考虑日照、防火的因素，必要时还应考虑通风的因素。

3．建筑层数　幼儿园的层数不宜超过3层，托儿所不宜超过2层。这样才容易解决幼儿的室外活动，充分享受大自然的阳光、空气和水，以利增强幼儿的体质等问题。当托、幼机构设在楼房顶层时应注意设置单独出入口和安全疏散口等。

（三）室外活动场地

室外活动场地一般分班级活动场地和公共活动场地两种。

公共活动场地的面积（m²）$= 180 + 20(N-1)$ 其中180、20为常数，N 为班数（乳儿班不计）。托、幼合建时，其面积合并计算。场内除布置一般游戏器具外，还应布置跑道、沙坑、涉水池（池深不超过30cm）大型玩具、洗手池等（图9-3）。

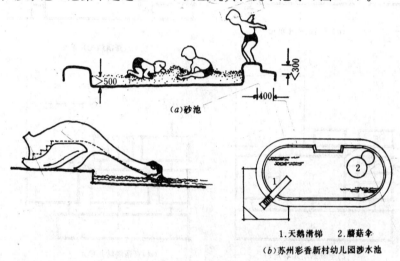

(a)砂池

1.天鹅滑梯　2.蘑菇伞
(b)苏州彩香新村幼儿园涉水池

图 9-3　幼儿园儿童游戏设施

班级用活动场地按每班60～80m²计。托儿所中乳儿班不设班级活动场地。班级活动场地内可设砂池、摇船或占地不大，适合该班使用的户外大型玩具。有条件的还可安排遮阳设施。

第三节　托儿所、幼儿园建筑的房间设计

一、各类房间的面积指标（表9-2）

生活用房的最小使用面积　　　　　　　　　　　　　　表 9-2

房 间 名 称	使 用 面 积 （m²）	备 注
活 动 室	50	1.除音体室为全园共同面积外，其他均为每班面积
寝（卧）室	50	2.活动室和卧室合并设置时，其面积按两者之和的80%计
卫 生 间	15	3.当集中设置洗浴设施时，每班卫生间面积可减少2m²
衣帽贮藏间	9	
音体活动室	90～150	

二、儿 童 生 活 单 元

　　为了培养幼儿良好的生活习惯、卫生习惯和独立的生活能力，要对幼儿生活作息有科学的安排。实践表明，在建筑设计上，将儿童全天生活活动中最为密切的房间组合在一起，形成一个独立的单元——儿童生活单元（或称儿童活动单元）（图9-4），是能满足儿童生活规律的要求，并有利于教养工作的。

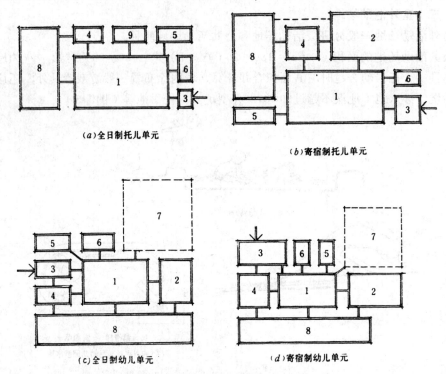

(a)全日制托儿单元

(b)寄宿制托儿单元

(c)全日制幼儿单元

(d)寄宿制幼儿单元

图 9-4　儿童生活单元功能关系图
1.活动室（兼用餐）；2.卧室；3.收容、衣帽；4.盥洗、厕所；5.贮存；6.茶点；7.音体教室；8.室外平台；9.卧具床橱

　　幼儿生活单元内包括活动室、卧室、收容衣帽室、盥洗、厕所、户外活动场地等。乳儿生活单元应有乳儿室、观察室、哺乳室、配奶间、厕所以及为儿童进行日光浴的阳台。

　　各活动单元应有独立的室内外出入口，避免各单元之间互相穿套。位于楼上的班级最好上下楼也不互相交叉干扰，并易于隔离。

三、各类房间的设计

（一）幼儿生活用房

1.活动室

　　活动室是儿童日常活动的场所，最好南向，以保证良好的日照、采光和通风。其空间尺度要能够满足多种活动的需要，室内布置和装修要适合幼儿的特点，在细部处理方面要充分注意幼儿的安全需要。面积一般按1.3~1.7m²/人。

　　（1）幼儿桌椅尺寸（表9-3）

幼儿桌椅尺寸表（cm）　　　　　表 9-3

年　　　龄	身 高 幅 度	椅				桌	
		W_1	D	h_1	h_2	h	$L \times W$
6～7	113～118	31	31	30	29	56	100×70
5～6	108～113	30	29	28	27	52	（4～6人）
4～5	102～108	28	26	25	25	47	
3～4	96～102	26	23	23	22	41	

　　幼儿桌椅的尺寸应按不同年龄划分，以适应幼儿的正常发育。

　　（2）活动室的家具和设备

　　活动室的家具除桌、椅外，其它的家具设备大致可分为教学和生活两类。它们分别是：黑板、作业教具柜、玩具柜、分菜桌等，其中有的设备如口杯架等是设于卫生间的（图9-5）。

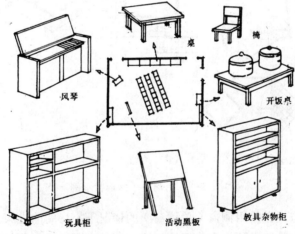

图 9-5　活动室常用设备家具

　　（3）活动室的空间使用及平面形状

　　活动室应满足多种活动的需要，主要有上课、作业、就餐和某些室内游戏、讲故事等。活动室的平面形状以长方形最为普遍。长方形平面结构简单、施工方便，而且空间完整，能满足各种活动的使用要求（图9-6）。其它的平面形状如扇形、六边形（图9-7）等的活动室平面，不少是在特定条件下，根据平面布局的要求而有所变化的。

　　（4）活动室的采光与通风

　　为了保证活动室有良好的朝向，使冬季有阳光深入室内；夏季能减少阳光照射，此外还要有主导风入室等条件，除在建筑组合中确定建筑方位时予以处理外，房间的设计也宜采取相应措施。

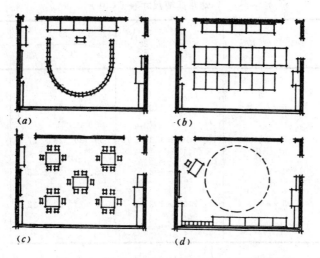

图 9-6　活动室几项主要活动的空间使用情况

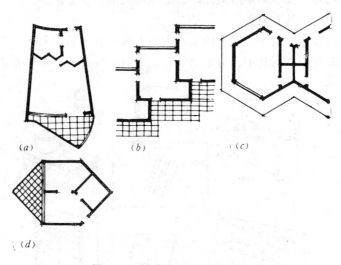

图 9-7　活动室平面形状示例

　　活动室的采光方式在采用侧窗（单侧窗）的情况下，房间的进深一般为 6 m左右，约为房间高度的两倍。外廊式建筑大多双侧开窗，不但有利通风，而且采光均匀，房间的进深可增加到高度的 4 倍。当房间进深大，且只能单侧采光时，可以增开高侧窗或顶窗采光，但要适当改变屋顶的形式。一般只适用于平房或楼房顶层，目前国内采用较少（图9-8（a））。

　　活动室的通风，主要包括两个方面：夏季室内散热，组织好穿堂风；冬季防止冷风侵袭和解决换气问题（图9-8（b）、（c））。

　　2.卧室

　　寄宿制幼儿园和工厂三班轮托的托儿所一般设专用的卧室。托儿小班一般不另设卧室，在活动室内设床位，并辟出一定的面积供幼儿活动。

　　（1）床的基本尺寸和排列

　　幼儿床的设计除了要适应儿童尺度外，制作还要坚固省料，使用要安全和便于清洁打

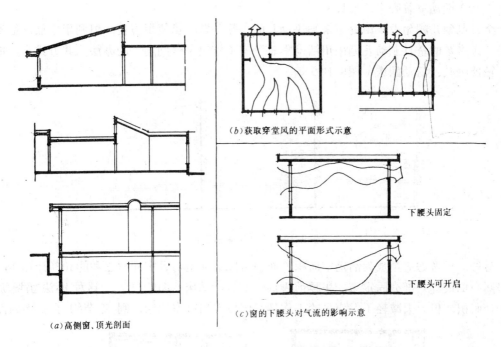

（b）获取穿堂风的平面形式示意

下腰头固定

下腰头可开启

（c）窗的下腰头对气流的影响示意

（a）高侧窗、顶光剖面

图 9-8　活动室的剖面形式及采光通风

（a）高侧窗、顶光剖面；（b）获取穿堂风的平面形式示意；（c）窗的下腰头对气流的影响示意

扫。材料有木、铁和其它新型材料，而以木床居多。幼儿床的尺寸为简化规格，一般分为两种，即托儿班为$1100 \times 600mm$，幼儿班为$1300 \times 700mm$。

　　床的排列要便于保教人员巡视照顾，并使每个床位有一长边靠走道。卧室内的走道一般分主、次两种，主走道直接通向卧室内。靠窗和外墙的床要留出一定距离（图9-9）。

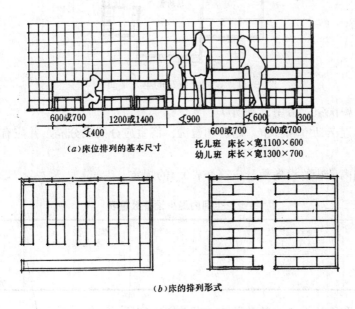

600或700　　1200或1400　　＜900　　＜600　　300
＜400　　　　　　　　　　　600或700　　600或700

（a）床位排列的基本尺寸

托儿班　床长×宽1100×600
幼儿班　床长×宽1300×700

（b）床的排列形式

图 9-9　床的基本尺寸与排列

（2）活动室兼卧室的设计

全日制幼儿园如设专用卧室来解决幼儿的午睡问题，虽使用方便，但利用率低，很不经济。大多数的全日制幼儿园采用活动室兼卧室（解决午睡问题）的办法。其方式有：地铺、轻便卧具、活动翻床（图9-10）等。

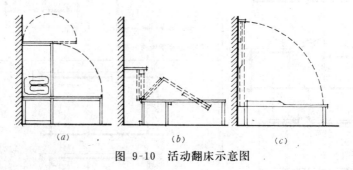

图 9-10　活动翻床示意图

另外，可考虑适当放大活动室面积（面积可以活动室与卧室面积之和的80％计算），在房间一侧设置一部分固定床，午睡前再搭一部分活动床（图9-11）。这种办法虽增加了少量面积，但大大减轻了保育员的工作量。同设专用卧室比较，则又节约了很多的面积。

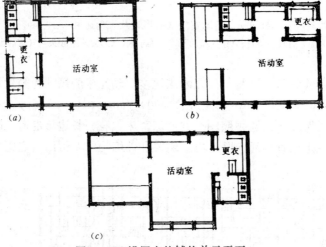

图 9-11　设固定统铺的单元平面

3.卫生间（盥洗室、浴室、厕所）

卫生间应临近活动室和卧室。厕所和盥洗、浴室应分间或分隔，并应有直接的自然通风。

每班卫生间内最少的设备数量应符合表9-4的规定

<table>
<tr><td colspan="5">每班卫生间内最少设备数量表</td><td>表 9-4</td></tr>
<tr><td>污　水　池
（个）</td><td>大便器或大便槽
（个或位）</td><td>小　便　槽
（位）</td><td>盥　洗　台
（水龙头、个）</td><td>淋　　浴
（位）</td></tr>
<tr><td>1</td><td>4</td><td>4</td><td>6～8</td><td>2</td></tr>
</table>

常用的卫生和盥洗设备的参考尺寸，可见图9-12所示。

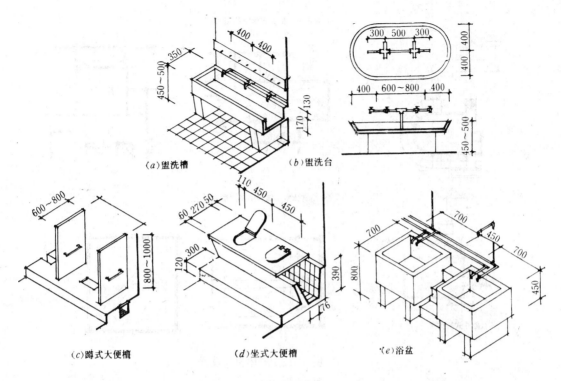

(a)盥洗槽   (b)盥洗台

(c)蹲式大便槽   (d)坐式大便槽   (e)浴盆

图 9-12 常用的盥洗设备和卫生设备

4.音体室

音体室是专供全园幼儿公用的集体活动房间，它不应包括在儿童活动单元之内。音体室的功能主要供班级集会、跳舞、唱歌、家长座谈会及放映录像、电影、幻灯等用。其布置方式可以单独设置；也可以和大厅结合；或与某班活动室结合（图9-13）。

（二）乳儿班

乳儿班不需活动室，它主要有乳儿室、喂奶间、盥厕、配奶及观察室等。

乳儿室通常位于建筑物的端部或入口附近。要防止母亲进出时穿越其他幼儿活动单元。乳儿室内主要布置床及少量围栏、喂饭桌、学步车等。床之间的距离适当大些，以免啼哭时互相影响及方便保育员照看。喂奶间紧邻乳儿室，除有门相通外，还可设固定观察窗，使母亲不进入乳儿室，也能看到乳儿的情况。乳儿用房设备布置示意可参见图9-14。

（三）辅助用房

辅助用房按性质可分为行政办公、卫生保健等用房。

行政内公用房是行政管理人员工作的房间。这些房间集中在一个区域便于联系工作；同时又要兼顾对外联系的方便。

卫生保健用房主要指医务室、隔离室。卫生保健用房最好设在一个独立单元之内，与儿童活动单元要有一定隔离，并有单独出入口，防止交叉感染。

（四）服务用房

包括厨房、库房、洗衣、烘干室等。托儿所和幼儿园各班都是由厨房供给食物。厨房应处于建筑群的下风区，以免油烟影响活动室和卧室。厨房门不应直接开向儿童公共活动

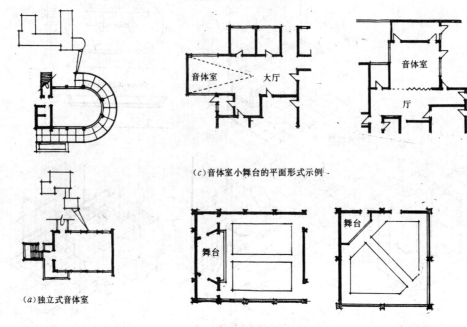

(b)利用大厅扩大音体室的空间

(c)音体室小舞台的平面形式示例

(a)独立式音体室

图 9-13 音体室的设置

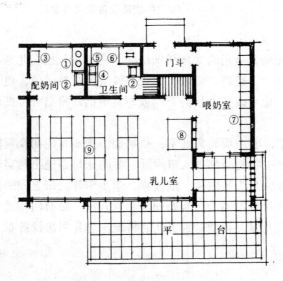

图 9-14 乳儿用房设备布置示例

①电炉；②污洗池；③冰箱；④浴池；⑤便盆架；⑥大便池；⑦坐椅；⑧围栏；⑨乳儿床

部分。

烘干室附设在厨房旁，要有良好的隔离。洗衣房可与烘干室相连。

（五）其它

1.楼梯栏杆应加设儿童扶手，当有楼梯井时，应于扶手上附加防滑球，以防止幼儿在玩耍或上下楼时坠落。

2.活动室、卧室的门应外开，同时不能做落地的玻璃门

3.活动室内必须做1.2～1.4m高的墙裙，暖气设备上要加罩或不露明的暖气管。

4.电器设置必须安置在1.7m以上的位置。

5.室内所有设备和家具以及户外花池等的楞角处，应做成圆角。

6.室内地面材料不宜太硬太滑。

7.除每班有单独活动场地外，应另设公共活动场地，并布置各种活动器械及小亭、花架、绿化、涉水池等。浪船、吊箱等摆动物周围应设安全围护设施。

第四节 托儿所、幼儿园建筑的平面组合

一、托儿所、幼儿园建筑平面组合的基本要求

（一）各类房间的功能关系要合理。这是建筑平面组合中最基本要求之一。

（二）朝向、采光和通风等在托、幼建筑中更应重视，以利创造良好的室内环境条件。

（三）要注意儿童的安全防护和卫生保健。托、幼建筑组合中应防止儿童擅自外出、穿入锅炉房、洗衣房、厨房等地区；注意各生活单元的隔离及隔离室与生活单元的关系。

（四）要具有儿童建筑的性格特征。通过建筑的空间组合、形式处理、材料结构的特征、色彩的运用、建筑小品以及其它手法的处理，使建筑室内外的空间形象活泼灵秀、尺度适当、简洁明快，反映出儿童建筑的特点。

二、托儿所、幼儿园建筑的组合方式

托儿所、幼儿园的建筑组合方式是多种多样的。以活动单元的组合形式来分，有单元式、组合和非单元式组合；以平面形式来分，有"一"字形、"└"形（曲尺形）、六边形、圆形、风车形……等。但一般我们从房间组合的内在联系方式上，对各种布局形式的特点进行归纳，可分为以下五种形式。

（一）以走廊（内廊或外廊，单面布置房间或双面布置房间）联系房间的方式，简称"廊式"或"串联式"。

走廊式组合对组织房间、安排朝向、采光和通风等具有很多优越的条件。廊式组合中，由于规模、用地形状、环境以及气候条件等不同，在实践中出现有比较集中和比较伸展的廊式组合。

重庆市巴蜀幼儿园（图9-15（a））充分利用地形的高低错落，将活动室分成三组，分别布置在不同标高的地段上，以走廊等组合在一起。屋面上设置戏水池等小品，扩大了室外活动场地。

（二）以大厅联系房间的方式，称"厅式"。

厅式组合以大厅为中心联系各儿童活动单元，联系方便、交通路线短捷。一般多利用大厅为多功能的公共活动用，如作为游戏室、放映室、集会、演出等。大厅的采光多采用高侧窗或顶窗，亦可将大厅适当空出采光面，以利采光和通风。

北京机械管理学院幼儿园（图9-15(b)）根据幼儿建筑的特点、室内空间组合打破分

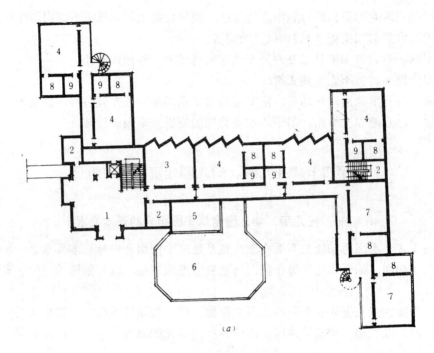

图 9-15(a) 廊式布局（重庆市巴蜀幼儿园）

1.活动厅；2.值班；3.音乐教室；4.卧室；5.天井上部；6.风雨活动室屋面；7.活动室；8.卫生间；9.贮藏

图 9-15(b) 大厅式布局（北京机械管理学院幼儿园）

1.公共活动厅；2.各班活动室；3.卧室；4.卫生间；5.贮藏；6.凹廊；7.小院；8.等候；9.收容医务；10.
办公；11.老师淋浴；12.老师卫生间；13.主食；14.副食

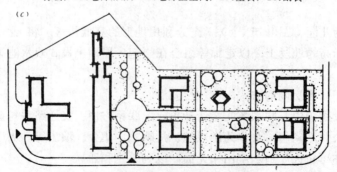

图 9-15(c) 分散式布局（上海曹杨新村中心托儿所）

隔、封闭的格局，用上下连通的交通面积，组成一个有采光顶的"小中庭"，得到丰富多变的空间，满足幼儿活动能分能合的功能要求。中庭四壁，用化纤地毯作了四幅儿童题材的仿软雕壁挂。

（三）按功能不同，组织若干独立部分，分幢分散组合的称为"分散式"。如上海曹杨新村中心托儿所（图9-15(c)）即为"分散式"的组合。

（四）围绕庭院布置托、幼建筑的各种用房的手法和方式，称为"庭园式"或"院落式（图9-15(d)）。

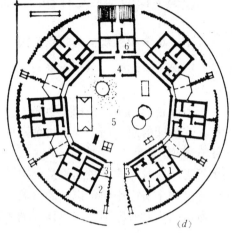

(d)

图 9-15(d)　庭院式布局（苏联）

1.活动单元；2.组游戏场；3.敞棚（雨天、炎热天户外活动）；4.室内体操；5.公共游戏场；6.管理

这种组合方式，庭院内部空间安静、绿化成荫，可建良好的户外活动场地，也可布置各种儿童设施。同时庭院兼有通风和采光的作用。

（五）兼而有以上两种组合形式以上的，称为"混合式"。

杭州采荷小区幼儿园（图9-15(e)）平面功能分区明确，用水平交通外廊来联系半环形幼儿班和其它房间，交通便利并较好地利用了狭小的基地。半环形所围合的开敞的庭院，又使得室外环境优雅，配以绿化和小品，以及适当的幼儿游戏设施，使建筑群生动活泼。

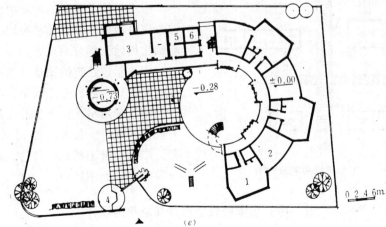

(e)

图 9-15(e)　混合式布局（杭州采荷小区幼儿园）

1.活动室；2.卧室；3.厨房；4.传达；5.洗衣；6.厕所

第十章 中、小学校建筑设计

第一节 中、小学校的基地选择和总平面设计

一、中、小学校的规模与面积定额

我国中小学校的学制要求，一般为：小学六年、中学六年（初中三年、高中三年）。男女学生的比例一般按1:1计算。

小学生一般走读，中学生一般以走读为主，但部分中学（如城市重点中学等）的学生也有寄宿的。有寄宿生的学校，在校园的总平面布置，校舍建设，教职员工的配套，管理等等方面均有特殊之处，应注意考虑。

为了保证教学质量和便于管理，以及考虑学校建设的经济性。学校的规模规定为：小学以12～18个班为宜，一般不超过24个班；中学仍以 6 的倍数，即以18～24个班为宜，一般不超过30个班。当学校的班数需要增加时，则应在总体规划或校舍平面布置中考虑分组和隔离。

学校用地面积定额：中学为13～16m²/座，小学为10～11m²/座。学校校舍面积定额：中学为4.6～4.99m²/座，小学为3.56～3.84m²/座。校舍建筑面积定额不包括教职员工的宿舍和食堂，也不包括寄宿生宿舍等。学校的容积率可根据其性质、建筑用地和建筑面积的多少确定，小学不宜大于0.8；中学不宜大于0.9。

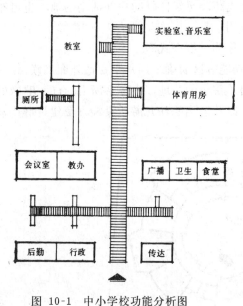

图 10-1 中小学校功能分析图

二、中、小学校的组成与功能关系

中小学校总平面的用地组成一般由：校舍建筑用地、体育活动场地、实验园地和绿化用地三部分组成。

中小学校建筑的组成则包括教学用房（普通教室、各种专用教室、图书阅览室等公共教学用房）、办公及生活辅助用房（校长、总务、教务、教员办公室、医务、广播、社团活动、传达、烧水间、厨房等等）。如图10-1所示。

三、中、小学校校址选择和总平面设计

（一）校址选择

1.符合当地城市规划的要求。考虑到学校的服务半径及分布情况，一般小学生上学路

程应不超过15分钟，并不跨越城市交通干道。小学的服务半径在500m以内，中学的服务半径在1km以内。

2.基地应有足够的面积，能满足定额规定的要求。且基地的形状应考虑运动场地的尺寸、朝向及教学楼体型的要求。

3.基地应平坦，自然环境条件良好，能较好地解决朝向、采光、照明、通风等问题。并有足够的供水、供电及排除雨水、污水等条件。

4.学校应建在安静卫生的环境里。学校距离铁路干线应在300m以上，与主要道路的距离不小于100m。校门最好不开向主要街道，如必须开向主要街道时，校门前应留出适当的缓冲地。

6.教学用房与建筑基地红线及运动场地间的绿化地带宽度，不应小于15m。教学用房的主要采光面，与相邻房屋的间距不小于12m，且不小于相邻房屋高度的2.5倍。

（二）总平面设计

学校总平面设计，必须根据学校规模，功能使用的内在因素和本地区的自然条件，学校用地的周围环境，地形地貌的现状等客观条件以及城市规划部门对学校建筑的规划意图和设计要求进行。此外，还应使学校的用地面积得以充分而合理的利用，对学校的各种场地、道路和绿化等做全面合理的规划，构成一个完整的室内外学习及活动空间。创造一个使用方便、整齐卫生、安静优美的学校环境。

1.功能分区

由教室和实验室组成的教学区，要求安静，有良好的朝向、日照和通风条件。此区的音乐教室要求与其它教室有所隔离，以免影响其它教室上课。

办公用房中的行政办公用房与校外联系较多，应设置在靠近出入口的位置上。教员办公室应适当集中，并且与教学用房、行政办公用房的联系均应方便。

生活区中的单身宿舍和学生宿舍，应有相对安静的环境。教工单身宿舍可靠近教师办公，有些设于独立性较强的办公用房的顶层。

体育活动部分、校办工厂、厨房等均以噪声、烟尘、气味等影响教学用房部分，应将这些干扰源布置在下风向。并应适当加大相互间的距离，或于其间加设隔声设施。

2.总平面布置方式

中小学校总平面的布置方式，一般按学校出入口的位置、教学用房与体育活动场地的相对位置关系的不同分类。常用的布置形式有以下三种：

（1）教学楼与体育场地前后布置。这种方式一般适于南北向较长，东西向较短的地形。为使教学楼的阴影不致于影响运动场的日照条件以及教学楼有良好的通风，一般均将教学楼设于基地北端，体育场地设于南端。如天津第一中学的总平面布置（图10-2(a)），教学用房等均置于基地北端，主入口面向次要道路。

（2）教学楼与体育场地平行布置。这种布置方式适于东西向稍长，南北向稍短的地段。由于二者平行布置，均可获得良好的朝向，易于获得较好的日照和通风条件。且体育场地对教学楼的干扰较小。如1984年全国中小学校建筑设计竞赛获三等奖的南小104号方案（图10-2(b)），其绿化与植物园置于建筑物的中心，运动场地与建筑呈平行之势。

（3）教学楼与体育场地各据一角布置。这样的布置，一般可使二者干扰最小，分区明确，出入口的设置及建筑物的体型组合，均较为灵活，适应性较强。如图10-11(a)所

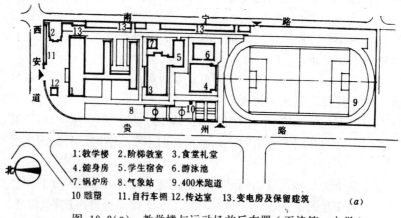

1:教学楼　2.阶梯教室　3.食堂礼堂
4.健身房　5.学生宿舍　6.游泳池
7.锅炉房　8.气象站　9.400米跑道
10.雕塑　11.自行车棚　12.传达室　13.变电房及保留建筑　　　(a)

图 10-2(a)　教学楼与运动场前后布置（天津第一中学）

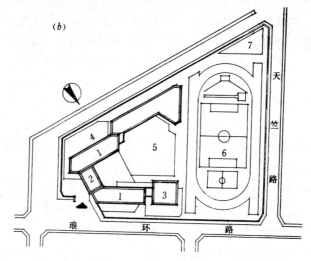

图 10-2(b)　教学楼与运动场地平行布置
1.教学用房；2.办公用房；3.多功能大教室；4.植物园；5.草地；6.运动场；7.气象园地

示的山东胜利油田孤岛新镇中华村小学。教学楼置于西北角，体育场地据东南角，主要出入口位于基地西边面临次要道路。

第二节　中、小学校建筑的各种房间设计

一、普 通 教 室

普通教室是学校建筑中教学用房的主要房间，它在学校用房中数量大，要求高，影响因素也多。因此，设计中应认真考虑以下的因素。

（一）教室容纳的人数

一般小学每班容纳45人，中学每班容纳50人。

（二）教室的使用面积、形状和尺寸

1.面积：小学教室每生不小于1.10m²，一般为50～55m²；中学教室 每生不小于1.12

m²，一般为55～60m²。其轴线尺寸一般：中学多为6.6m×9.6m；小学多为6.0×8.4m～6.6×9.0m。

2．形状：中小学校教室的平面形状一般均采用矩形平面，也有采用方形、正六边形及其它多边形的。（图10-3）（图10-4）矩形平面简单，规整，施工方便，能满足各种使用要求。

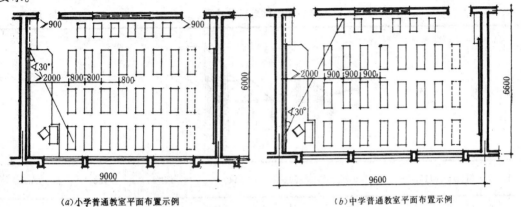

(a)小学普通教室平面布置示例　　　　　(b)中学普通教室平面布置示例

图 10-3　中小学普通教室的平面布置

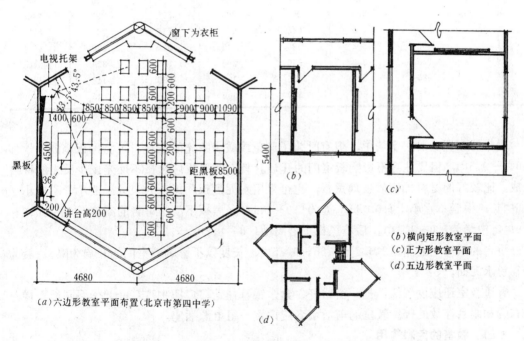

(a)六边形教室平面布置(北京市第四中学)

(b)横向矩形教室平面
(c)正方形教室平面
(d)五边形教室平面

图 10-4　教室的平面形状示例

（三）课桌椅，黑板和讲台的布置及尺寸

课桌椅的排列，主要应满足学生的视听要求。应使每个座位上的学生都能看清黑板上的字，听清老师的讲话。合理安排座位，组织好通道便于通行、就坐，也便于老师到座位上去辅导学生。课桌椅可单行分开排列，也可将二到四行合并排列。课桌间纵向通道一般不宜小于0.55m。排距：小学不宜小于0.80m；中学不宜小于0.90m。为保护学生视力，

第一排课桌前沿距黑板不小于 2 m，且第一排两侧学生看黑板另一端的视线与黑板面所成的夹角不小于30°。最后一排课桌后沿距黑板的距离，小学不宜大于8.0m；中学不宜大于8.5m。教室后部应设置不小于0.6m的横向通道（图10-3、4(*a*)）。

课桌椅的尺寸应与学生的身高适应，因此，不同年级的学生，应选择不同的课桌椅。中小学课桌椅的尺寸可参见表10-1。

中小学生课桌椅尺寸表

表 10-1

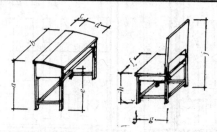

身 高 组	110～	120～	130～	140～	150～	160～	170～
a	580	620	660	720	760	810	850
b	450	450	500	500	550	550	550
c	90	90	90	90	90	90	90
d	260	280	290	290	300	300	330
e	530	570	615	670	715	760	810
f	305	305	320	340	370	380	400
g	230	240	250	280	300	320	340
h	285	310	335	365	395	415	440
j	515	550	590	680	705	745	790

黑板的布置一般居于墙中，但有时为了避免或减少眩光的影响，可将黑板稍向内墙移动0.3～0.5m，但要注意不影响教室门的开启。教室的黑板应选择不反光或少反光的材料做成。比较好的材料如磨砂玻璃黑板，也可采用水泥黑板。黑板的尺寸一般小学不宜小于3.6m长；中学不宜小于4.0m长；宽为1.0～1.1m。黑板下沿距讲台的高度，小学为0.8～0.9m；中学为1.0～1.1m。后墙黑板下沿离地1.0～1.2m。

讲台的尺寸一般高0.2m，宽0.65～0.75m，长度以不影响教室门的开启为限。一般为砖砌粉水泥面。

普通教室还应设置清洁柜；窗帘杆、盒；银幕挂钩；广播喇叭箱；"学习园地"栏；挂衣钩和雨具存放处等。教室的前后墙各应设置一组电源插座。

（四）教室的色彩选用

墙面应作油漆墙裙，高度不小于1.2m，色彩以浅淡明亮为宜，如浅绿、淡蓝等。侧墙、天花、后墙宜采用白色；门窗内表面宜油漆米黄色或浅绿色；黑板周围墙面宜采用浅绿、淡蓝；桌面以浅棕色较为适宜。

（五）其它

教室的净高，小学不小于3.10m；中学不小于3.4m。教学的门，一般均前后各设一个。当人数较少时，有只设一个门的。门宽不小于0.9m。

二、实　验　室

中学的化学、物理、生物课应分设实验室。这些实验室要求能容纳一个班的学生上实验课用。

实验桌的尺寸如图10-5所示。

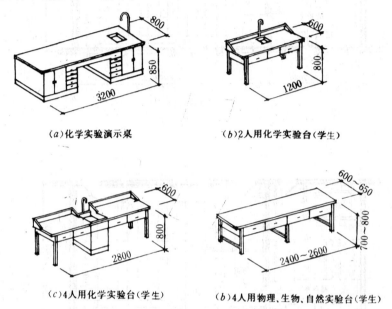

(a)化学实验演示桌　　　　　(b)2人用化学实验台(学生)

(c)4人用化学实验台(学生)　　(b)4人用物理、生物、自然实验台(学生)

图 10-5　实验室的实验台及演示桌示例

实验室的面积约为70～90m²，每生不小于1.8m²。为便于构件的统一，开间进深尺寸一般采用普通教室的规格。

实验室的基本设备为实验台、演示桌、讲台、黑板等，还应设置上、下水道、洗涤池和供实验用的交直流电源，并设单独的配电箱。做光学实验用的实验室宜设遮光通风窗及暗室，实验台上局部照明。化学实验室宜设在一层，北向布置，以满足药品避光贮存的要求；实验室内最好能设置带机械排风的通风柜，通风柜内设上、下水装置。生物实验室宜南向或东南向布置，向阳面布置室外阳台或宽不小于0.35m的室内窗台。

实验室应设有相应的附属用房。分开设置的附属用房均应靠近所属实验室。化学实验室的附属用房包括仪器室、准备室、实验员室、药品贮藏室等。除药品贮藏室可与准备室合并设置外，其它房间均宜分开设置。物理实验室的附属用房包括仪器室、准备室、实验员室，一般宜分开设置。其实验员室内宜设置钳工台。生物实验室的附属用房包括准备室、标本室、仪器室、模型室、实验员室等，除实验员室可与仪器室或模型室合并外，其它房间均宜分开设置。生物标本室宜北向布置。

实验台一般平行于黑板布置。第一排实验台前沿距黑板不应小于2.5m，最后一排实验台后沿距黑板不应大于11.0m。实验台排距一般为1.2m，实验台间纵向走道宽应不小于0.6m，距墙不小于0.55m。当实验台平行于外墙布置时，实验台间间距不小于1.2m，距外墙不小于0.8m。实验室的讲台为设置演示桌应适当加宽。

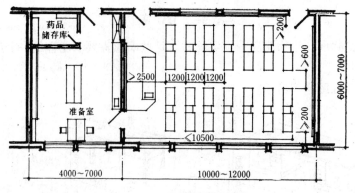

(a)化学实验室平面布置

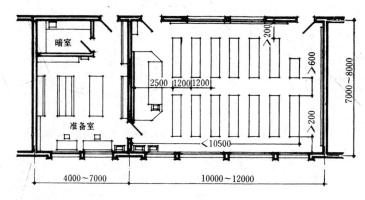

(b)物理实验室平面布置

图 10-6　化学、物理实验室平面布置

三、自　然　教　室

　　小学自然教室宜设附属用房，如教具仪器室。自然教室的面积一般为65～80m²,每生不小于1.57m²。其第一排课桌前沿与黑板的水平距离不应小于2.5m，最后一排课桌后沿与黑板的水平距离不应大于9.5m，走道宽不应小于0.55m。

　　自然教室及教具仪器室应根据功能要求设置水池及弱电源插座。教室的向阳面室内窗台宽度不小于0.35m。自然教室内应设银幕挂钩、透射银幕、仪器标本柜、窗帘盒及挂镜线。

四、阶　梯　教　室

　　阶梯教室一般容纳两个班或两个班以上的学生合班上课或作学术报告用；也可兼作实验演示室。座位排距一般为0.85m，第一排课桌前沿距黑板不应小于2.5m,最后一排课桌后墙与黑板水平距离不应大于20m。每级台阶高度按视线要求确定，其视点一般取在黑板下沿的中点或讲台面上。其他一般要求与实验室相同。（图10-7）阶梯教室可采用上、下推拉黑板。

五、电 化 教 室

电化教室供放映幻灯、电影、录象等用。相邻电化教室应设一工作室兼暗室。有些普通教室可兼作小型电化教室;阶梯教室可兼作大型电化教室。

电化教室应有遮光设备,墙面宜用暗色无反光的材料,油漆墙裙高不小于1.2m。电化教室的两侧墙一般可不吸声,后墙应做吸声处理,顶棚视情况可做扩散、反射或弱吸声处理。电化教室内应有悬挂银幕,安放幻灯机、电视机、电影机的设施。透射银幕尺寸,小型的应为1.6×1.2m,大型的应为2.0×1.5m。银幕下缘距地面高度约为1.5~2.0m。

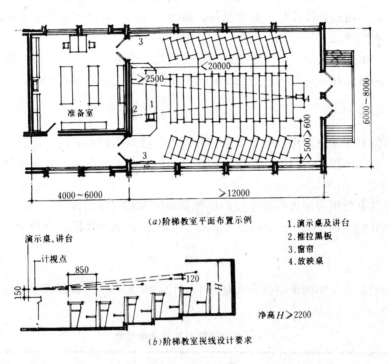

(a)阶梯教室平面布置示例

1.演示桌及讲台
2.推拉黑板
3.窗帘
4.放映桌

(b)阶梯教室视线设计要求

图 10-7 阶梯教室的平、剖面设计示例

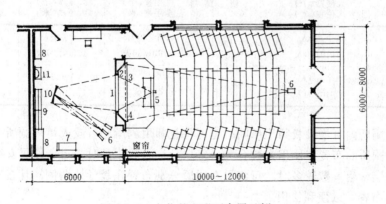

图 10-8 电化教室平面布置示例

1.透射幕;2.遮光片;3.卷帘式银幕;4.向下推拉黑板;5.控制台;6.电影机、幻灯机;7.倒片台;8.贮存柜;9.书架;10.反光镜;11.水池

小型电化教室的座位排列与普通教室相同，大型电化教室的座位 排列 与 阶梯 教室 相同（图10-8）。

六、美术教室、音乐教室

中小学的美术教室一般可容纳一个班的学生上美术课用。小学美术教室的面积按每生不小于1.57m²计；中学美术教室的面积按每生1.80m²计。美术教室宜北向布置，考虑较均匀的单侧光，有条件时可考虑玻璃顶棚用顶部采光。教具贮存室宜与美术教室相通。

音乐教室的面积，小学每生按不小于1.57m²计；中学每生按不小于1.50m²计。一般地面宜设2～3排阶梯，以便教师示教琴的学生能看清楚。教室应设置五线谱黑板及教师示教琴位置。在平面组合设计时，要避免与其他教室及教员办公室等发生干扰，并注意教室的隔声与吸声处理。

音乐教室单独设置时，可考虑兼作文艺排演及小型演出、集会用房，适当加大面积。条件许可的还可以在靠近音乐教室处附设乐器室，两室之间应设门相通。

七、办 公 用 房

教师办公室是办公用房中最主要的部分。当学校规模较小时，常设置一个较大的办公室，供全体教师备课、办公用。若学校规模较大时，则可分设高、低年级两个办公室或按年级设办公室。

行政管理办公用房，可根据学校规模和要求按国家规定设计。

办公室开间一般为3.3～3.6m，室内净面积（使用面积）以15～18m²为宜。

八、厕 所

厕所所需面积，男厕所可按每大便器4m²计，女厕所按每大便器3m²计，卫生器具数量见表10-2

中小学厕所卫生器具数量表　　　　　　　　　　　表 10-2

	男			女	
	大便器（个） 大便槽（米）	小 便 槽 （米）	洗手盆（个） 洗手槽（米）	大便器（个） 大便槽（米）	洗 手 盆 （个） 洗 手 槽 （米）
小　学	1个/40人 1.0m/40人	1.0m/40人	1个/90人 0.6m/90人	1个/20人 1.0m/20人	1个/90人 0.6m/90人
中　学	1个/50人 1.1m/50人	1.0m/50人	1个/90人 0.6m/90人	1个/25人 1.1m/25人	1个/90人 0.6m/90人

男女生厕所内可增设教师用单间；也可将教师用厕所和行政人员用厕所合设。

学生用厕所的布置与使用人数有关。每层学生人数不多时，可各设男女厕所一间，集中布置。每层学生人数较多时，可将男女厕所分别布置在教学楼两侧，且在垂直方向将男女厕所交错布置，以便利使用。

小学厕所内大便器（槽）隔断可不设门，其卫生器具，在间距和高度方面的尺度可比一般的尺度约小0.1m左右。

第三节　中、小学校的体育运动场地与设施

中小学校的运动场地应能容纳全校学生同时作课间操用。其面积小学不宜小于2.3m²/生；中学不宜小于3.3m²/生。

一、田　径　运　动　场

田径运动场按场地条件，跑道周长可分别为200m，250m，300m，400m等，一般应符合表10-3的规定。

学 校 田 径 运 动 场 尺 寸　　　　　　　　表 10-3

跑　道　类　型	学　　校　　类　　型	
	小　　　　学	中　　　　学
环形跑道(m)	200	250~400
直跑道长(m)	二组60	二组100

注：1.中学学生人数在900人以下时，宜采用250环形跑道；学生人数在1200~1500人，宜采用300m环形跑道
　　2.直跑道每组按6条计算。
　　3.位于市中心的中小学校，用地困难时，跑道设置可减少，但小学不应少于一组60m直跑道，中学不应少于一组100m直跑道。

田径运动场的长轴宜南北向布置，弯道多为半圆形。场地应考虑排水（图10-9）、（表10-4）。

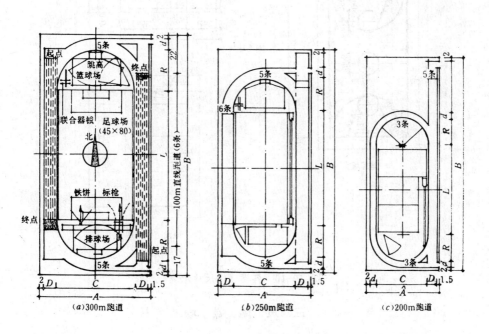

图 10-9　中小学田径运动场尺寸

学校运动场的类型	场 地 尺 寸				弯 曲 半 径		跑 道 宽 度	
	A	B	C	L	R	r	D	d
300米跑道	65.50	139.00	47.00	75.50	23.50		7.50	6.25
250米跑道（a）	54.50	129.00	36.00	67.50	18.00		7.50	6.25
250米跑道（b）	68.00	129.00	49.50	26.13	33.00	16.50	7.50	6.25
200米跑道（c）	43.50	124.00	30.00	52.00	15.00		6.25	3.75
200米跑道（d）	43.50	124.00	30.00	39.84	20.00	10.00	6.25	3.75

二、各 类 球 场

中小学校每六个班至少应有一个篮球场或排球场。有条件的学校宜设游泳池。

足球场一般布置在田径场中间，排球场、羽毛球场可在篮球场内标示。

各类球场的形式及尺寸，参见图10-10。

田 球 场 尺 寸（单位米） 表 10-5

类 型	a	b	c	d	e	f	g	h
大 型	15～90	90～120	5.50	5.50	5.50	11.00	18.32	9.15
小 型	45～60	60～80	4.50	4.60	4.00	8.50	14.50	6.00

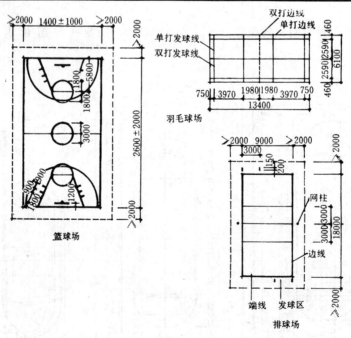

图 10-10 各类球场尺寸示例

三、风 雨 操 场

风雨操场包括室内活动场、体育器材室、教师办公室及男、女更衣室等。

小学考虑容纳1~2个班学生合用，面积约为360m²，平面尺寸不小于23×14m，净高不低于6.0m。

中学最通常的规模，一般考虑容纳2~3个班的学生合用，面积约为760m²，平面尺寸取21~24×36m。即一个标准篮球场加四周的缓冲区。利用率高，适应性强，净高不低于8.0m。若只考虑容纳1~2个班学生合用时，面积可为650m²，平面尺寸不小于30×18m，净高不低于7.0m。

风雨操场的窗及灯具均应有防护设备，地面不应采用刚性地面。固定设备用的埋件不应高出地面。窗台高度不宜低于2.1m。

风雨操场也可与食堂、礼堂结合做成多功能厅堂，其面积大小与平面尺寸则应结合食堂、礼堂的面积考虑。

第四节　中、小学教学楼的组合设计

一、组合设计的分区

中小学校教学用房可以分为以下几类：

（一）普通教室。它以进行课堂教学的教室为中心，同时也包括该部分的辅助房间（如卫生间等）。

（二）专用教室。包括各种实验室及其相应的仪器室、药品室、准备室、实验员室等用房。

（三）公共教学用房，包括图书室、视听教室、合班教室、科技活动室等公共教学、活动用房。

（四）行政及教师办公用房

由于不同类别的用房都存在着使用功能、技术设备要求、空间形式、尺度以及结构类型的差别，因此教学用房的组合设计，应根据组合的基本原则将各类用房作分区处理。如划分普通教学区、专用教学区、实验室区、行政办公区及体育活动区等。分区的目的在于使教学用房的组合更好地满足教学活动的功能要求及建造的方便。但在特定条件下，也可以将同一类型的几组用房划为不同的区，或将不同类型的用房合并在一个区内。如按年级使用教学用房的情况予以分区。一般小学按初小、高小分成两个区，中学可按初中、高中分成两个不同的区。各区教学用房基本自成体系。

二、教学用房的平面组合形式

教学用房的平面组合形式与教学用房的内容、功能要求、所在地区的气候特点，基地状况及材料、结构方式等因素有关。

（一）中小学校教学用房的组合形式

1.内廊组合

沿走廊的两侧排列一组成两组教室，并在走廊的端部安排为本组教室服务的卫生间、楼梯或班主任办公室等。这种组合方式称为内廊式组合。它的特点是教室集中，面积比较紧凑，内部交通路线较短，房屋进深大而外墙少，结构简单，管道集中。但教室间干扰大，一部分教室朝向差，走廊采光不足。这种方式在北方寒冷地区采用较多。如山东胜利油田孤岛新镇中华村小学（图10-11（a））的教学楼设计，其教学用房即为内廊式组合。

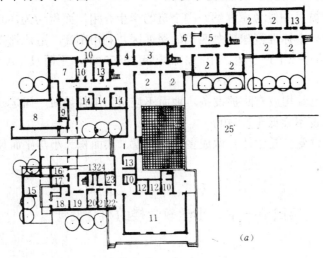

图 10-11(a)　内廊式组合（山东胜利油田孤岛新镇中华村小学）

1.布告厅；2.教室；3.自然教室；4.准备室；5.阅览室；6.书库；7.音乐教室；8.阶梯教室；9.放映室；10.贮藏；11.体操房；12.更衣室；13.厕所；14.教办；15.自行车场；16.门卫；17.值班；18.厨房；19.餐厅；20.木工间；21.体办；22.借球房；23.卫生室；24.观察室；25.球场

2.外廊组合

沿走廊一侧排例教室、卫生间、班主任办公室及楼梯间等房间组成外廊式。这种组合方式通风、采光条件均较好；外廊视野开阔，与庭院空间联系紧密；教室间的相互干扰小。这是目前广为采用的一种基本方式。外廊组合有北廊、南廊之分。南外廊的教室主要靠北面采光，光线柔和、均匀，夏季南外廊又起着遮阳的作用，冬季外廊盛满阳光并有部分阳光直射到教室；南外廊兼作学生课间休息用较之北外廊更为有利。所以一般采用南外廊的较多，北外廊只在某些特定条件下被采用。

西安石油勘探仪器厂子弟学校（图10-11（b））即为外廊组合的例子。

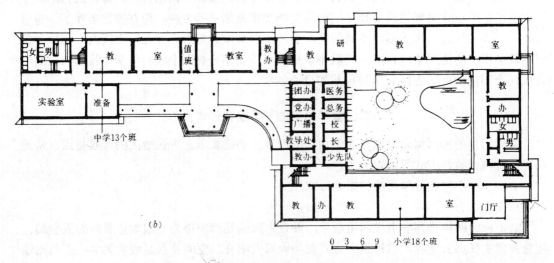

图 10-11(b)　外廊式组合（西安石油勘探仪器厂子弟学校）

3.组团式组合

组团式是一种教学综合空间单元的组合。即将同一年级的教室、休息室、存物室、卫生间及教师休息室等房间组成一个有机的独立组团。单元内环境安静干扰少，交通路线短，便于采光通风，也容易划分班级活动的场地，是一种较好的组合方案。尤其适用于小学校。（图10-11（c））所示北京通县一中初中部教学楼即为组团式组合。

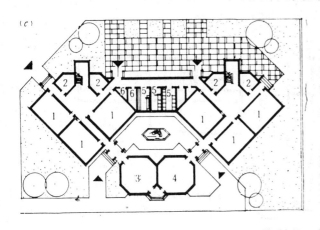

图 10-11(c)　组团式组合（北京通县一中初中
部教学楼）

1.普通教室；2.办公；3.音乐教室；4.美术教室；5.卫
生间；6.饮水间

图 10-12　普通教室组合方式之四
庭院式组合示例

（二）各种用房的组合关系

1.普通教室的组合

（1）沿直线纵向展开组合。各组教室沿直线型走廊排列，各组端部设置楼梯及附属用房（图10-11（b））。

（2）沿直线横向展开组合。在纵向走廊的一侧或两侧横向伸展着普通教室组，并可利用纵向走廊安排附属用房及公共活动空间（图10-13（b））。

（3）沿折线组合。建筑体型变化较大，可利用走廊转折处集中安排附属服务用房或活动空间，以加大各组教室间的距离，减少相互干扰（图10-11（a））

（4）院落式组合或厅式组合。即将教室单元错开组成庭院或围绕大厅排列，使教室与室外场地或大厅紧密联系，产生丰富的空间组合。创造安静而亲切的学习环境（图10-12）、（图10-11（c））。

（5）混合式组合。不拘一格地运用各种基本组合的手法，以获得最佳的使用和环境效果。

2.普通教室与专用教室的组合

专用教室指音乐教室、自然教室、史地教室、美术教室等。这些教室与普通教室组合为一个建筑整体时，应使它们之间既有密切的联系，又要保持适当的距离。一般可将专用教室组合在教学楼的一端或作为突出部分毗连在一侧，也可以组合成独立的建筑，以走廊与普通教室相连。与实验室的组合，亦可采用上述方式进行，应注意保证实验室有其相对的独立性（图10-13（a）、（b））。

　　3.普通教室与其他用房的组合

　　中小学校的行政办公室、教师办公室及图书室、科技活动室等是为全校师生服务的。行政办公室应既便于对内联系又便于对外接洽。教师办公室则应简捷地到达普通教室。但它们与普通教室之间都应有适当的分隔，使办公区形成良好的秩序和安静的环境。图书室和科技活动室等用房侧更应注意与普通教室间的直接联系。

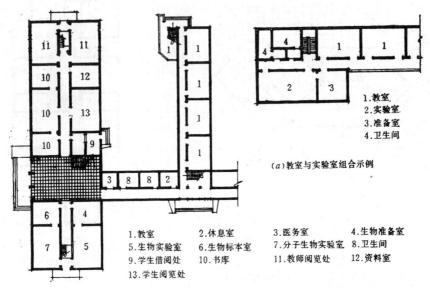

1.教室　　　2.实验室　　　3.准备室　　　4.卫生间

（a）教室与实验室组合示例

1.教室　　　　2.休息室　　　　3.医务室　　　　4.生物准备室
5.生物实验室　6.生物标本室　　7.分子生物实验室　8.卫生间
9.学生借阅处　10.书库　　　　11.教师阅览处　　12.资料室
13.学生阅览处

（b）教室与图书馆、实验室的组合示例（天津市第一中学）

图 10-13（a、b）　普通教室与其它用房的组合

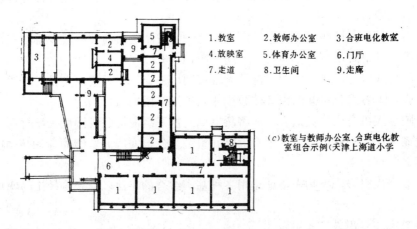

1.教室　　　　2.教师办公室　　　3.合班电化教室
4.放映室　　　5.体育办公室　　　6.门厅
7.走道　　　　8.卫生间　　　　　9.走廊

（c）教室与教师办公室、合班电化教室组合示例（天津上海道小学）

图 10-13（c）　教室与教师办公室、合班电化教室组合示例（天津上海道小学）

三、门厅、休息厅的设计

　　门厅的面积约按0.06～0.08m²/人计，中学最少0.04m²/人；小学最少0.03m²/人。

门厅内可考虑设置布告栏、镜子等。门厅内应有充足的光线，在寒冷地区应设门斗。门厅设计中应合理组织人流，避免人流交叉（图10-14）。

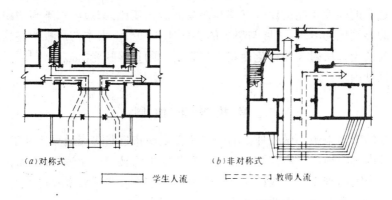

（a）对称式   （b）非对称式

▭▭▭ 学生人流   ▭▭▭ 教师人流

图 10-14　门厅人流交通组织示例

休息厅是供学生课间休息的场所，设计时应考虑活动和游戏的方便，有条件的可集中设置。休息厅的大小以能设置 1～2 张乒乓球台为宜。休息厅的形式、位置及数目等应结合教学楼平面布置统一考虑，做到方便休息，有利教学。

第五节　中、小学校建筑的物理环境

良好的学校建筑物理环境，是学生德智体全面发展的物质保证之一。所以，在学校建筑设计中，应注意防止噪声干扰和创造良好的室内音质条件；有充足的日照和足够的采光与照明；建筑物有保温与隔热的措施；室内有良好的通风和换气等。

一、教室的采光和照明

（一）教室的采光。一般的要求是：教室要有充足而均匀的光线；桌面及黑板面上有适宜的照度；黑板不产生眩光；室内无直射阳光的照射；室内各表面有较小的亮度差、谐调的色彩及良好的反射等。

1.采光标准。学校各种教室的采光系数的最低值为1.5%，窗地比为1/4～1/6。

2.采光质量。我国城市中小学校的教学楼一般为3～5层，因此，教室的天然采光基本上为侧窗采光（除有条件的美术教室以顶光为辅助光源外）。侧窗采光有单侧窗和双侧窗之分。为保证采光质量，一般应注意窗顶的高度及窗间墙的宽度。缩小采光窗顶与顶棚间的距离，光线能深入到室内远窗点，远窗座位则可获得较好的照度。缩小窗间墙的宽度，可改善窗间墙位置处课桌面的照度。

3.避免直射阳光的照射。采用北面进光的教室，可使室内光线柔和而无强烈的亮度变化，也无直射阳光进入教室，故一般多采用南外廊来满足上述要求。当主要采光窗在南面时，则必须考虑夏日直射阳光的遮阳措施。

（二）教室的照明。一般要求：教室内课桌面及黑板面上有足够的照度；各课桌面有相近的照明条件；室内各表面（包括建筑构件表面及室内设施）有适宜的亮度和亮度比，且不产生照明而引起的眩光。

1.照明标准：教室的照度标准为150勒克斯。

2.照明质量：（1）照度均匀；其均匀度不应低于0.7（即最低照度与平均照度之比）；（2）适宜的亮度及亮度比；书本与课桌面的亮度比为2：1；书本与地面、与窗户、与墙面、顶棚的亮度比为5：1；前墙与黑板的亮度比为10：1；书本与黑板的亮度比为15：1。（3）避免眩光及光幕反射。为避免由室内灯光引起的直接眩光，应将灯具不设在人眼视野45°～85°的区域内。

二、学校噪声控制

（一）学校的噪声来源。学校外部的噪声主要是城市道路等交通噪声和工厂发出的生产噪声等；学校内部的噪声有体育场、校办工厂等发出的噪声；建筑物内部的噪声有人在走廊、楼梯上行走时的脚步声、谈话声；卫生间的冲水声；音乐教室及电化教室的乐器声、歌唱声、扩音声以及教室内的朗读声等。

（二）学校噪声控制的途径与措施。主要是通过学校总平面布局及建筑平面组合设计，使噪声在传播过程中逐渐衰减，同时也要通过建筑物及房间的构造设计来达到控制与隔绝噪声的目的。

三、教学用房的保温、隔热、通风与换气

我国幅员辽阔，南北方地区气候相差悬殊，南方地区气候炎热，要求教学用房隔热并有良好的通风；北方地区气候寒冷，冬季要求解决房间的采暖、保温和适量的换气。

教学用房的保温，首先应当选择适当的采暖设施和确定适当的室内温度标准；其次在平面布置中，应使教学用房有充足的日照；在空间组合中尽量减少外围护结构的面积；在外围护结构的设计中要有利于保温。

教学用房的隔热，首先应当从屋顶和外墙的构造做法考虑，选择正确的隔热层构造。其次考虑遮阳措施，防止阳光直射室内。还应当组织好自然通风，改善室内温度等室内气候环境。

教室、物理、生物实验室等房间的换气次数不应低于3次/小时；并有采取各种有组织的自然通风措施，使室内二氧化碳浓度低于1.5‰。

教室、实验室的通风，在炎热地区应采用开窗通风的方式；温暖地区应采用开窗与开启小气窗相结合的方式；寒冷地区可采用在教室外墙或过道开小气窗或室内做通风道的换气方式。小气窗设在外墙时，其面积不应小于房间面积的1/60；小气窗开向过道时，其开启面积应大于设在外墙上的小气窗面积的两倍。当在教室的室内设通风道时，其换气口可设在天棚或内墙上部，并安装可开关的活动门。

第十一章 商业建筑设计

商业建筑，不仅仅是商品交易的场所。它在满足人民群众的日常物质生活所需的同时，也创造了城市和集镇的社会活动中心，以及人民群众所喜爱的公共交往空间。本章仅就商业建筑设计作简要阐述。

第一节 商业建筑的分类和布点

一、商业建筑的分类

商业建筑一般分成四大类：百货、专业商店、饮食服务行业、修理业。

百货店，往往也泛指大型综合性商店。

专业商店包括：布店、服装店、鞋帽店、钟表眼镜店、五金交电、器材店、书店、药店、副食店、家具木器店等等。

饮食和服务行业，包括：浴室、理发店、洗染店、照相馆、邮电所、储蓄所、饭馆、小吃店等等。

修理行业，包括：各类缝补店、修理店。

二、商业建筑的布点

（一）商业布点应满足城市规划的要求，应使顾客方便。商业设施的内容应根据居民的生活习惯，居民的平均购买水平和合理的服务半径等因素决定。

（二）应有便利的交通条件。1.商业设施只有与城市公共交通和自行车道路系统保持密切的联系，才能使居民用比较经济的时间和费用，满足生活的需要。2.应有完善的货运系统，一方面使货运道路方便地服务到各家商店，另一方面使货运交通不与营业厅，特别是不与步行购物、游览人流相互交叉干扰。

（三）商业设施的布点，要适应居民的各种心理因素的要求。内容比较接近的商店可组合在一起，如布料与丝绸、服装与鞋帽等。这种组合关系，尤其对非日用品，具有诱导、启发选购的作用。以妇女为主要顾客的商店，如妇女用品、儿童用品、床上用品和化妆品店等，宜布置在街区内部，并与综合商场、服装店等相邻。为老年人服务的中老年服装店、旧货店、药店等，位置要便捷，并宜根据老年人喜欢逛街、聊天的特点，结合茶馆、酒馆、小吃店和书场、戏院等布置，适应他们"购物＋消遣"的活动特征。家具店和家用电器商店，宜置于商业区的外围。强、弱吸引力的商店应结合布置，高峰流量时间相同的设施宜避免相邻安排。采购频率较高的服务项目，如烟酒、糖果、食品和冷热饮店，应分散间隔布置，随时随地提供服务。影剧院和其它娱乐场所，应布置在街区外围，以利疏散，并宜结合布置一些小吃、冷热饮店和报刊等服务设施，满足人们"吃＋玩"的联带需求。

（四）商业网点中，各类商业服务设施应有适当的比例，一般商业占50～70%，饮食占15～20%，服务设施占20～30%。

三、商业建筑的布置形式

一般分三种方式：沿街式，成片式，沿街和成片相结合的方式。

（一）沿街式：这种布置方式应根据道路的性质和走向等综合考虑。在运输繁忙的城市交通干线上一般不宜布置。在沿城市主要道路或居住区主要道路时，可视交通量沿道路一侧或两侧布置，应注意减少人流和车流的相互干扰。沿街布置公共建筑时，应根据公建的功能要求和行业特点相对成组集中布置。一般不宜把有大量人流的公共建筑布置在交通量大的交叉口。对于吸引人流多的公共建筑应注意留出广场供人流集散、车辆停放等（图11-1）。

上海石化总厂居住区中心平面图
1
2
3
4
1.影剧院　2.饭店　3.旅馆　4.百货店
—各类商业、服务业沿街布置

图 11-1　沿街线状布置商业服务网点

（二）成片式：应根据各类建筑的功能要求和行业特点成组结合分块布置，在建筑群体的艺术处理上既要考虑沿街立面的要求，又要注意内部空间的组合，以及合理地组织人流和货流的线路（图11-2）。

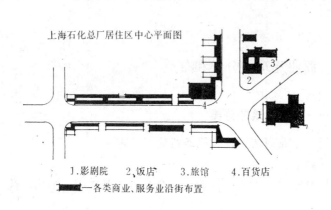

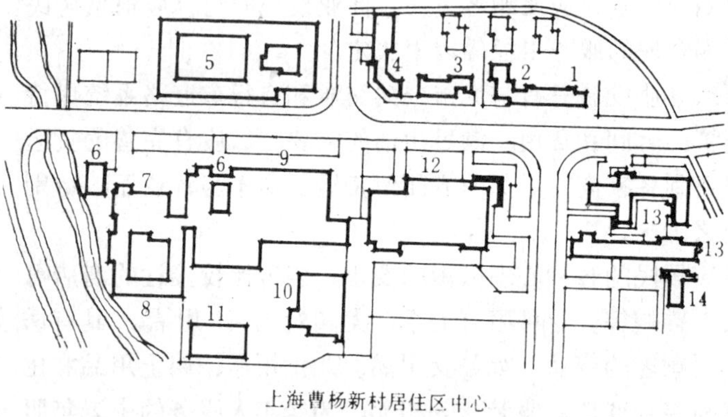

1
2
3
4
5
6
6
7
8
9
10
11
12
13
13
14
上海曹杨新村居住区中心

图 11-2　独立地段成片地布置商业服务中心

1.街道委员会；2.派出所；3.人民银行；4.邮电支局；5.文化馆；6.商店；7.饮食店；8.厨房；9.商店；10.浴室；11.仓库；12.电影院；13.医院；14.接待

南京梅山炼铁厂居住区中心总平面
1
2
3
4
5
6
7
8
9
10
11
5

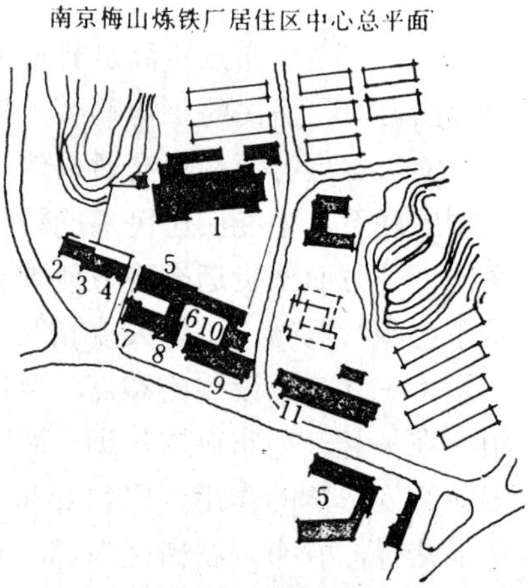

图 11-3　沿街和集中成片相结合布置商业服务中心

1.电影院；2.银行；3.居委会；4.电讯局；5.招待所；6.日杂店；7.理发；8.饭店；9.幼儿园；10.综合修理；11.商店

（三）沿街和成片相结合：这种方式吸取了沿街式和成片式的优点，如沿街住宅底层商店比较节约用地，易于取得较好的城市沿街面貌；成片式可以充分满足各类公共建筑布置的功能要求等。这种方式又减少了沿街和成片式的不足，如沿街式在使用和管理上有些不便，成片式用地面积稍大等（图11-3）。

第二节　百货商店的设计

一、百货商店的组成和总平面布置

（一）百货商店的组成

百货商店的组成一般可分为营业部分、仓储部分和辅助部分（图11-4）。

1.营业部分：包括营业厅及其营业附属用房和顾客直接使用的休息室、卫生间、出入口、楼梯间等。

2.仓储部分：包括总仓库、分部仓库、散仓、整理间、管理间等，及该部分使用的交通面积。

3.辅助部分，包括陈列橱窗、办公业务用房、职工生活间、修理间和变配电间、空调机房、锅炉房、车库、各种值班室等，及该部分使用的交通面积。

（二）百货商店的规模及各部分面积分配指标

1.百货商店的规模

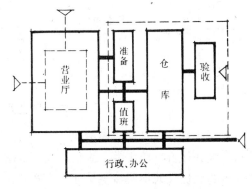

图 11-4　百货商店功能关系图

百货商店的规模一般分三种，大型百货商店的建筑面积为15001m²以上；中型为3001～15000m²；小型为3000m²以内。

2.百货商店各部分面积分配指标可参见表11-1。

百货商店面积分配指标　　　　表 11-1

规　　模	营　业 （%）	仓　储 （%）	辅　助 （%）	备　　注
＞15000m²	＞34	＜34	＜32	不包括职工住宅和
3000～15000m²	＞45	＜30	＜25	福利设施
＜3000m²	＞55	＜27	＜18	

（三）百货商店的总平面布置

百货商店的总平面布置，主要涉及到营业、仓储、辅助三部分之间的关系。一般行政办公部分可与营业或仓储部分结合，但必须保证其管理和对外联系上的方便。辅助部分可相对地独立些，并应适当地集中，注意减少其对营业厅的干扰。但又必须保证其为营业、仓储服务的方便。职工生活间可独立或集中设置，除单身职工宿舍外，职工住宅一般应适当地与营业、仓储部分分隔，以避免彼此间的干扰（图11-5）、（图11-6）。

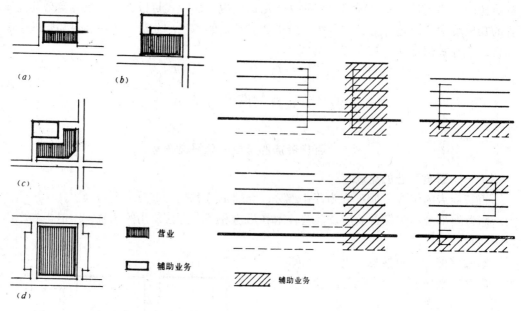

图 11-5　百货商店总平面布置　　　　　图 11-6　营业部分与辅助部分的关系

二、营业厅的设计

（一）营业厅设计的一般要求

1.在综合性百货商店中，各层营业厅的配置应与商店内的人流布置有密切的关系。一般在商店的底层或其他明显易见处，宜布置销售量大、选择性弱的商品柜，如小百货、小五金、食品烟酒等，以保证顾客人流的通畅。笨重商品应该设于底层较僻静、不妨碍人流的区域，如家用电器等。选择性强的商品，尤其是妇女儿童用品的柜台，一般设于楼上各层或商店的内部，如服装、床上用品、化妆品、鞋帽柜等等。

2.对于大空间的商店，宜考虑在室内布置及装修等方面的分区，同时注意人流的导向性处理，以引导商品的购买。

3.处理好商店的通风，当空间大、自然通风不能解决时，应结合考虑机械通风。

4.合理设计商店的照明，在考虑商店空间照明的前提下(一般以 $300 \sim 500$ lx 为宜)，应着重考虑商品的局部照明（一般为空间照明的 $2 \sim 3$ 倍），并应注意照明的颜色不致使商品颜色改变、失真。

5.在营业厅的墙壁和顶棚上安装多孔吸声板，以改善商店内人多声音嘈杂的噪声环境。

6.商店在二层以上应设厕所。

7.营业厅的地面应耐磨防滑，不起尘。

（二）营业厅使用面积的估算

1.营业厅的使用面积可按平均每个售货位（包括顾客占用面积）以15m²计算。当在营业厅需设置少量散仓时，如超过每个售货位15m²时，其超过的部分应计入仓储部分的面积。

2.顾客休息室或饮水处的使用面积，按营业厅面积的1～1.4％计算，如附设小卖部和库房可增加15m²。

3.顾客和售货员共同的卫生间，可按营业厅面积每250m²，在男厕所设大便器一个和小便斗二个（或每斗折0.5m长小便槽）和女厕所内设大便器二个。前室内应设污洗池和洗脸盆各一，但按每增六个大便器增加洗脸盆一个。

（三）营业厅的平面形式及结构方式

营业厅的平面形式一般有长条式、大厅式、混合式三种。（图11-7）其结构方式一般以砖混和框架两种结构方式居多。

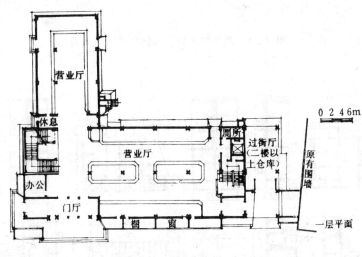

（a）厅式（天津侈楼商场）

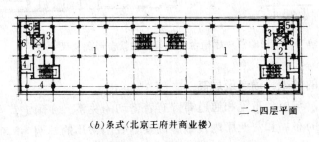

二～四层平面

（b）条式（北京王府井商业楼）

图 11-7 营业厅的平面形式

营业厅的柱距（开间、进深尺寸）应考虑到货柜的布置和人流的组织。

（四）营业厅的平面布置形式

营业厅的平面布置形式主要指货柜布置与通道的形式。根据货柜的布置，构成营业厅内的通道网，通道网又形成了营业厅内的顾客流向。它与出入口位置、楼梯、电梯等上下交通设施的位置密切相关（图11-8）。

营业厅柜台、货架的尺寸，应根据商品的性质、种类进行设计、选择，同时应考虑到人体尺度。柜台和货架的组合则应考虑货柜的布置方式和人的活动所需空间。常用的营业厅柜台、货架、收款台尺寸见图11-9，其布置方式一般有封闭式、半封闭式、开敞式和混合式四种（图11-10）。

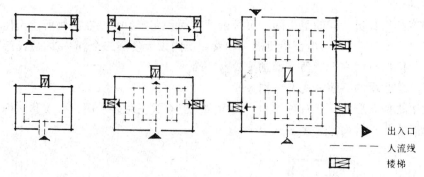

出 入 口
——— 人流线
楼梯

图 11-8 商店出入口、人流和楼梯的关系

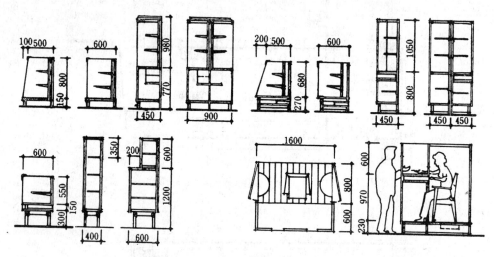

图 11-9 常用的营业厅柜台、货架与收款台形式及尺寸

（五）营业厅适宜的柱距、通道及层高

营业厅内柱网布置，与柜台布置和通道布置有着密切的关系。在确定营业厅的柱网布置时，应考虑到营业厅的布局和营业厅内视线等因素。我国常用的柱网为$6.0×6.0$m，也可扩大到$7.5×7.5$m或$9.0×9.0$m的柱网。

通道的宽度按柜台前站立顾客所需宽度为450mm，通行每一股顾客人流所需宽度为600mm来计算。则：W（宽度）$=2×450+600N$（人流股数）根据人流的计算和经验，常采用表11-2中的数据。

营业厅内通道最小净宽度   表 11-2

通 道 位 置	最 小 净 宽 度 (m)
1. 通道在柜台与墙面或陈列窗之间	2.20
2. 通道在两个平行柜台之间	2.20～4.00
3. 柜台边与开敞楼梯最近踏步间距离	$\varDelta$m，并不小于楼梯间净宽度

190

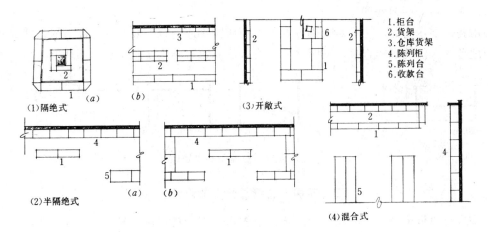

图 11-10　营业厅货柜的基本布置方式

商店层高的确定，与建筑物内部的灯具布置、吊顶形式以及空调、通风等因素有关。通常一层营业厅的层高稍高一些，其他各层则采用统一的层高。一般一层营业厅的层高为 4.5～6.0m，其他各层则为 3.6～4.5m。

（六）橱窗的设计

1. 橱窗的设计要求

（1）橱窗供陈列商品用，数量要适当，不宜过多；橱窗的大小应根据商店的性质、规模、位置和建筑构造等情况而定，不宜采用过大的玻璃；橱窗的朝向以南、东向为宜，避免西晒，可适当考虑遮阳措施，以免损坏陈列品。

（2）橱窗同时应该考虑避免眩光的措施，若橱窗内布置灯光，也应考虑避免眩光的措施。

（3）橱窗内应考虑陈列支架的固定措施：应设进入橱窗的小门，一般尺寸 700×1800 mm，小门设在橱窗侧面较为适宜。

（4）布置橱窗应考虑营业厅内的采光和通风，封闭式橱窗一般采用自然通风，采暖地区可不采暖。

2. 橱窗的剖面形式

（1）开敞式：适用于陈列大件商品（图11-11(a)）。

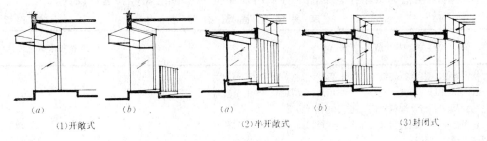

图 11-11　商店橱窗的剖面形式

（2）半开敞式：自然通风和采光良好。（图11-11(b)）

（3）封闭式：营业厅内布置完整，橱窗内清洁，但通风散热差（图11-11(c)）。

3.商店入口与橱窗处理

利用橱窗展示商品，为的是吸引顾客进入商店购物，所以一般橱窗与商店入口的关系可适当地考虑人流的顺畅直接，同时又要注意人流停留时不至于阻塞进出商店的入口。

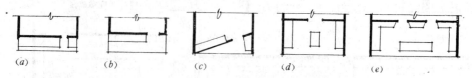

(a) (b) (c) (d) (e)

图 11-12 商店入口与橱窗的基本处理方式

三、库房（仓储部分）的设计

库房应有靠近道路的单独出入口。大门位置需妥善安排，应尽量减少交通面积，缩短走道长度和充分利用空间。库房应按商品的性质，作好商品的防潮、隔热、防火及防虫等措施。

库房可沿营业厅货架分散设置或集中单独设置。分散设置使用方便，但库房不能互相调节，集中设置管理方便，货运与人流不交叉，但使用上有些不便。故较多的采用混合式布置，即大量的货物集中存置库房中，营业厅的货架后设置一定量的散仓（图11-13）。这样既保证管理上的便当，又满足使用的需要。

单独建造的库房进深：单面采光时不宜大于12m，双面采光时不宜超过30m。单层库房的跨度一般为6m、9m、12m、15m，多层库房的柱网一般为5×7m、7.5×7.5m。层高：单层货架时为3.0m，双层货架时为5.5m。

(a)开敞式 (b)集中式 (c)混合式

图 11-13 库房的基本布置方式

库房的面积指标根据经营商品的性质有所不同，可参见表11-3进行设计。

库 房 使 用 面 积 参 考 表   表 11-3

商　品　种　类	按每个售货位计(m²)
首饰、钟表、眼镜、高级工艺美术品	3.00
衬衣、纺织品、帽类、毛皮、装饰用品、文具类、照相光学器材、无线电(中小件)类	6.00
包装食品、书籍、绸缎布匹、电气(中小件)类	7.00
儿童用品玩具、旅行用具、乐器、体育用品、日用手工艺品类	8.00
油漆、颜料、鞋类	10.00
服 装 类	11.00
五金、玻璃、陶瓷用品类	13.00

注：1.当某类商品仅有一个售货位时，库房面积为表内数字的1.5倍。
　　2.家具、大型家用电器、车辆类存放间面积按实际需要确定。

百货商店中辅助部分的设计按实际的需要确定。

第三节　自选商场的设计

自选商场常以出售食品和小百货为主，有的自选商场也出售百货和电器等大件商品，它是一种综合性的自选形式的商店。

自选商场的商品布置和陈列要充分考虑到顾客能均等地环视到全部的商品。营业厅的人口要设在人流量大的一边，通常入口较宽，而出口相应窄一些。根据出入口的设置，设计顾客流动方向，以保持通道的通畅（图11-14）。

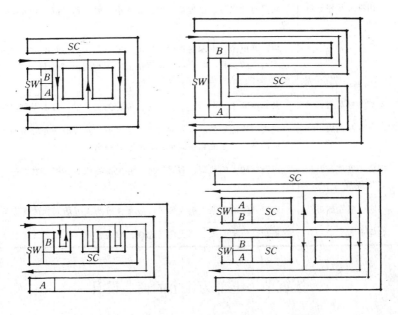

SC.开架柜台　　SW.存包架　　B.存包、租篮、租车　　A.收款台

图 11-14　自选商场平面设计

营业厅内食品与非食品的布置，通常是在入口附近布置生活的必需品——各种食品，以利吸引顾客；而以非食品为主的自选商场，顺序恰恰相反，应突出主要的商品。

自选商场的出入口必须分开，通道宽度一般应大于1.5m，出入口的服务范围应在500 m^{2}以内。有条件的营业厅出口处设置自动收银机，每小时500～600人设一台。在入口处要放置篮筐及小推车供顾客使用，其数量一般为入店顾客数的1/10～3/10。

第四节　专业商店的设计

各类专业商店，或在综合商店中的专业商品柜、营业厅，都有它们特殊的一些要求，包括货柜的形式、尺寸；货柜的布置方式以及各种设施。下面仅就各类专业商店的设计原则列表11-4。

序　号	名　　　称	设 计 原 则 和 必 要 的 设 施
1	绸缎布匹、衣料商店	货架应考虑到布匹料的尺寸，营业厅内可考虑裁剪台的布置（2.0～2.5m×1.1～1.2m），同时营业厅应设展架和售台
2	服装商店	出售服装的柜台超过5个货位时，每货位按1.5～2.0m²设试衣间，试衣间可由屏风围成。服装店可与服装加工厂结合布置，采取前店后厂的方式。成衣部布置在营业厅的前部，定制部布置在后，且分设试衣间
3	眼镜店	应设有验光室、暗室、修理柜和镜片室。且验光、等候应与营业厅分开设置，保持各自的安静及通风良好，并应有较好的自然采光
4	照相机及照相器材店	应设有小暗室、修理柜、展台和展柜、展台和展柜应有很好的遮阳、防尘处理
5	电器商店	应设有电源、电器修理间、展柜和展台，其展柜面积应相应地较大。同时应设有检查收录机、收音机、电视机的专用小间、可按每一工作人员6m²计，但不少于12m²
6	音响器材商店	其基本要求同电器商店。并应设隔音的试音室，每小间面积为2～8m²
7	水果食品商店	应设有冷冻设备、冷冻间或冷冻玻璃柜、其货柜以开敞为主。店前应有应时货摊的位置，应注意不同类商店的适当距离
8	陶瓷、玻璃器皿和工艺品商店	应设有较大的展览、布置场地，并配备特殊的展柜和展架等
9	书店、唱片商店	应设开敞的书架、唱片架等，应有良好的试听场间和试听设备
10	鞋帽商店	柜台、货架的尺寸形式应考虑鞋、帽的特点、应设置试鞋凳、椅、镜等

第五节　上部为住宅的商店设计

一、底层商店与上部住宅的几种布置方式

（一）住宅与商店上下叠合布置

这是上部住宅底层商店中最常见的布置方式。图11-15所示的剖面图中，可以看出住宅与商店的位置关系，解决营业厅大空间要求的各种方法以及在考虑营业厅采光通风、结构处理方面的不同特点。

1.底层商店与楼层住宅同样进深（图11-15(a)）

若商店规模较小，可以纵墙承重，前部为营业厅、后部为仓库，上部横墙荷载用梁承重。商店规模较大，前后跨均为营业厅，营业厅内采光通风好。仓库可设于营业厅的一侧或两侧，但进货时可能与顾客人流交叉。底层柱网的布置必须充分考虑上部住宅的结构布置，可以采用全框架、或局部框架，或底层框架抬上部住宅。

2.底层仓库或营业厅后凸（图11-15(b)）

仓库附建在主体后面，仓库与营业厅联系好，又便于与后院组织在一起，管理方便。附建的仓库一般应降低层高以保证营业厅的通风。当营业厅面积较大又受红线限制时，也可将营业厅后凸。

(a)底层、楼层同进深

图 11-15 （a）底层楼层同进深

(b)底层仓库后凸

图 11-15 （b）底层仓库后凸

3.底层营业厅前凸（图11-15(c)）

营业厅部分前凸，主体底层的后跨作仓库等。楼层住宅的上下水 等管 线可从 后 跨下来，不穿过营业厅，住宅比商店略后退又可减少街道噪音干扰。

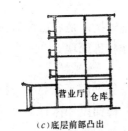

(c)底层前部凸出

图 11-15 （c）底层前部凸出

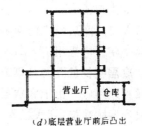

(d)底层营业厅前后凸出

图 11-15 （d）底层营业厅前后凸出

4.底层前后都凸出（图11-15(d)）

底层面积多，使用好，但占地较多。

（二）商店作为连续体与住宅楼垂直

当街道为东西向时，可将住宅略后退，仍沿南北向布置，而以商店作为几栋住宅山墙间的连续体，沿街道东西向布置。这样既保证了住宅的良好朝向，也解决了街景美 观问题。商店的大营业厅一般设置在前面或连接部分，不受住宅限制。辅助用房可设在住宅底层（图11-16）。

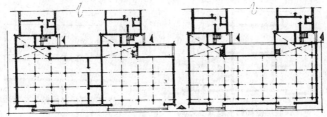

图 11-16 商店与住宅楼垂直布置（上海）

（三）商店位于街道转角处，与住宅相连

在街道转角处作商店大营业厅，将两旁的住宅楼连接起来，使街道转角处建筑体型丰富，而住宅楼仍保持简单的长条形，不用转角，对使用和结构均有利（图11-17）。

二、住宅底层入口及楼梯间的处理

基本要求就是要使居民和商店的各种流线分开，互不交叉干扰，并应 注意使 流线简捷。由于地段条件和楼层平面的不同，住宅有前入口、后入口等不同方式，有时出入口和

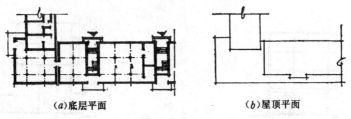

(a)底层平面 　　　　　(b)屋顶平面

图 11-17　商店位于街道转角处（北京）

楼梯间还需要作一些特殊处理。

（一）前入口：

住宅以临街面入口，与顾客人流干扰多，又将商店分隔得较小，没有灵活性，这种方式采用较少。

（二）后入口：

住宅后入口，商店顾客前面入口，居民与顾客互不干扰，是底层商店住宅入口最常见的形式，为了使住宅采用后入口，有时需对底层楼梯作特殊处理。

（三）底层楼梯的几种处理方式

1.楼梯直通到底。由于底层层高较高，楼梯处理与标准层不能完全一样。最简单的办法是标准层作两跑楼梯，到底层改三跑，仍可采用标准的楼梯段和休息平台（图11-18(a)）。

2.楼梯第一跑向前延伸，打通一间房。

当住宅采用后入口，而楼梯由于朝向等原因设在前面时，底层第一跑向前延伸打通一间房（图11-18(b)）。

3.楼梯移位。当住宅采用后入口，而住宅楼梯在前面时，可将底层楼梯移到后面。这样作虽比较复杂，但底层商店可以不被住宅隔断，使用较好（图11-18(c)）。

4.设公共交通廊，减少楼梯数量。在底层减少住宅入口和楼梯数量，而在商店以上设置一层公共交通廊，居民经交通廊进入各单元楼梯间。公共交通廊可设在特殊的平面层内，或利用底层商店的屋顶面（图11-18(d)）。

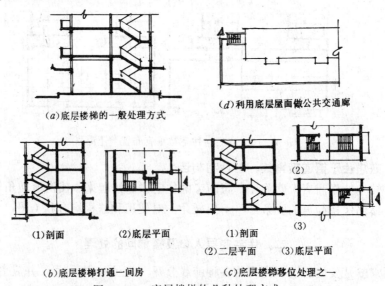

(a)底层楼梯的一般处理方式　　　(d)利用底层屋面做公共交通廊

(1)剖面　　(2)底层平面　　　(1)剖面　　(3)底层平面
　　　　　　　　　　　　　　　(2)二层平面

(b)底层楼梯打通一间房　　　(c)底层楼梯移位处理之一

图 11-18　底层楼梯的几种处理方式

第十二章 旅馆建筑设计

第一节 旅馆的分类、选址和设计要求

一、旅馆的分类

旅馆的种类很多，按其性质一般可分以下三类：

（一）**普通旅馆**：为一般旅客使用，主要是商业上、事务上的旅行者、出差公务人员等对象。建于城市繁华及交通方便的地段。

（二）**招待性的**：供招待宾客，召开各种会议及组织各种活动等使用。一般属各企、事业单位，政府各部门等内部使用，会议淡季一般也对外开放，提高其使用效益。

（三）**旅游旅馆**：一般建于风景名胜地或城市环境优美的地段，主要供国内外旅游者使用，有的也可供休息疗养用。

此外，还有度假村形式的公寓式，别墅式旅馆，同体育竞赛设施结合的运动员村等。如广东珠海市的度假村、北京亚运会运动员公寓等。

本章主要介绍旅馆设计的有关知识。旅馆根据使用功能，按建筑质量标准和设备、设施条件，由高至低划分为一、二、三、四、五、六级 6 个建筑等级。旅游涉外饭店，应有明确的星级标准，符合相应的有关规定。旅馆分级的具体标准结合各部分的讲述进行介绍。

二、旅馆的选址

（一）基地有足够大的面积以便解决旅馆的各种功能问题。能满足车道和停车场的安排。

（二）基地应该能为旅客提供一个较为舒适愉快的环境，一般应避开有污染气体的工厂和噪音源，保证空气清新，环境安静。

（三）基地应能有利于解决各种市政工程管线的敷设，与市中心及各交通港、站等有方便的交通联系。

（四）应该考虑旅馆的经济效益，与附近旅馆在营业上的竞争和合作的可能。

三、旅馆的组成

旅馆的组成比较复杂，视规模、标准的不同在组成上也有简单与复杂的差别。一般可分为以下几个部分：

（一）**客房部分**：包括客房，服务台（服务间、被褥库房、卫生间、开水间等），交通面积（走道、楼梯、电梯等）。

（二）**公共部分**：包括入口大厅（主门厅、休息厅、总服务台及有关的问讯、银行、

邮政、电话、行李存放、代购车票、理发美容、医务、旅行社等）；前台管理（值班经理、保卫、接待等）；商店部分（小卖或商品营业及其库房等）；体育、娱乐设施（游泳池、健身房、台球室、电子游戏、娱乐室以及更衣、卫生间、库房、交通面积等）。

（三）**饮食厨房宴会部分**：包括饮食部分（各类餐厅、酒吧等）；厨房部分（各类餐厅相应的厨房、以及厨房有关的粗加工、冷饮加工、贮存库房、厨工服务用房等）；宴会友谊部分（大小宴会厅、出租会议会客室、友谊厅娱乐厅等）。

（四）**行政生活服务部分**：包括行政管理部分（各类行政办公室、以及相应的库房、卫生间等）；职工生活部分（职工宿舍、食堂、总务库房等）；后勤服务部分（总务办公、行政车库等）。

（五）**工程维修机房部分**：包括工程维修部分（各类修理办公用房、库房及辅助用房等）；机房部分（电梯、电话、消防、冷冻等各类机房）。

（六）**人防部分**：

标准低、规模小的旅馆，一般只简单地划分为客房部分、公共服务部分、餐厅厨房部分及管理部分。

旅馆各组成部分的关系见图12-1。

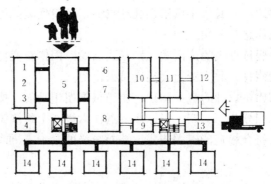

图 12-1　中小型旅馆的功能组织分析图
1.行政办公；2.值班；3.总服务台；4.电话总机；5.门厅；6.酒吧；7.餐厅；8.小吃部；9.配餐；10.厨房；11.库房；12.辅助用房；13.职工用房；14.客房

四、旅馆的设计要求

（一）旅馆的公共活动、饮食服务及后勤供应部分应尽量放在底层或中心位置。

（二）公共活动和服务、饮食等嘈杂部分与客房部分应有适当的距离，但又要联系方便。尽量避免旅客路线与服务路线交叉或混淆。

（三）必须遵守有关防火的设计要求、解决好疏散、消防等有关问题。

（四）妥善处理好有关照明、通风、采暖、供水、供电、隔声等技术、设备问题。

（五）旅馆设计应努力创造一种舒适、亲切的环境气氛。在家具设计、室内陈设、装修、设备等诸方面认真考虑，创造出能满足旅客各种要求的"第三环境"。

第二节　旅馆建筑的参考指标

一、二、三、四级旅馆建筑综合建筑面积各部分分配指标可参见表12-1的规定。五、六级旅馆建筑各部分建筑面积的分配指标可参见表12-2执行：

各级旅馆综合建筑面积各部分分配指标　　　　　　表 12-1

分　级	分　项　名　称					
	综合建筑面积	其中：客房部分	公共部分	餐饮部分	行政部分	工程机房部分
一级m²/间	84～100	46	6	11	9	9
二级m²/间	76～80	41	5	10	9	8
三级m²/间	68～72	36	3	9	8	4～6
四级m²/间	50～56	34	2	7	7	2～4

注：1．人防面积包括在总指标内；
　　2．用地系数的一般控制数量，多层旅馆一般在一比二至一比三之间，超过十五层的旅馆一般在一比四至一比八之间。
　　3．间，即为标准间，以双床间为标准间。
　　4．本表摘自国家计委1986年关于颁发《旅游旅馆设计暂行标准》的通知。

一般旅馆建筑面积定额参考指标　　　　　　表 12-2

规　格 （床）	平均建筑面积 （m²/床）	客 房 面 积 （m²/床）	公 用 面 积 （m²/床）	辅 助 面 积 （m²/床）
1000左右	11.5～13	4～4.5	4.5～5	3～3.5

注：1．客房以四床为主，占80％左右，1～2床占15％左右，其余为多床间；
　　2．公用面积包括门厅、会客、内部餐厅、厨房、浴室、理发、会议、服务台及过厅、楼电梯等等；
　　3．辅助面积包括办公、职工餐厅厨房、后勤仓库；单宿、配电、电话总机、维修、锅炉房、车库、洗衣、医务等。
　　4．本表摘自北京市建筑设计院1979年《食堂、单宿、幼儿园、电影院、一般旅馆暂行定额标准》。

第三节　旅馆的总平面设计

一、旅馆总平面的组成

　　除建筑物外，还须适当考虑庭院绿化、道路、广场、停车场和厨房的杂物院等。在名胜古迹和风景区设计旅馆时，可结合周围的环境布置游泳场、露天茶座等。

二、旅馆各种出入口分析

　　（一）主要出入口（旅客出入口）：位置要显著，宜面向主干道。

　　（二）辅助出入口（对外餐厅、茶室、商店、会议等出入口或其他备用出入口）：布置时应避免不住在本旅馆的客人出入时穿过旅馆的大厅或内部使用空间。

　　（三）供应出入口（货物、家具、垃圾出入口）：出入口的宽度应满足运输工具的要求，一般应避免与其他出入口的交叉，且避开主要道路。

　　（四）职工出入口（供职工上、下班及行政服务用出入口）：一般应避免与旅客人流使用的交通路线产生交叉干扰，保持其独立性。

三、停车方式

根据具体情况可设地下车库、独立车房或室外停车场，或按城市规划部门规定设置公用停车场地。应注意人车分流及内外车流分驶。

四、总平面的布置方式

一般采用集中式、分散式和庭院式三种。

（一）集中式：

宜建于人口稠密的市中心区，应注意停车场的布置，周围绿化处理和街景的美观。图12-2（a）所示为北京华园饭店，华园饭店是中档涉外旅游饭店，设有客房120间，中餐厅、西餐厅、酒吧、大厅、四季厅等。华园饭店的总平面设计即为集中式布局。

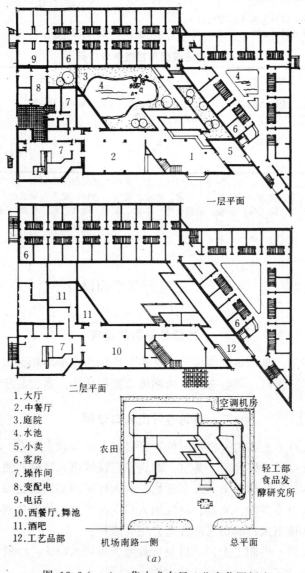

1. 大厅
2. 中餐厅
3. 庭院
4. 水池
5. 小卖
6. 客房
7. 操作间
8. 变配电
9. 电话
10. 西餐厅、舞池
11. 酒吧
12. 工艺品部

（a）

图 12-2（a） 集中式布局（北京华园饭店）

（二）分散式

各部分按性质进行合理分区，但相互间又要联系方便，管线和道路不宜过长，对外部分应有独立出入口。图12-2（b）即为分散式布局的实例。南通文峰饭店总体采取比较分散的布局，建筑物间用半敞廊相连，高低错落，形成分散的庭院式建筑群。

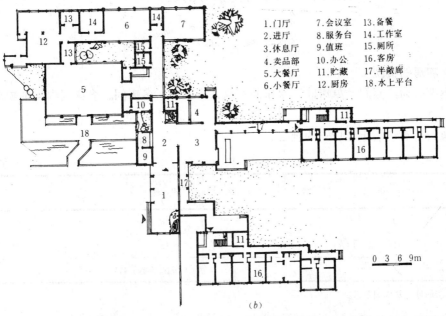

1.门厅	7.会议室	13.备餐
2.进厅	8.服务台	14.工作室
3.休息厅	9.值班	15.厕所
4.卖品部	10.办公	16.客房
5.大餐厅	11.贮藏	17.半敞廊
6.小餐厅	12.厨房	18.水上平台

0 3 6 9m

（b）

图 12-2(b)　分散式布局（南通文峰饭店）

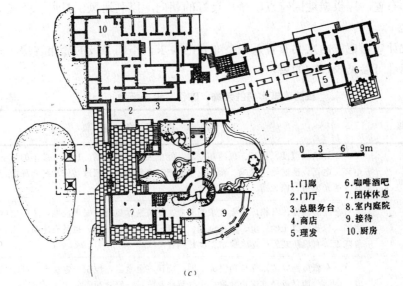

0 3 6 9m

1.门廊	6.咖啡酒吧
2.门厅	7.团体休息
3.总服务台	8.室内庭院
4.商店	9.接待
5.理发	10.厨房

（c）

图 12-2(c)　庭院式布局（上海龙柏饭店）

公共部分和客房部分均较为独立，相互干扰少，客房有安静的环境。

（三）庭院式

庭院式布局，即采用中心庭院为旅馆的公共交通及活动中心，围绕庭院布置公共活动用房。庭院可敞可蔽，可布置山石、碑亭、池水等，一般应注意与室外环境的相互渗透以扩大室内庭院空间。图12-2（c）中为上海龙柏饭店，采用的是庭园式布局，布局上充分考虑了与周围环境及原有建筑的协调。

第四节　旅馆客房部分的设计

一、客　房

（一）客房的类型

客房类型分为：套间、单床间、双床间（双人床间）、多床间。多床间内床位数不宜多于4床。

客房净面积不应小于表12-3的规定。

表 12-3

客 房 净 面 积 （m²）

建筑等级	一　级	二　级	三　级	四　级	五　级	六　级
单 床 间	12	10	9	8		
双 床 间	20	16	14	12	12	10
多 床 间				每床不小于4m²		

注：双人床间可按双床间考虑。

（二）客房的设计要求

1.客房的布置，应根据地区特点，争取良好的朝向，以利通风、日照、采光条件的改善。

2.客房设计应考虑室内家具布置及设备布置的要求。不同等级的旅馆客房，其装饰、陈设、设备标准可见表12-4的要求。

旅馆建筑客房的装饰、陈设、设备标准

表 12-4

建 筑 等 级	装 饰、陈 设、设 备 标 准
一级旅馆	有良好的温湿度、新风、风速和室温，能单独调节的空调、18英寸以上的彩电、有闭路电视、电话、唤醒器、音响、冰箱或小酒吧、高级地毯、精致装修和配套陈设。有消防装置、遮光窗帘、调光器、良好的隔音
二级旅馆	有合理的温度、有相应卫生要求的湿度、新风量、风速、噪声控制，不一定单独调节的空调、14英寸以上的彩电、闭路电视、电话、唤醒器、音响、也可有冰箱、上等地毯及装修陈设、有消防装置、遮光窗帘、良好隔音
三级旅馆	可以有新风的空调，亦可用窗式空调，确保冬夏室温，控制一定噪声。可以有14英寸彩电、电话、地毯或局部床边地毯。中等装修和陈设，符合消防条件、厚窗帘
四级旅馆	块料地面、一般墙面、厚窗帘
五级旅馆	普通水泥地面、一般墙面、窗帘
六级旅馆	普通地面、一般墙面

3.客房的室内净高一般为不低于2.6m；当设空调时，不应低于2.4m。利用坡屋顶内空间作为客房时，应至少有8m²面积的净高度不低于2.4m。门洞宽不小于0.9m，高度不低于2.1m。

4.客房内应设有壁柜或挂衣空间。无卫生设备的客房，应考虑脸盆架的位置。

5.客房为天然采光时，其采光窗洞口面积与地面面积之比不应小于1:8。允许噪声级不应大于45分贝。客房的装修、灯光及色彩宜简洁、淡雅。一、二、三级标准的旅馆客房还应配有消防装置，如烟感警报器、自动喷水灭火装置等。

图12-3所示为不同标准的客房平面布置。

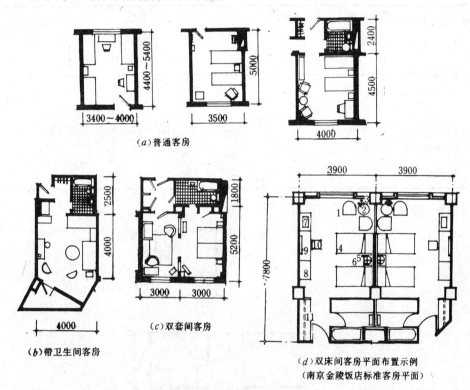

图 12-3 不同标准的客房平面布置

1.棕色粗条布包沙发；2.咖啡大理石铁柱圆桌；3.粗白布黄铜柱、落地台灯；4.钢丝床；5.音箱衣柜；
6.床头壁灯；7.彩色电视机、下部小电冰箱；8.三件组合家具；9.方形组合壁灯镜子；10.棕色粗条布包
凳；11.衣橱

（三）客房中卫生间的设计要求

1.卫生间地面应低于客房地面20mm，地面宜选择耐水易洁材料，墙面应做1.2m以上高度的墙裙。门洞宽不小于0.75m，高不小于2.1m。

2.卫生间应设置通风道，设备的集中管道井宽度不应小于0.6m，且检修门不能开向卫生间。

3.卫生间的平面尺寸必须能布置下所需的卫生设备，一般卫生间的设备视旅馆建筑的等级不同而配备。其卫生间的净面积应符合表12-5的规定。

4.对不设卫生间的客房，应设置集中厕所和淋浴室。每件卫生器具使用人数不应大于表12-6的规定。

建 筑 等 级	一 级	二 级	三 级	四 级	五 级	六 级
净面积(m²)	≥5.0	≥3.5	≥3.0	≥3.0	≥2.5	
占客房总数百分比(%)	100	100	100	50	25	
卫生器具件数(件)	不应少于 3			不应少于 2		

每件卫生器具 使用人数 使用人数变化范围	卫生器具 名　称	洗脸盆或 水 龙 头	大 便 器	小便器或 0.6m长小 便　槽	淋浴喷头	
					平寒地区	炎热地区
男	使用人数60人以下	10	12	12	20	15
	超过60人	12	15	15	25	18
女	使用人数60人以下	8	10		15	10
	超过60人	10	12		18	12

图12-4为常见的卫生间的平面布置

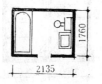

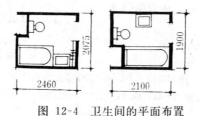

图 12-4　卫生间的平面布置

二、客房层服务用房

（一）服务台

客房层中，每层至少设一个服务台，位置一般在垂直交通附近或转弯的阳角处，面积约5m²，视旅馆的标准可设电话、钥匙柜、讯号箱等不同设施。亦可兼作小卖。每台服务规模一般不超过50间客房，服务半径约40～50m。

（二）服务员休息室

内设2～3个床位，需要自然采光，面积约12～15m²。

（三）开水间

宜设在服务地段中心，内有开水炉、洗皿池、茶具柜等，与服务台联系方便。

（四）清洁工具存放间

内设墩布池，要考虑通风，也可与开水间合并。

（五）被褥、棉织品存放间

可靠近服务台及垂直交通部分，设固定或活动架子存放被褥及棉织品等。

（六）备用家具杂物库

最好每层设一间，位置不限，可利用暗角房间。

（七）垃圾井、脏衣井

高层旅馆中设置，一般结合垂直交通考虑。

（八）会议、会客

客房层中一般不一定设会议、会客等，可根据实际需要考虑。

（九）公共卫生间

包括公共盥洗室、男女厕所和浴室，浴室也可集中设于一层。

三、标　准　层

旅馆客房标准层的平面形式，取决于旅馆的规模、位置、地形、风向、日照、防火、卫生、经营管理等要求及经济条件。

一般多采用在走道的一侧或两侧布置客房的平面，简单而经济。但容易造成室内外空间的单调；两侧布置客房时，走道感觉暗且长。为改善造型或适应地形等方面的要求而出现的凵字形、十字形、三叉形等布局（图12-5（a、b、c））。这些布局形式有可能使建筑的单位面积增加，或中间出现一些设有自然采光的房间。

当标准高的旅馆采用全空调设施时，可将交通及服务设施布置在内环，客房布置在外环。这样可减少总建筑面积，平面紧凑、集中而经济（图12-5（d、e、f））。

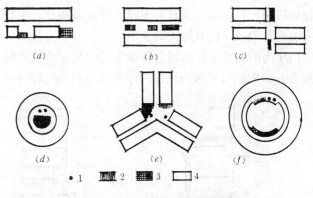

图 12-5　客房标准层平面示例
1.电梯；2.楼梯；3.服务辅助部分；4.客房

一般客房部分的面积应大于总建筑面积的50%，这样的旅馆的总体积才认为是合理的。

第五节　旅馆公共部分的设计

旅馆的公共部分主要包括入口大厅、前台管理用房、商店、康乐设施、会议及有关的公共交通面积。

旅馆的入口处，宜设门廊、雨棚等，标准高的旅馆还应考虑小车进入门廊的坡道。寒冷地区还设门斗或转门。

门厅内根据旅馆规模、标准的不同，分别设休息会客、问讯、银行、邮电通讯、物品寄存、预订票证等服务设施。四、五、六级旅馆建筑门厅内或附近应设厕所、休息、接待等服务设施。在平面布置中，应切实解决好各部分人流路线，避免人流的交叉干扰、交通路线与服务区域的不明确。图12-6为北京和平宾馆入口门厅的人流分析，这个门厅面积紧凑、经济，而各种人流路线清晰、服务分区明确。

前台管理部分，如侦班经理、保卫、接待等，一般应靠近总服务台，在门厅内较僻静处另辟一偶布置。

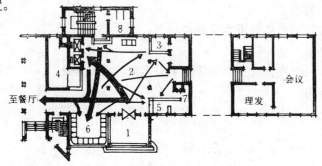

图 12-6　门厅人流分析（北京和平宾馆）

1.门廊；2.大厅；3.接待处；4.衣帽间；5.小卖部；6.休息厅；7.电话间；8.厕所

电梯（客梯、货梯）和楼梯的位置应明显、方便，且有足够的等候面积。电梯的数量取决于建筑物的高度（层数）、搭载人数以及旅馆的标准、规模。每台电梯的承载能力需根据运行速度、规定的荷载及电梯的数量来决定。主要楼梯和疏散梯的宽度及坡度都应满足有关规范的要求以及防火的要求。

门厅内的家具设计和制定这些家具的尺寸应该推敲，特别应注意门厅中的值班柜台和总服务台。图12-7所示为旅馆门厅总服务台的几种剖面形式及尺寸。

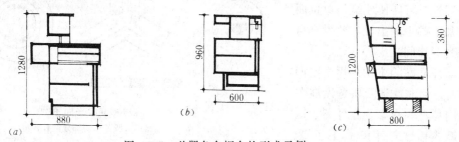

图 12-7　总服务台柜台的形式示例

门厅和休息厅的家具布置应力求将室内空间根据使用功能进行分区，并充分发挥它们在造型、色彩和材料上的特点，务必创造一个使人目悦心怡的气氛。门厅的照明和装修色彩应该根据功能分区的情况分别对待，也有利于创造不同的空间气氛。

第六节　旅馆餐饮部分的设计

旅馆餐饮部分的设计主要指一、二级旅馆建筑不同规模的餐厅、酒吧间、咖啡厅、宴会厅和风味餐厅；三级旅馆建筑不同规模的餐厅、酒吧间、咖啡厅、宴会厅；四、五、六级旅馆建筑的餐厅及其相应的厨房等辅助，交通部分的设计。

一、餐厅的设计

餐厅一般分对内与对外营业两种。对外营业餐厅应有单独对外出入口、衣帽间和卫生间。

餐厅的位置：有位于底层、楼层、顶层、露天或独立设置等方式。当厨房与餐厅不同层时，备餐间和餐厅一般布置在同层，并设置食梯与厨房直接联系。

大餐厅也可按多功能大厅设计，兼作文娱、会议厅等（图12-8）。

餐厅的座位数，一、二、三级旅馆建筑不应少于床位数的80％；四级不应少于60％；五、六级不应少于40％。一般以中餐为主的餐厅使用面积按 $1.5 \sim 1.8 m^2/$ 座，以西餐为主的餐厅使用面积按 $1.8 \sim 2.1 m^2/$ 座。

一、二、三级旅馆建筑中设有的咖啡厅、酒吧等，一般规模不宜过大，但每座面积可适当增加20％左右。提高舒适度。室内装修和陈设应给人以安逸、宁静的环境。可供应茶点、咖啡、冷饮及各种副食、小吃等。可备乐队或立体声音响。一般还对外营业，所以位置既要独立、僻静，又要对外联系方便。

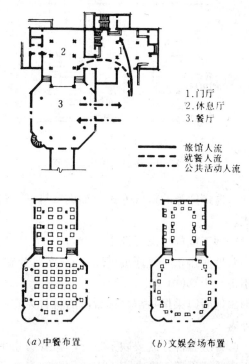

1. 门厅
2. 休息厅
3. 餐厅

—— 旅馆人流
----- 就餐人流
--- 公共活动人流

（a）中餐布置　　（b）文娱会场布置

图 12-8　餐厅的人流分析及平面布置示意

餐厅一般要求有良好的通风，有条件的可结合自然景色或庭院绿化布置。

二、厨房的设计

（一）厨房的位置

1. 设在旅馆的底部：当餐厅对外营业或与外部联系频繁，或以煤为燃料，又无专用电梯时，厨房一般设于底层（图12-9（a、b））。

2. 设在旅馆上部：当餐厅主要对内供应，厨房有煤气、蒸汽及专用电梯等设备时，厨房可设于上部。一般将粗加工设在大楼下部或独立部分中（图12-9（c））。

3. 设在旅馆中部：当旅馆层数高，旅客容量大，各层餐厅位置比较集中时，可采用此种方式（图12-9（d）），

4. 厨房与餐厅最好设在同一层，如必须分层设置，最好相差不超过一层，用垂直提升机送菜。当一个厨房同时供应二个或2个以上餐厅时，应注意其相互间的关系（图12-10）。

（二）厨房的设计要求

1. 空间组合要符合工艺流程的要求，应避免流线的往返交错。厨房应有单独出入口，与旅馆其它部分分开。

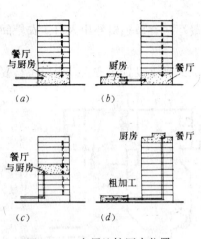

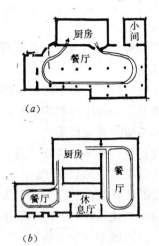

图 12-9 高层旅馆厨房位置　　　　图 12-10 餐厅与厨房的关系

2.选择适当的排气方式，如机械排气、自然排气、排气罩等，以及相应的建筑平剖面形式。

3.加工间的净高不低于3.2m。

4.地面排水：地面坡度以0.5～2％为宜，宽度在6m以下时，可作单面排水，地漏直径不得小于100mm。

5.地面以采用易洁又不太滑的材料为宜，墙裙采用光滑易洁材料。尽量避免线脚与管道外露。

6.厨房各部分既要联系方便，又要防止生食与熟食，净物与污物之间的路线混杂、粗加工要单独设置，冷食间、点心间要适当分开。在产生有害气体的地方，要减少对厨房其它部分的影响。

（三）厨房的平面组合

1.统间式：联系方便，空间大，通风排气好。但路线有交错，油烟和蒸汽会相互影响。适用于中小型厨房。

2.分间式：房厨各部分容易分开、卫生条件较好。但路线长，联系不便、占面积较大。

3.大小间结合：将厨房主要部分组织在大间内，另用隔断将某些部分隔开。这种方式适用于餐厅供应量大的旅馆。

第十三章　影剧院建筑设计

影剧院是指能兼演歌舞、戏剧、话剧、音乐、电影等的综合性建筑物，是人们进行社会文化生活的重要场所，是城镇的主要公共建筑。影剧院往往处于城镇比较重要的地段，它的面貌往往能反映一个地方的文化和技术经济的发展水平。对一个好的影剧院来说，关键是解决好观和演的问题。应该满足演员演好、观众看好、听好，并保证安全和舒适。

影剧院的设计涉及面很广，除了一般的建筑、结构、水、暖、电外，还要深入研究声学、视线设计、舞台设施、放映设备以及戏剧演出、戏剧改革、社会生活与人们心理等对影剧院建筑设计带来的影响。

第一节　概　　述

一、影 剧 院 的 规 模

影剧院的规模一般按观众厅容纳的观众座位数来划分。特大型为1601座以上，大型为1201～1600座，中型为801～1200座、小型为300～800座。话剧、戏曲剧场不宜超过1200座，歌舞剧场不宜超过1800座。

影剧院规模的确定与下列因素有关：

（一）与主要演出剧种有关

如话剧院要求视距近，规模宜小；歌舞剧、音乐厅可以大到1500座以上而并不影响一般视听效果；地方剧则介于二者之间。

（二）与规划服务范围有关

如居民生活区内，一般按每千人36～38座考虑电影院的规模，且最远居民看戏的步行距离不超过500m为宜。

（三）与电影放映设备条件有关

我国目前35mm固定式放映机的光通量为6000流明。为保证必要的银幕亮度，观众厅长宜在30m左右，如以21～27m中等跨度的观众厅计，在不设楼座时，容量约为1000～1400座。

（四）考虑地区材料、施工技术条件等

一般来说，影剧院容量大、跨度大、结构要求高，施工比较复杂。

此外，电视的普及，也对戏剧、电影产生一定的影响。若影剧院规模过大，势必影响其经济效益。但另外的一面是，人们已不单纯只满足看戏、看电影，在看戏、看电影的同时，希望同时享受其他的社会服务，如购物、康乐、游戏、交谊等。这样就在深圳、石家庄等城市中出现了电影城（或称影视世界等），集电影、电视录相、弹子房、健身房、歌舞厅、美容、购物、旅馆等于一体的综合性大型公共建筑。

影剧院按其建筑质量标准分为特、甲、乙、丙四个等级。特等影剧院的技术要求根据具体情况确定，甲、乙、丙等影剧院应符合下列规定：

1.主体结构耐久年限：甲等100年以上，乙等50～100年，丙等25～50年。

2.耐火等级：甲、乙等影剧院不应低于二级，丙等影剧院不应低于三级。

二、影剧院的组成

影剧院组成一般有以下三个部分：

（一）演出部分

包括舞台（基本台）、侧台（副台）、后台（主要有为演员及演出活动服务的辅助用房如化妆室、服装、道具、卫生间等）、乐池（专演地方戏的一般不用）及舞台机械设备和灯光设备等、兼演电影的在观众厅后部有放映室、倒片室、电气室等。

（二）观众部分

主要有观众厅、门厅、休息厅、卫生间、小卖部等。有特殊接待任务的还有贵宾室及其相应的辅助用房。

（三）管理及辅助用房

包括办公室、售票房、演员食堂、宿舍等。

三、影剧院的参考指标

影剧院总建筑面积，中型的可按3.5m²/座、小型的按2.5m²/座估算。若考虑设置宿舍、食堂等，应另外增加建筑面积。

影剧院用地可按5m²/座估算。

第二节　观众部分的设计

一、观众厅设计

观众厅设计最主要的问题是要保证每一观众能在舒适的环境中看得清、听得好，遇到紧急情况能迅速安全地疏散。此外，建筑布局的紧凑合理、形式美观等也应予以重视。良好的通风采暖，特别是夏季的降温对保证观众厅内的卫生和舒适尤为重要。

观众厅的面积与平面形式、内部座位、走道等的布置有直接的关系。一般甲等0.7m²/座，乙等0.6m²/座，丙等0.55m²/座。

（一）观众厅的平面形式及座位布置

1.观众厅的平面形式

最常见的观众厅平面形式有矩形、钟形、扇形、六角形（图13-1）。此外，还有马蹄形和圆形等。

中、小型影剧院观众厅的平面多为矩形、钟形。矩形平面规整，结构简单，施工方便，声能分布较均匀，但前部偏座较多。钟形平面则在矩形平面的基础上改善了这一点。其它如六角形、扇形等平面形式，虽能减少偏座、缩短视距，但因结构复杂，施工较困难，在中小型影剧院中采用较少。

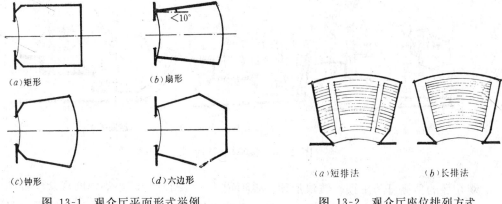

(a)矩形	(b)扇形
(c)钟形	(d)六边形

图 13-1 观众厅平面形式举例

(a)短排法　　　　(b)长排法

图 13-2 观众厅座位排列方式

2.观众厅的座位排列

观众厅座位排列可分为长排式及短排式（图13-2）。

短排式当一侧有走道时，座位不超过 9 个，两侧有走道时不超过18个，长排式则可连排50个座位。座位的宽度硬椅不小于0.48m；软椅不小于0.50m。短排式排距硬椅不小于0.78m，软椅不小于0.82m；长排式排距硬椅不小于0.90m，软椅不小于1.00m。

走道宽：短排式边走道宽不小于0.80m，纵向走道宽不小于1.00m，横向走道除排距以外通道净宽不小于1.00m。横向走道间座位应不超过20排。长排式边走道宽不应小于1.20m。

为使观众能面向舞台，座位排列的应有一定的曲率，其曲率半径一般大于或等于最远视距的 2 倍，约60m左右。

（二）观众厅的剖面形式及楼座处理

根据观众厅容量不同和视听条件的要求等，观众厅的剖面形式分无楼座和有楼座的两类（图13-3）。

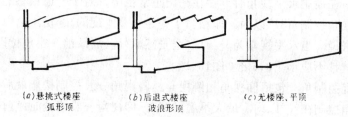

(a)悬挑式楼座　　　(b)后退式楼座　　　(c)无楼座、平顶
弧形顶　　　　　波浪形顶

图 13-3 观众厅的剖面形式

小型影剧院为简化结构一般不设楼座，中型影剧院为改善视、听条件一般设一层楼座。楼座的容量一般以占观众厅总容量的30～40％为宜。楼座后墙相对池座来说可后退或不后退，必要时，也可从两侧墙出挑布置座位。

楼座的结构处理常用纵向悬臂梁和横向刚架（或大梁）支承加悬臂梁两种方式。楼座挑台的栏杆（栏板）处理，应当注意它的声学作用，注意栏板或栏杆头对头排观众视线是否遮挡，此外要考虑形式美观、施工方便等。栏板(或栏杆)的形式一般有垂直式、倾斜式和圆弧式三种（图13-4）。

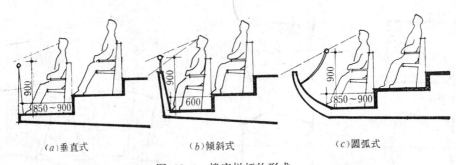

(a)垂直式   (b)倾斜式   (c)圆弧式

图 13-4 楼座栏杆的形式

观众厅的顶棚可为平顶、波浪形顶、弧形顶等。(图13-3)较小规模的观众厅可设计为平顶；当观众厅体积较大、观众容量大时，平顶声配将分布不均，且易产生回声。波浪形或弧形顶可因其一定的倾斜角度而使声能均匀分布。

观众厅地面一般按视线要求设计成曲线形或起台阶。

（三）观众厅的视线设计

保证观众"看"好的标准是：看得清、无遮挡、形象不失真。因此在视线设计中要研究解决三个方面的问题：视距、视角和地面坡度。

1.视距：视距是指观众眼睛到设计视点的水平距离。一般以观众厅最后一排至大幕中心线（或银幕中心线）的直线距离作为设计控制的最远视距。歌舞剧场的最远视距不宜超过33m，话剧和戏曲剧场不宜超过28m，电影的最远视距控制在36m以内，最大值不超过40m。

2.视角：为使观众有良好的观看效果，设计上对视角从三个方面检验。

（1）水平视角：指人眼在不转动的情况下，在水平方面能清楚地观看到景物的范围。对于彩色景象一般人的最大水平视角为40°，再大时，人的头部就得不时转动才能看得清、看得全。剧院的水平视角要求在30°～60°之间，但实际使用时，因前排近舞台，视、听均有利，在控制水平视角时，往往超出正常范围。对于普通银幕的电影来说，第一排座位的水平视角控制角37°以内，即相当于普通银幕宽度的1.5倍距离以外比较理想。对于宽银幕电影来说，当水平视角为55°时，全景感最好，故最前一排座位以距离银幕的0.8倍银幕宽为宜，且不应小于0.6倍（图13-18）。

（2）垂直控制角，包括仰视角和俯视角。俯视角一般控制楼座最后一排观众的观看条件，其俯视角控制在20°以内，最大不超过25°。仰视角一般检验池座前排观众的仰视情况，其最大的仰视角不应大于40°，且观众视线与银幕上边沿的垂直方向夹角应≥45°（图13-17）。

（3）水平控制角，也称偏座控制角。剧院的水平控制角指天幕中心与台口相切连线所夹的角度。我国剧院的水平控制角一般在45°左右为宜。看电影时，其水平控制角应不小于45°（图13-18）。

3.地面坡度

保证观众在看戏或看电影时视线不受或少受前排观众的遮挡，是视线设计的主要问题。解决的办法是使座位逐排升高，使观众厅地面形成一定的坡度。地面坡度的设计还关系到施工方便、声学效果，而且又常常和影剧院剖面设计中的空间利用，地面高差处理以平面人流路线组织等直接有关。

池座地面的坡面形式一般有曲线形、直线形、折线形和阶梯形。楼座地面由于每排升高较大，坡度一般都大于1:6，故必须作成阶梯形。

地面坡度设计时首先要确定以下四方面的问题：第一排座位的位置、设计视点的位置、排距和地面升起标准。关于第一排座位的位置和排距在前面已经讲述，不再重复。

（1）设计视点的位置

设计视点一般以舞台口大幕的垂直中心线为准。它的确定与观看的剧种和要求不同而可以差异。一般定在大幕中心线地面上或距舞台30cm处。看电影时，则定在银幕下沿的中点上。

（2）地面升起标准

地面升起标准在视线设计中以"c"表示，简称"c"值。c值具体是指观众视线（落到设计视点的视线）与前一排观众眼睛间的垂直距离。当c值为12cm，观看条件最好，无遮挡视线设计的标准。用这一标准地面升高较大。若c值采用6cm，这是一般的标准，其视线质量也比较好，相当于隔排升起12cm，观众厅座位错开布置，较为常用（图13-5，13-6）。

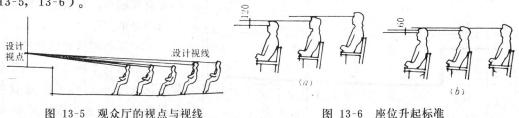

图 13-5　观众厅的视点与视线　　　　图 13-6　座位升起标准

（3）地面坡度的求法

常用的有图解法、分阶递加法和相似三角形数解法等求法。

（a）图解法

见（图13-7(a)）假设设计视点在O点，c = 6cm，观众眼睛距地面高度为h'，设计视点至第一排观众眼睛的水平距离为l，排距为d。求法：

第一步，将已选定的以上各项数值，按选用的比例尺画出如图。

第二步，由O、A连线延长至B点，B点即为第二排观众眼睛的位置；B点上加c = 6，O、E连线延长至F点，F点即为第三排观众眼睛的位置；再加c = 6，……直至第后一排。

第三步，画出各排观众眼睛距地面的高度h'，各排h'下端点即为地面标高，它们的连线就是地面坡度线。

图解法画图采取较大比例尺，以1:20或1:30为宜。过小误差太大，失去实用意义。研究方案时其比例尺可用不小于1:50。

（b）分阶递加法

用分阶递加法求地面坡度，首先要将座位排数分成组，中间横过道也作为一组。然后根据已确定的各组每排地面升高的具体数值，从第一组开始依次分阶递加（图13-7(b)）。

计算公式：（第一组排数×每排升高递加法 = 该组地面总升高值）+（第二组排数×每排升高递加数 = 该组地面总升高值）+……（最后一组……）= 最后排地面标高。

如某影剧院观众厅横过道前的座位为18排，后为12排，共30排。每三排为一组，横过道为一组（按两排座位计），共11组。第一排地面标高为±0.00。第一组每排升高3cm，第二组每排升高4cm，以后各组分阶依次递加。

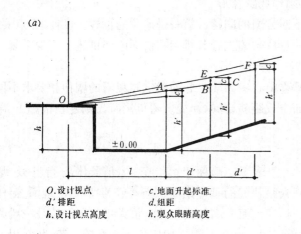

O.设计视点　　　　　c.地面升起标准
d′.排距　　　　　　　d.组距
h.设计视点高度　　　　h′.观众眼睛高度

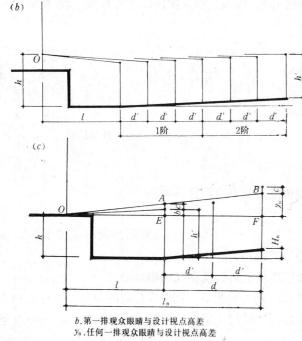

b.第一排观众眼睛与设计视点高差
y_n.任何一排观众眼睛与设计视点高差

图 13-7　地面坡度的求法
（a）图解法　（b）分阶递加法　（c）相似三角形数解法

（1组$3 \times 3 = 9$）＋（2组$3 \times 4 = 12$）＋（3组$3 \times 5 = 15$）＋（4组$3 \times 6 = 18$）＋（5组$3 \times 7 = 21$）＋（6组$3 \times 8 = 24$）＋（7组$2 \times 9 = 18$）＋（8组$3 \times 10 = 30$）＋（9组$3 \times 11 = 33$）＋（10组$3 \times 12 = 36$）＋（11组$2 \times 13 = 26$）＝234cm。

分阶递加法是一种经验求法，各组每排升高递加数，与设计视点标高，c值以及l、d等均无直接联系，是根据实践经验总结出来的。

（c）相似三角形数解法

数解法有多种，相似三角形数解法（图13-7(c)）是设计中常用的一种。首先要确定人就座后，人眼高度标准值h'，一般取110cm作为标准。则：

$$\triangle OAE \sim \triangle OBF$$

$$OE : OF = AE : BF$$

即$l : l_1 = (c + b) : y_1$

$$\therefore \quad y_1 = (b + c)\frac{l_1}{l}$$

$$y_2 = (y_1 + c)\frac{l_2}{l_1}$$

……

公式：$y_n = (y_{n-1} + c)\dfrac{l_n}{(l_n - 1)}$

式中　c——地面坡度设计标准；

　　　b——第一排观众眼睛与设计视点的高差；

　　　h'——观众眼睛距地面的高度；

$y_1、y_2\cdots、y_n$——第一组、第二组或任何一组最后排观众眼睛与设计视点的高差；

y_{n-1}——前一组最后排观众眼睛与设计视点的高差；

　　　l——第一排观众眼睛距设计视点的水平距离；

$l_1、l_2\cdots、l_n$——第一组、第二组或任何一组最后排的观众眼睛与设计视点的水平距离。

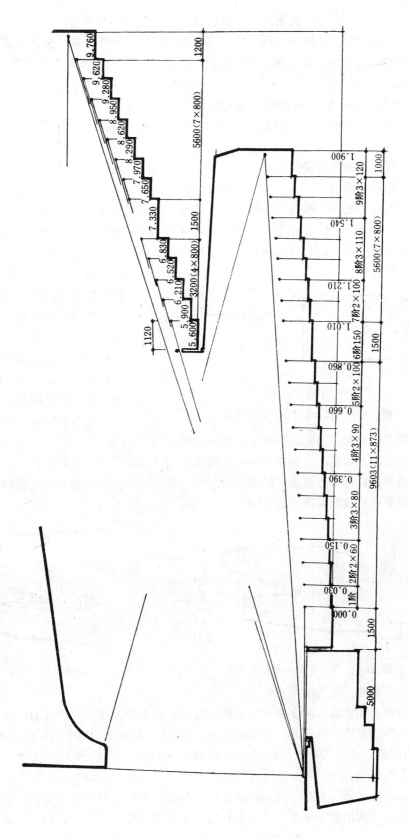

図 13-7(d) 地面坡度设计实例（西安东风剧院）

(d)

215

l_{n-1}——前一组最后排观众眼睛与设计视点的水平距离。

由以上公式可依次计算出任何一排，或任何一组最后排观众眼睛与设计视点的高差。在实际设计时，还必须折算出各排或各组最后排地面标高H_n，最简易的计算公式为：

池座：$H_n = y_n - b$；

楼座：$H_n = (y_n - b) + $ 楼座第一排地面标高。

（图13-7(d)）为西安东风剧院地面坡度设计实例，其池座采用分阶递加法，楼座采用图解法。

（四）观众厅的音质设计

1.要有足够的响度

观众厅的环境噪声一般达45分贝左右，所响声音要求比噪声大10dB左右，响度才能满意。设计时观众厅的体形应有利于增加弱声区的响度。通常将台口前的顶棚和临近台口的侧墙作成反射面，远离台口的两边侧墙下部墙裙也宜作成反射面，增加观众厅中、后部的响度。另外也可利用电声系统以达到需要的响度（图13-8、9）。

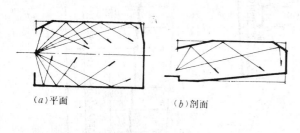

(a)平面   (b)剖面

图 13-8　音质与观众厅形体的关系

有楼座的观众厅，为使声音能进入挑台下的观众席，挑台深度应小于挑台口距地面高度的1.5～2倍（图13-10）。挑台下的顶棚应做成倾斜的反射面。

2.避免回声、聚焦

一定强度的反射声与直达声时差＞50～60ms时（音程大于17～20m），将感觉有回声。弧形的墙面、顶棚，当其曲率中心在观众厅内时，将产生过响的聚焦声。较高的顶棚，后墙面和挑台栏板等都易产生回声或聚焦。避免回声、聚焦的办法是调整反射面角度或将反射面做成扩散面或吸声面（图13-8、9）。

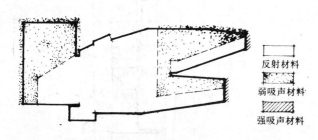

反射材料
弱吸声材料
强吸声材料

图 13-9　观众厅吸声材料布置

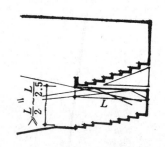

图 13-10　楼座挑台深度与高度的关系

3.符合清晰度、丰满度要求

影响清晰度和丰满度的主要因素是混响时间。混响时间过长，声音的清晰度差，混响时间过短，则声音的丰满度差。影剧院适合的混响时间，根据使用要求和体积不同在500～1000Hz范围内宜采用0.9～1.5s。其中：歌舞剧1.2～1.5s；话剧0.9～1.2s；戏曲1.0～1.4s；电影0.9～1.1s。

混响时间的长短与观众厅的容积成正比，与吸声材料的吸声量成反比。影剧院观众厅的容积应以主要演出剧种来确定，有条件的可考虑能调整观众厅的容积。一般歌舞剧场按

4.5~7m³/座计；话剧及戏曲剧场按3.5~5.5m³/座计；电影院按3.5~5.5m³/座计。

观众厅吸声材料的布置应满足混响计算和消除50ms以后的强反射声。

（五）观众厅的疏散设计

1.疏散口（安全出口）

观众厅安全出口应不少于两个，安全出口宽度应不小于1.4m。疏散口的总宽度：当建筑耐火等级为一、二级时，对平、坡地按每百人0.65m计算，阶梯地按每百人0.8m计算。楼座疏散不应穿越池座。疏散口处不设门槛，门上设自动外开门闩，门口1.4m以外可设坡道，不宜设踏步。疏散口应有明显标志，并设事故照明灯。

2.疏散时间

一般观众厅座位数≤1200座时，控制疏散时间为4min。疏散时人的行走速度约为每分钟16m，下楼梯的行走速度约为每分钟10m，人群通过疏散口时需要的时间可按下式计算

$$T(\min) = \frac{N}{A \cdot B}$$

N ——通过该疏散口的总人数；

A ——单位时间内单股人流的通过量（25人/min）；

B ——疏散口可以通过的人流股数（每股人流按0.6m计算）。

二、门厅、休息厅

门厅、休息厅主要供观众在演出前与演出场间休息时，停留、等候和交谈休息等用。其面积的大小要根据影剧院的性质、规模以及地区差别等要求而定，一般可参考表13-1执行。

门厅及休息厅面积控制参考指标　　　　　　　　　　　表 13-1

	门厅（m²/座）	休息厅（m²/座）	门厅和休息厅合并（m²/座）
甲等剧场	≯0.30	≯0.30	≯0.50
乙等剧场	≯0.20	≯0.20	≯0.30
丙等剧场	≯0.12	≯0.12	≯0.15

（一）门厅和休息厅的设计要求

1.门厅：主要起着分配人流和交通缓冲的作用，同时可隔绝外界噪声和使人们由明亮的室外进入较暗的观众厅时，满足人眼的暗适应要求。

门厅应使观众的入场及疏散流线方向明确，路线短捷，并符合防火和疏散要求。设在门厅的服务部分（小卖、茶水、存衣等）位置要适当，不被人流穿越，有足够的逗留面积。小卖柜台长按1m/100人计。还应注意门厅的通风、采光及艺术处理。

2.休息厅：主要满足观众等候开演、进行交谊活动和场间休息时使用。布置应方便大部分观众的使用，位置不宜过偏。同时应注意人流路线的组织，保证必要的停留休息场地和设施。中小型影剧院，多将休息厅与门厅合并，使一厅多用。

（二）门厅、休息厅的布置方式

门厅和休息厅的布置方式大致有四种：

1.前接式——门厅、休息厅紧接观众厅后墙布置。面积紧凑，占地少，路线短捷，管理集中（图13-11(a)）。

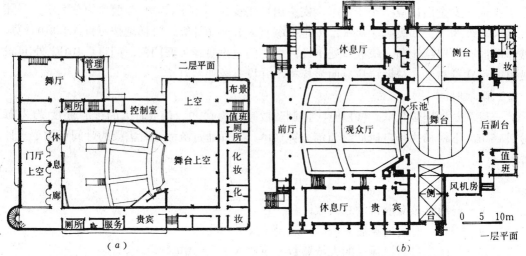

图 13-11(a)　前接式（北京剧院）　　图 13-11(b)　全包式（中央戏剧学院实验剧场）

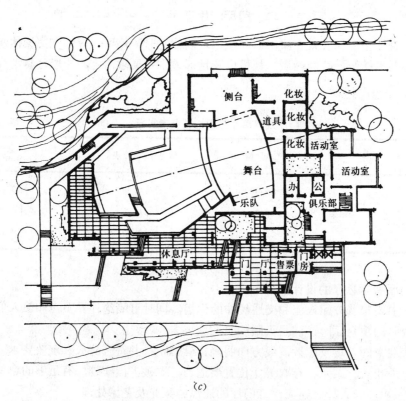

图 13-11(c)　半包式（九华山剧场设计）

2.全包式——门厅、休息厅围绕观众厅布置。观众休息方便，有利于外界噪声的隔绝，对使用空调的剧院亦比较有利，但面积指标略高（图13-11(b)）。

3.半包式——面积比较紧凑，厅的空间可以处理得宽敞，由于不对称的布局可以使造型丰富、活泼（图13-11(c)）。

4.庭园式——休息厅与室外休息廊及庭园等结合布置，即适用又省建筑面积，特别适合天气暖和或炎热的南方地区采用(图13-11(d))。

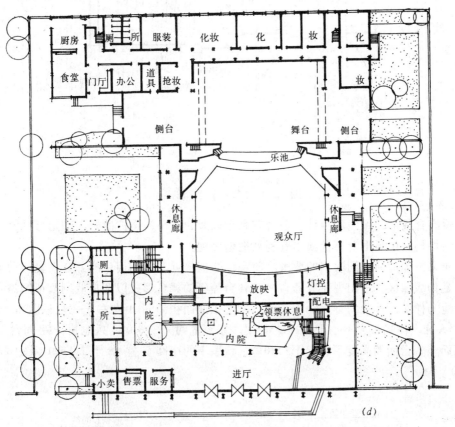

(d)

图 13-11(d)　庭园式（81年全国中型影剧院竞赛某三等奖方案）

第三节　演出部分的设计

一、舞　　台

中小型影剧院常用的舞台为箱形舞台。箱形舞台由基本台、侧台、舞台上空设备等部分组成（图13-12(a)）。

（一）基本台

基本台台口的宽度一般为12~14m，高为6~8m。基本台的宽度一般为台口宽的2倍，即24~28m，基本台的深度一般为台口宽的1.5倍，即18~21m，舞台面距观众厅前排地面高约0.6~1.1m，舞台面至舞台顶（棚顶，又称葡萄架）的高度为舞台高度，一般为台口高2倍再加2～4m（图13~12(b)）。

舞台自大幕线向观众厅延伸的部分为台唇，主要供报幕或演过场戏用，一般为1.5~2

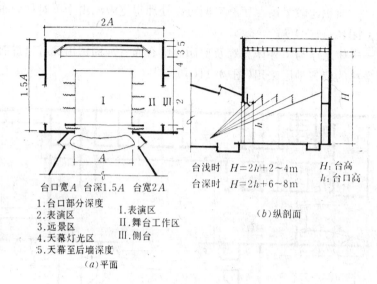

台口宽A　台深1.5A　台宽2A

1.台口部分深度　　　I.表演区
2.表演区　　　　　　II.舞台工作区
3.远景区　　　　　　III.侧台
4.天幕灯光区
5.天幕至后墙深度

(a)平面

台浅时　$H=2h+2\sim4m$
台深时　$H=2h+6\sim8m$

H:台高
h:台口高

(b)纵剖面

图 13-12　舞台的平、剖面

m。台唇有直线形、弧线形两种。前者有利于乐池的开口、声扩散好，脚光灯投射至大幕上的光线均匀。但弧形对幕前演出有利且造型美观。

近年来，为适应不同演出的要求，使观、演更接近，常利用乐池部分设置活动盖板等方式来延伸表演区。还出现了升降台、旋转台等新的舞台形式以适应戏剧改革的需要。

乐池为伴奏，伴唱的地方。中小型影剧院乐池面积为50m²左右（一般乐队按不小于1.0m²/人计，伴唱每人不小于0.25m²计）。乐池宽约4～6m，乐池长一般同台口宽。乐池地面至舞台面的高度不宜大于2.20m。台唇下的净高不宜小于1.85m（图13-13(a、b、c)）。

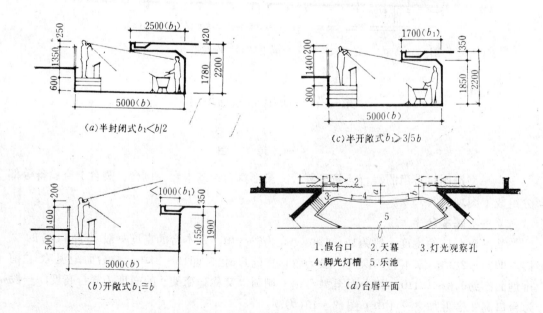

(a)半封闭式 $b_1 < b/2$

(c)半开敞式 $b_1 > 3/5b$

(b)开敞式 $b_1 \equiv b$

(d)台唇平面

1.假台口　　2.天幕　　　3.灯光观察孔
4.脚光灯槽　5.乐池

图 13-13　台唇、乐池的平、剖面

（二）侧台

侧台在基本台的侧面，为存放和迁换布景用。侧台可一侧或两侧设置。有条件的剧院还可设车台、后副台等。侧台宽一般不小于台口宽，侧台深约为台口宽的 3／4，高约6～7m。侧台外设平台或坡道，侧台进景片的门宽应不小于2.4m，高应不小于3.6m。侧台总面积不宜小于主台面积的 1／3（图13-14）。

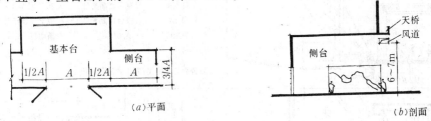

图 13-14　侧台的平面及剖面

（三）舞台设施

1.栅顶、天桥、吊杆、幕

栅顶是舞台上空条形搁栅工作台。由密布的木枋构成（也称葡萄架），供安装吊挂幕布、景片、灯具等的吊杆用。一般可利用屋顶梯形桁架本身的结构空间，使栅顶木枋与屋架下弦平，栅顶上部的净空应≥1.8m。小型影剧院也可只设几道垂直于台口的纵向天桥代替栅顶。

天桥沿舞台四周的墙体设置，一般设 2～3 层。最上层天桥在栅顶下2m 左右处，一层天桥在侧台口上方。侧天桥主要供装置、操纵吊杆及灯光用。后天桥用做通道，同时可固定天幕。

栅顶悬挂的吊杆一般是悬挂幕布、景片、灯具等。有30～50根，间距约0.3m。吊杆的传动方式有卷筒式、单式或复式平衡锤式。可以手动或电动。

幕的种类很多，其位置和作用也不一样。

台口大幕一般用丝绒加衬里制成，要求不透光。台口檐幕主要是装饰作用，悬挂在近台口的前部吊杆上。

台内侧幕和檐幕主要是遮挡视线，划分表演空间。根据舞台规模和形式的不同，一般设 3～4 道，成平行或侧八字式布置。

天幕是必不可少的背景幕，通常设在离舞台后墙1m处。其宽、高都要超过侧幕和檐幕对观众视线的遮挡界限。可作成直线形吊挂的幕布，也可作成弧形或固定的天幕。

兼演电影的影剧院需考虑银幕铁架位置。铁架一般呈弧形，曲率半径即为放映距离。银幕铁架一般设在表演区的前部，离台口约1.0～1.5m的位置。也有设置在天幕位置的。但愈深入舞台，愈要考虑台口边框对银幕产生的视线遮挡。

舞台幕布除以上种类外，有时还有纱幕、衬幕、防火幕等。

2.舞台灯光

舞台灯光有耳光、面光、脚光、侧光、顶光、天幕灯光等（图13-15（a））。

耳光室开口宽度为900～1200mm，耳光室标高由舞台面上2.50m起，每层高度不应低于2.1m。耳光室的位置在观众厅前两侧斜角处，要求耳光灯能照射到表演区的2/3深度或其光圈中心能射到舞台表演区离大幕6m的中轴线上。一般水平投射角应大于30°，且不

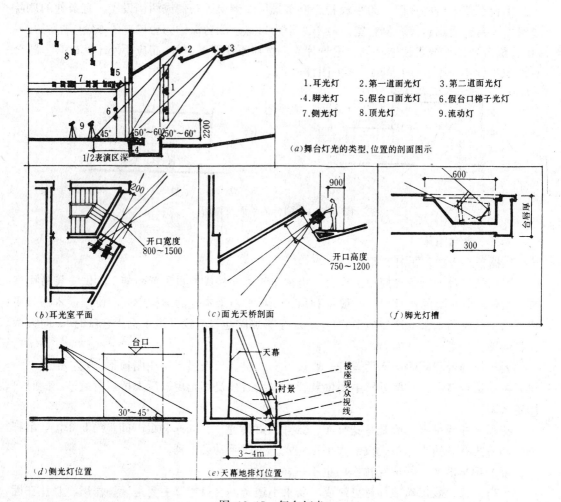

1.耳光灯　2.第一道面光灯　3.第二道面光灯
4.脚光灯　5.假台口面光灯　6.假台口梯子光灯
7.侧光灯　8.顶光灯　9.流动灯

(a)舞台灯光的类型、位置的剖面图示

(b)耳光室平面　(c)面光天桥剖面　(f)脚光灯槽

(d)侧光灯位置　(e)天幕地排灯位置

图 13-15　舞台灯光

大于45°。垂直投射角在35°~50°之间（图13-15(b)）。

面光天桥的位置一般离台口的水平距离约7~8m，即处在离台口的第1、2榀屋架之间。开口高度为750~1200mm。面光天桥上除设灯具外，应有0.9m宽的通道，面光射至大幕底的光线与舞台面的夹角应为50°~60°，射至表演区中心为30°~45°（图13-15(c)）。

为音质设计的需要，耳光室，面光天桥都需考虑因开口吸声产生声能损失的可能，必要时考虑如何增加声能的反射以减少损失。

侧光灯一般安装在天桥上（图13-15(d)）。天幕灯光由顶排灯、地排灯、天幕水平灯照射。地排灯常放在地排灯槽的活动板上，距天幕3~4m(图13-15(e))。舞台上还应为流动灯、效果灯等设一些电源插座。

舞台灯光由灯光控制室控制。控制室的位置一般设在舞台内侧夹层上或大幕线台板下。

二、后 台

后台一般设有化妆、服装、道具、候演等房间及供演员、工作人员使用的卫生用房（厕、浴），此外还有舞台办公室、接待室、库房、维修室等。舞台后墙外还有跑场通道，规模大的影剧院还设排练厅等。

后台的平面布置方式有两种。

（一）设在舞台后部。这种平面布置集中紧凑，联系方便，能利用过道兼作跑场通道。适应于规模不大的中小型剧院。如图13-11(a)所示的北京剧院，图13-11(d)所示的某三等奖方案即为此例。

（二）设在舞台一侧。能适应大型机械化舞台的要求，演员上场近表演区，与换景路线互不干扰。但布置分散、管理不便，如图13-11(b)所示中央戏剧学院实验剧场，图13-11(c)所示的九华山剧院设计即为此例。

一般化妆室宜设在一层，其他用房（如办公、演员宿舍等）可上二、三层。

化妆室应有大小之分，标准较高的单人用化妆室每间不应小于12m²，4~6人用化妆室每人不应小于4m²，10人以上的大化妆室每人不应小于2.5m²。

演员化妆采用人工照明，室内应有良好的采暖通风条件，并设冷热水面盆（大化妆室按每6人设一个计）。所有化妆室内都应有扬声器。标准高的影剧院可考虑设适当的套间化妆室（即带有卫生间及休息、会客室等）。

候场室要求安静，位置近出场口，室内设沙发及全身镜并有宽敞的门通向舞台。当化妆室全部设在二层时，候场室的面积应适当加大，可至20~30m²。

小道具室设在近演员出场口，一般设有开敞式柜台使演员顺路方便地领取道具。

抢妆室的位置要靠近舞台表演区，面积不必大，能放下一张化妆桌和容纳化妆师在内操作即可。

三、电影放映室

放映室包括放映机室及倒片室、电气室、休息室等（图13-16）。放映机室应设置两台放映机，一台幻灯机，宽度约需6m，深度≥3m，净高≥3m。倒片室约需12m²，电气室约需10m²。

放映机室与观众厅间的墙上应有放映孔和观察孔，其尺寸分别为300×180mm，180××180mm。放映孔中心距放映室地面一般为1.25m，放映孔中心距观众厅后排地面应大于1.9m。

放映室通常布置在观众厅的后部。有楼座时，可设在楼座后部，也可设在池座后部。放映室应有单独的对外出入口，不穿越观众厅。

确定放映室的地坪标高必须考虑到放映控制角度、放映距离等。放映角度是指放映光轴与银幕中心线的垂线所构成的夹角 β。对普通银幕要求 $\beta \leqslant 12°$，当不能满足时，允许银幕倾斜，其斜角应 $\leqslant \beta/2$。对宽银幕，$\beta \leqslant 6°~8°$，在有楼座时，最大不超过 $10°$（图13-17）。

放映室应有良好的通风，一般应考虑机械排风。

电影院观众厅的观众座席布置应考虑水平控制角（图13-18）。

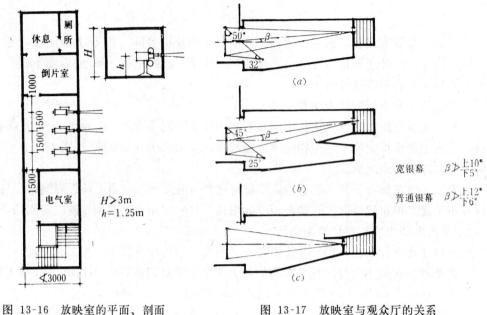

图 13-16 放映室的平面、剖面

图 13-17 放映室与观众厅的关系

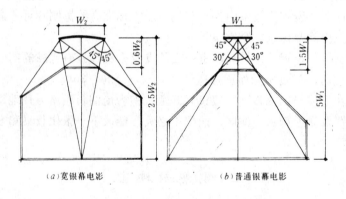

(a)宽银幕电影　　　　　　(b)普通银幕电影

图 13-18 电影院水平控制角

第四节　影剧院的用地选择及总体布置

一、影剧院的用地选择

（一）要符合城镇规划的要求。要考虑到公共文化设施的均匀布点和合理的服务半径；考虑到公共交通的方便和商业服务设施配套的情况，为居民上街看戏、看电影同购物、逛街结合创造条件。同时要结合公共活动中心的统一规划，创造丰富、完整，积极的室外空间。

（二）用地环境应安静，避免噪声对演出的影响，同样要考虑影剧院可能对周围环境产生的噪声干扰。

（三）注意用地与周围道路的关系。一般来说，两面临街，其中一面临次要街道的地段对布置影剧院比较有利。可以利用次要街道疏散人流，减少或缓和对主要街道的压力。也有利于组织进、出场的观众流线。

二、影剧院的总体布置

（一）观、演要适当分区。可把用地分为观众活动区和演出活动区两大部分。前者主要设置观众集散、休息、观看演出的设施、场地等。安排观众厅，以及自行车存放及停车场、绿化、广场等。行政办公常设在本区。演出活动区主要供演员和内部管理活动使用。除舞台、后台等设施外，常把一些附属用房如锅炉房、机房、宿舍、食堂等设在这里。两区适当分隔，有各自的出入口，互不干扰。

（二）要组织好人流及交通运输等路线。特别是观众进场和疏散路线应当短捷。在影剧院的主要出入口前应留出一定的用地作为人流集散、缓冲所需的空间，按 $0.2m^2$/座计算。观众与演员、工作人员、内部运输等的出入口应有适当划分。道具、景片等都要用卡车运至侧台外的装卸口，因此装卸平台附近要考虑停车、回车或倒车的可能。此外应保证消防车能通畅地到达舞台周围及其后院等部位。

（三）要认真结合地形进行影剧院的分区布置。原则是紧凑、灵活、合理，有利于建筑造型设计，有利于创造舒适的室内外空间环境，有利于处理好庭院、广场、绿化等与建筑物的关系，烘托出文化娱乐建筑的气氛。

第十四章 医院建筑设计

医院分综合医院和专科医院两大类。综合医院即全科医院，综合了各种病理科室。如内科、外科、儿科、妇产科、五官科等等。专科医院则指单科医院。有的将综合医院内的某个病科或局部病理作为某科的专科医院。如儿科、妇产科、骨伤科、口腔科、肿瘤、结核病院等。本章主要介绍综合医院建筑设计的有关知识。

第一节 综合医院的规模与选址

综合医院的规模按病床计，有五十床至千床不等。规模的大小应根据服务范围、人口密度、发病率、行政管理上的可能等因素，由总体规划确定。一般县、区级医院规模为100～300病床，农村医院的规模多数在100床以下。

综合医院的建筑面积可按41～53m²/床估算，用地面积约为80～130m²/床，床位少的医院，每床用地面积相对较大。建筑密度系数一般控制在20～30%。

医院各部分面积标准参见表14-1

综合医院主要部门使用面积分配表（m²）　　　　　表 14-1

分　类	床　位　数					
	50 床	100 床	200 床	300 床	400 床	500 床
	面				积	
门　诊	249	607	1174	1701	2252	2618
住　院	516	1140	2280	3420	4596	5610
手术部	67	139	272	406	551	678
放射科	54	120	208	311	451	588
检验科	49	84	192	300	396	492
药　房	54	130	234	334	434	542
中心供应	36	48	88	126	156	180
行政办公	84	138	228	306	360	420
事务杂用	87	216	384	532	629	782
营养厨房	60	108	180	216	264	300
洗衣房	60	96	144	198	240	270
合　计	1366	2826	5384	7850	10329	12480
平均每床	27.0	28.26	26.9	26.1	25.8	24.9

医院的选址应满足卫生、安静、交通等方面的要求。选址时首先应根据医院性质来考虑，除必须符合医疗卫生网的规划布局外，还应注意以下几个方面。

一、良好的卫生条件

（一）基地的地势高爽，水位低，地面自然排水通畅，无积水浸水现象，以防蚊蝇虫害的滋生，保证环境卫生。

（二）空气清静、无尘埃、煤烟、恶臭气体的污染。应与有害气体产生地保持适当距离，并需设置在烟尘污染源的上风向。

（三）日照时间长，光线充足。

二、安 静 的 环 境

应避免市区干道上噪声的干扰。

三、方 便 的 交 通

医院宜建在居住区服务范围中心。由于医院的来往人流多、日常供应频繁，因而应靠近城市交通网，以方便病人与医院工作人员，及物品的运输。

四、要有扩建的余地

五、水电供应充足、可靠

六、应避免医院对环境的污染

医院应远离托儿所、幼儿园及中小学校等儿童密集的地区。一般不在医院内建职工住宅。

第二节　综合医院的组成和分区

综合医院的组成一般分医疗部分、后勤供应部分，行政管理部分等三大部分。

医疗部分又分为门诊部、辅助医疗部、住院部三大部门。

门诊部是医院中各科对外联系最频繁的部门。主要是各科诊断治疗，与辅助医疗，住院病房应联系方便。对外交通应直接短捷。要靠近医院主要出入口，有利病人就诊。

辅助医疗是医院中对病人进行进一步诊治的中心，是配药、发药、供应消毒器械和敷料的部门。既为门诊服务，又为病房服务。按其工作性质可分为两部分：

一、属于对病人进行治疗的

如检验、机能诊断、放射、理疗、手术等。这些部门允许进行诊治的病人进入。

二、属医院内部工作的

如中心供应、药房制剂、制药、调药、配药等。这部分用房与其它部分的关系通过医务人员进行。

辅助医疗部分应布置在门诊与住院部之间的适当部位，以利相互之间的联系。

住院部是病人住院治疗的部分，应方便病人出入院，保持与其它部分有适当的联系与分隔，为病人治疗和休养创造一个良好的环境。

综合医院各组成部分关系见图14-1。

后勤供应部分包括管理供应器械敷料、药物、燃料、餐食、衣被等，以及其他附属设施如锅炉房、洗衣房、配电房、车库等。要求有单独的对外出入口。

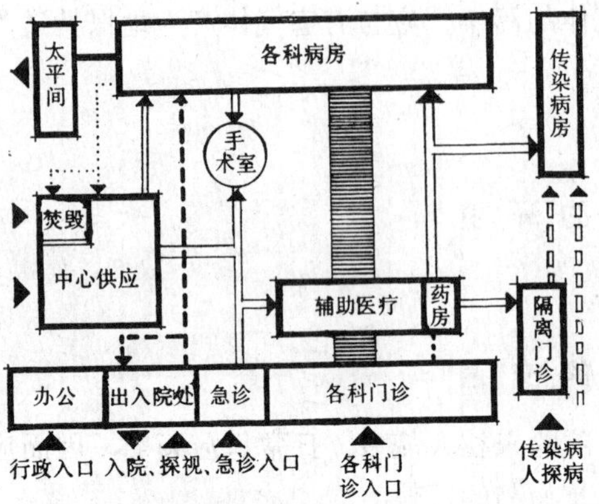

行政管理部分主要承担医院的行政管理职能。

图 14-1 医院各部分组成关系

第三节 综合医院的总平面布置及布局形式

综合医院的总平面布置应合理安排诊断治疗、传染隔离和后勤供应等区域，根据使用要求、地形条件、气候和自然环境等因素综合考虑。诊断治疗区一般设置门诊部、辅助医疗、住院病房、行政管理、营养厨房（视情况可设于后勤供应区）等建筑物。传染隔离区主要是传染病房（当规模较小时，可不单独设置）。后勤供应区一般布置洗衣房、锅炉房、车库、仓库等建筑物。

综合医院总平面布置时对各部分的要求如下：

一、诊断治疗部分一般应安排在医院用地中卫生条件较好的地段上，靠近主要出入口，路程短捷。建筑应有良好的朝向、日照和通风。有一定的绿化，环境安静，并处于锅炉房等烟尘污染源的上风方向。要与外部道路连接，内外交通联系便利。

二、传染病房若单独布置，应与其他医疗建筑有适当的距离（约40m左右）和防护绿化带，并应位于其下风方向，但又必须联系方便。传染病房不宜靠近水面，以免扩大污染源。

三、后勤供应区要与医疗区联系方便，但又互不干扰。病房与后勤供应部分的建筑间距约为30m左右。

四、交通路线组织合理，对外联系直接，对内短捷方便。应避免不同使用性质的交通路线相互交叉而增加感污机会。出入医院的人和物，按性质一般可分为四类：

（一）患者、隔离患者、家属、探视者、来访人员。

（二）医师、护士、职工。

（三）食物、药品、器械及燃料。

（四）垃圾、污物、污水、尸体。

出入口的设置满足人流交通路线的组织。

五、在阳光射入方向、建筑间距应为建筑物高度的2倍以上。病理解剖室（停尸房）单独设置时，距离各科病室约为50m，并且四周植树，遮挡来自病房的视线，其位置最好设于边缘隐蔽之处。

医院建筑功能关系复杂，卫生要求严格，其总平面布局形式一般有三种：分散式、集中式、混合式。

228

一、分　散　式

其医疗用房和服务性用房基本上都分幢建筑。其优点是功能分区明确、合理；医院各建筑物隔离较好；建筑的朝向和通风较好；环境安静、空气洁净；便于结合地形和分期建造。其缺点是交通路线长，各部分联系不太便利；增加了医护人员往返的路程；布置分散；占地面积大；工程管线也长。

分散式又可分为下列两种组合方式：

（一）行列式组合。即门诊、辅助医疗、病房等前后平行布置（图14-2）。这种布置方式采光通风好，便于根据地形灵活处理。雨雪多的地区，在平行布置的主要建筑物之间，可用走廊连接起来，方便联系。廊的设置要考虑到合理组织交通路线，路程短捷，结合地形等要求设置。

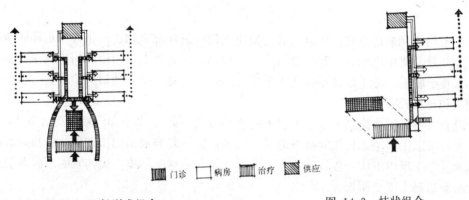

图例：■门诊　□病房　▦治疗　▨供应

图 14-2　行列式组合　　　　　　图 14-3　枝状组合

（二）枝状组合。即门诊、辅助医疗、病房等单元在平面上错开布置，房屋沿联系廊向两侧分岔，呈树枝状排列（图14-3）。其优点是房屋之间的交通无须穿过房屋内部；医院各部分联系方便，隔离也较好；便于进行单元组合、分期建设、分隔和组织院落。

一般分散式的组合方式适用于技术水平较低，不能有效防止疾病传播，防放射线能力也较差的情况。特别适用于传染病院、精神病院及儿科病院。如用于综合医院，则往往由于建筑物过于分散，联系不便，不利于采用机械化输送；管线长、能源消耗大而不经济。

二、集　中　式

集中式建筑组合的医院，将门诊部、各科病房、辅助医疗，甚至包括一些后勤供应用房全部集中在一幢主楼里（图14-4）。其优点是建筑物占地面积小，交通路线短，管线集中。但各部分之间的干扰大，交叉感染的机会多，也不便于分期施工建设，一次投资费用大。

集中式组合方式一方面适合于农村规模较小的医院；另一方面则适合于城市的高层现代化医院。随着城市用地的日趋紧张，新型建筑材料的出现，建筑施工技术的提高，以及空调设备、电子技术、自动化输送在医院中的应用，使建造集中式高层现代化医院成为可能。

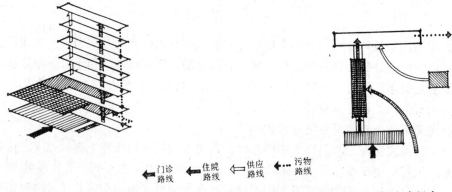

图 14-4　集中式组合　　　　　　　　　图 14-5　混合式组合

三、混合式

一般门诊和病房分建，中间由共同使用的辅助医疗部分相连（也有用走廊联接的），是介于分散与集中之间的一种组合方式（图14-5）。其优点是门诊和病房既保持必要的隔离，又便于联系；易于设计不同使用要求的出入口；易于结合地形灵活布置。但部分房间的朝向和通风较难处理。

混合式一般可分为以工字型为代表的组合方式，如I、E型和内院式组合方式。

（一）以工字型为代表的组合方式，这种形式一般布局是门诊在前，病房在后，医技（辅助医疗）居中组成。各科室易于形成独立的封闭尽端环境。而其它的形式多是在工字型的平面基础上演变而来的。

（二）内院式。医院的各部分用房组成一个或几个庭院。优点是庭院受外界干扰少，便于分隔和管理。一般综合性医院常采用多庭院的组合方式。但部分房间的朝向和通风需认真处理。利用庭院，分隔空间——这是创造医院中宁静、清洁环境的方法之一。

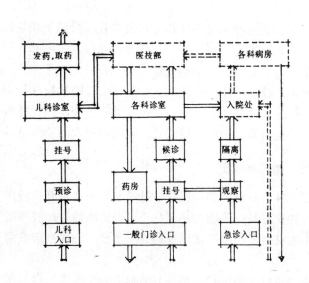

图 14-6　门诊部功能关系图

第四节　门诊部的设计

一、门诊部的组成与规模

一般综合医院门诊部包括以下几个部分，即各科诊室、大厅挂号候药公用部分、急诊室等。门诊部功能关系如图14-6。

在一般综合医院中，门诊分科为内科、外科、妇产科、中医科、小儿科、五官科等。门诊各科的种类和分科比例应根据医院规模，并参考服务地区对象的发病特点，以及医院

医疗技术力量等因素而决定的。其分科种类和人次比例见表14-2（以300门诊人次为例）

科　　别	内　　科	外　　科	儿　　科	妇产科	中医科	五官科	皮肤科	传染科
％	25	20	10	8	8	20	5	4

门诊部的规模（每日门诊人次），是门诊部设计的主要依据。门诊部的规模，应由城乡医疗网的全面规划要求来确定。在一般情况下可参考下列两个因素进行计算。

（一）每日门诊总人次，除根据服务地区的居民数，居民的平均就诊次数，以及服务地点地段的特点，用下列公式表示：

$$每日门诊总人次 = \frac{居住区居民数 \times 居民年平均就诊次数（一般7～10次）}{年工作日（一般以300天计）}$$

（二）按医院病床位与门诊人次的适当比例计算。此比例在我国农村为1:2，城市医院为1:3。

二、门诊人流与交通组织

（一）门诊人流特点

1.人流多，就诊高峰集中在一个短时间内，病人中有男女老幼，病情有轻重缓急。

2.病人就诊都经过一个共同的流程，即挂号→候诊→诊查（检验）→收费→取药。

门诊人流的组织有单向式，回路式、环路式三种形式（图14-7）。

（二）组织门诊人流的基本要求

一切要从方便病人和方便医护人员出发，充分体现对病人及工作人员的关怀，要使病人能够在最短时间、最短距离、顺利地到达进行诊查和治疗的科室。避免往返迂回，防止交叉感染。

（三）合理组织门诊人流的基本途径

1.合理安排出入口位置

合理安排出入口、是组织门诊人流的第一步，可以分隔不同类型的病人以及分散人流。

（1）一般门诊出入口：供内科、外科、五官科、中医科等及行政办公使用，为门诊部的主要出入口。

（2）儿科出入口：1.儿童易受感染，应设单独出入口。如条件可能最好单独设挂号和药房，以避免与成年病人接触。

（3）产科出入口：为使产妇不与病人接触，

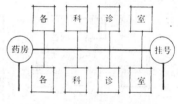

(a)单向式

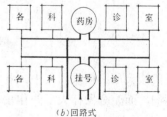

(b)回路式

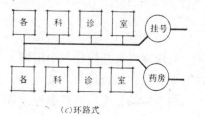

(c)环路式

图 14-7　门诊流线类型

231

以防感染，宜设单独出入口。小型医院可与一般门诊出入口合用。

（4）传染科出入口：尽可能与其他科隔离，以免交叉感染，候诊室应单独设置。

（5）急诊出入口：急诊病人病情较重，大多需及时抢救，每日门诊总量在200人次以上时，要单独设出入口，并靠近门诊主要出入口为宜，便于识别寻找。

2．分散人流

挂号、注射、门诊化验、划价、收费、取药等部位是门诊部的人流汇集点。小型医院因门诊人次较少，可集中在一个门厅里，只需考虑设置一定的等候空间而不影响来往人流即可。大中型医院的门诊部就诊人较多，需将人流分散，设计时可以采取（1）各部分分开设置；（2）集中式大厅；（3）单独设置挂号室等手法。

三、门诊大厅的设计

门诊大厅的设计，必须注意人流的组织和等候空间的布局。

（一）交通线路要清楚便捷，各科病人不走回头路。便诊与交通线路要分清。

（二）挂号、药房、划价、收费、问询等窗口位置要适宜、避免交通、等候人流的交叉。

（三）大厅要光线充足，通风良好，色调雅致，气氛愉快。

大厅面积一般为160m²/每千门诊人次。按高峰时门诊部人数占总门诊人次的30％，门诊病人在挂号处停留的占15％，在取药处停留的占20％，依每人1.5m²的挂号候药面积计。

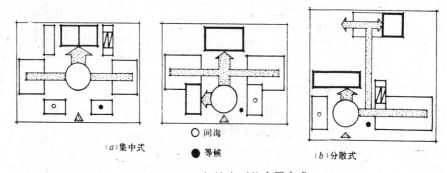

（a）集中式　　　○ 问询　●等候　　　（b）分散式

图 14-8　门诊大厅的布置方式

门诊大厅一般采用集中式和分散式两种方式。集中式可利用挂号和取药人流的高峰时间不同，而充分发挥大厅的作用；分散式适应于大型综合医院，其目的是减少大厅的人流负担。

四、候诊室的设计

候诊室设计是门诊部中组织人流的重要一环。候诊室的面积按全日门诊人次的15～20％同时集中候诊计算。成人每人次以1.0～1.2m²计，儿童每人次以1.5m²计。

候诊室的位置应分科靠近诊室，环境要安静舒适，宽敞明亮，通风好；应注意与交通线路的关系，减少交叉感染。目前候诊一般分厅式候诊、廊式候诊、廊室结合候诊等方式。

232

（一）厅式候诊

靠近门诊大厅或过厅的诊室，可在厅内设候诊室，（图14-9）这种布局节省面积，病人流线短捷。但厅内易交通混杂拥挤，产生交叉感染。一般还可配合采用二次廊式候诊，改善候诊条件。

（二）廊式候诊

适当加宽诊室内走廊的宽度，设置候诊椅，使走廊内的候诊椅与交通线路分开。利用走廊单侧候诊者，走道净宽不应小于2.10m；两侧候诊者，净宽不小于2.70m（图14-10）。

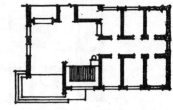

图 14-9 厅式候诊

1.内廊式候诊：使用上便利，但同样存在厅式集中候诊那样不可避免的缺点（图14-10(*a*)(*b*)）。

2.单外廊式候诊：敞开了诊室前走廊的一侧临外墙，这一方式采光通风好，可改善病人候诊时的卫生条件，减少交叉感染（图14-10(*c*)）。这种方式适宜于南方炎热地区，并最好采用南向走廊。

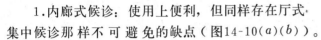

（*a*）候诊间距

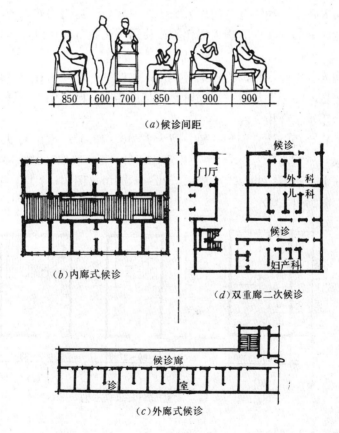

（*b*）内廊式候诊

（*d*）双重廊二次候诊

（*c*）外廊式候诊

图 14-10 廊式候诊

3.双重廊式两次候诊

两次呼号的内候诊廊，其休息条件、候诊秩序、安静隔离、避免噪音等条件都有所改善。目前在国外较普通地采用（图14-10(*d*)）。

（三）廊室结合型分科候诊

靠近主要诊室或各科的前部设置开敞的候诊室，解决其廊式候诊面积不够的问题，通风采光均有所改善（图14-11）。

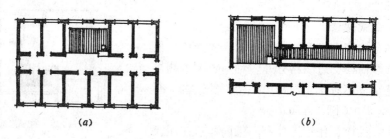

(a)　　　　　　　　　　(b)

图 14-11　廊室结合型分科候诊

五、诊 室 的 设 计

（一）内、外科诊室

内科诊室病人较多，约占全日门诊人数的25～30％，应组织好人流，宜靠近门诊入口的一层布置。且约有50～70％的病人需化验或使用 x 光设备，所以应与化验、放射科有方便的联系。

外科诊室病人仅次于内科，约占全日门诊人次的20～25％，且患者行动有诸多不便，因而最好设在一层，并邻近放射科。同时必需与换药室、门诊手术室联系方便（门诊手术室有时可与急诊手术室合用）。

诊室内家俱宜小巧，诊室面积一般一位大夫为8～10m²；两位大夫为12～15m²，且诊室的开间净尺寸不应小于2.7m，中～中不小于3m，一般取3.3m；进深净尺寸不应小于3.60m，中～中不小于3.90m，一般取4.20～4.50m（图14-12）。当几个诊室相连时，内部最好相通（图14-13）。

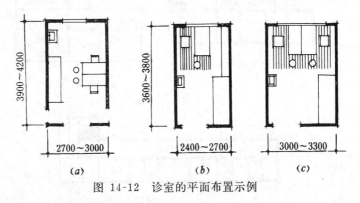

(a)　　　　　　　(b)　　　　　　(c)

图 14-12　诊室的平面布置示例

（二）妇产科、儿科诊室

产科诊室为照顾孕妇，宜设单独出入口，且在一层，有条件的与妇科诊室分设，减少感染。产科诊室一般包括产前检查、化验、诊室、人工流产、术后休息、厕所。

妇科病人诊察后一般需治疗、诊室包括妇科诊室、隔诊室、妇科细胞学室、妇科冲洗室、厕所。

234

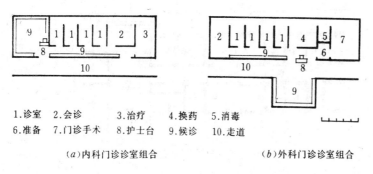

1.诊室　2.会诊　　3.治疗　　4.换药　5.消毒
6.准备　7.门诊手术　8.护士台　9.候诊　10.走道

(a)内科门诊诊室组合　　　　　　(b)外科门诊诊室组合

图 14-13　内、外科诊室的组合示例

规模较小的医院妇产科的化验室、厕所等结合门诊化验等布置（图14-14）。

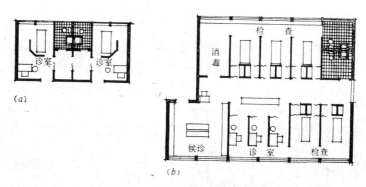

图 14-14　妇产科诊室布置示例

儿科诊室应设预诊室、隔离室、厕所等，儿科最好设单独出入口，诊室的面积可适当放大些。其取药、化验等可单独，也可同门诊药房、化验等合用（图14-15）。

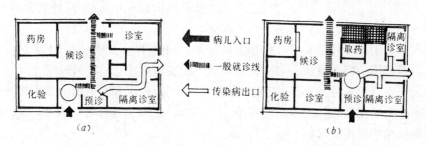

图 14-15　独立儿科诊室布置示例

（三）急诊室

急诊室应设于明显的地方，方便病人尽快就医，与一般病人的交通线路不宜交叉。急诊病人大多需要住院治疗，因此平面上应与住院入口直接联系；当急诊手术室与外科手术室合用时，平面上应与外科诊室靠近；急诊室还应与门诊部的药房、检验、放射等联系方便，也可单独设立；同时急诊室内应设隔离观察病床，急诊室入口处应设坡道及雨篷等防雨设施以方便急救车辆的回转（图14-16）。

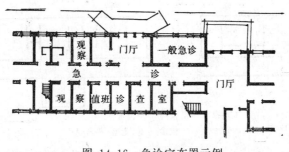

图 14-16 急诊室布置示例

第五节 住院部的设计

一、入院、出院处

病人入院、出院时在此办理手续，更换衣服和进行卫生处理。按医院规模，住院部入院处可设门厅、等候室、办公室、值班室、浴室、更衣室、存衣室等。入院处门及走道宽应便于担架及推车通行，一般门应宽于1.2m。入院处的面积、规模为300床的医院，约需150m²使用面积。

图 14-17 300床医院出入院处平面布置

1.门厅；2.入院办公；3.理发；4.浴室；5.衣服库；6.出院办公；7.电梯；8.问询；9.急诊

二、护理单元

护理单元是住院部的基本组成部分。一般宜分科组织护理单元，医院规模较小时也可将性质相近的科合在一个护理单元内。每个护理单元的床位数一般为：内、外科病房35～40床；中医科病房40～50床；儿科病房20～25床；产科、五官科病房30～35床。

护理单元内的主要房间是病房（包括重病房）、此外有护士站、医师办公室、值班室、治疗室、换药室、病人厕所、浴室、污洗室、配餐室等。

护理单元的走道净宽应不小于2.2m。建议2.5m；运送病人的电梯内部净尺寸应不小于1.5×2.5m；主要楼梯的梯段净宽应不小于1.65m，踏步宽不小于0.28m，高不大于0.16m；辅助楼梯的梯段净宽应不小于1.2m。

每个护理单元在交通上应与其它护理单元互不穿行。

内科护理单元的病人需进行各种诊断和治疗，护理单元宜与化验室、放射科、理疗科等邻近。

外科护理单元的病人需进行手术者较多，护理单元应靠近手术室，最好与手术室同层。

五官科护理单元的病人有时需作手术，可设专门手术室，也可合用外科手术室。耳科护理单元宜设隔音室；眼科护理单元宜设暗室。

（一）护理单元的组合类型及特点

1.单走道条形护理单元。一般南向为病房，北向为护士站和辅助用房。缺点是面积没有充分利用，护士工作路线长，且不便照看（图14-18(a)）。

2.双走道条形护理单元。可缩短建筑长度，加大进深，有利抗震和缩短医护人员工作路线。中间可布置辅助用房，也可抽掉成为天井。由于自然采光、通风较难满足，故国内目前采用较少（图14-18(b)）。

单、双走道条形护理单元结合，即两端单走道错位交叉形成中间局部双走道，将护士站、治疗室等用房置于中间部位，这种方式可适当改善护理条件，同时发挥单走道护理单元的采光、通风好的优点，避免双走道护理单元采光、通风不易处理的缺陷（图14-18(c)）。

3.风车型护理单元。护理单元平面路线短，保留了单走道自然通风和采光好的优点。管道集中，视野开阔。但半数病房的朝向欠佳（图14-18(d)）。

4.圆周、方块型护理单元。平面紧凑，护理服务距离短，辅助设施和管线比较集中，护理效率高，便于管理（图14-18(e)）。

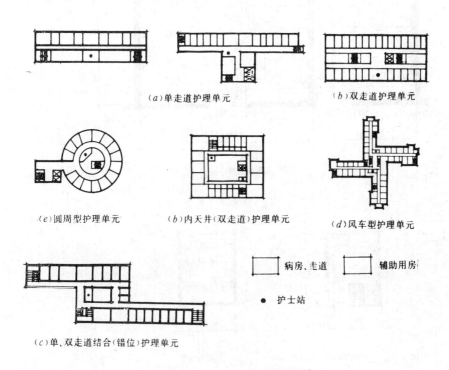

(a)单走道护理单元 　　　　　(b)双走道护理单元

(e)圆周型护理单元 　　(b)内天井(双走道)护理单元 　　(d)风车型护理单元

病房、走道 辅助用房

● 护士站

(c)单、双走道结合(错位)护理单元

图 14-18 护理单元类型示意

后两种形式多用于大型医院、高层病房楼。

（二）护理单元各组成部分的设计

1.病房。病房内一般设1～6床。病床的排列应平行于采光窗墙面，单排一般不超过3床，双排一般不超过6床。病房的布置参见图14-19。1～2床病房为重病或隔离病房，宜靠近护士站，便于看护；或为了减少干扰，设于护理单元的一端。多床病房的朝向应较好，争取良好的自然采光、通风，朝阳面最好设置阳台。

病房的门口转角最好做成圆角,墙面做油漆墙裙。单人病房使用面积一般为9m²,双人病房为12m²,3人病房为18m²,6人病房为32m²。其开间进深尺寸分别为:6人病房中—中6.0×6.0m,3人病房中—中3.6×6.0m。且最低限度分别为5.7×5.7m,3.3×5.7m。

2.护士站

为缩短护理工作人员的工作路线,护士站宜设在护理单元的适中位置。护士站到最远病房门口的距离不应超过30m。护士工作台宜设于视线最好的位置,便于观察病房内病人的情况,同时也能对病人的心理产生直接影响。

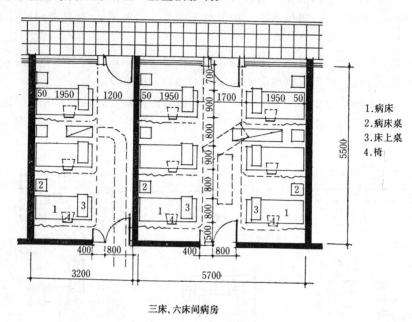

三床、六床间病房

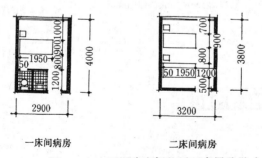

一床间病房　　二床间病房

图 14-19　不同病床间的平面布置及尺寸

护士站的布置方式有封闭式、开敞式和半开敞式三种(图14-20)。

3.辅助用房。包括治疗室、换药室、污洗室、配餐室等(图14-21)。一般均靠近护士站进行布置。

三、儿科护理单元

10床以上的儿科护理单元应设单独出入口、入院接待室和卫生处理室,以免与其它病

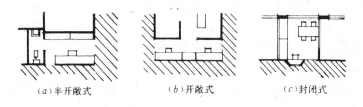

(a) 半开敞式　　　　(b) 开敞式　　　　(c) 封闭式

图 14-20　护士站的布置方式

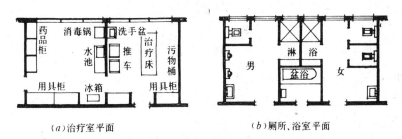

(a) 治疗室平面　　　　　　　　(b) 厕所、浴室平面

图 14-21　辅助用房平面布置示例

人交叉。儿科单元不宜设于底层，护士站宜设在护理单元的中部，儿科病房与走廊间宜设大玻璃，以便照顾。儿科病房的病床及设备尺寸应考虑儿童特点。

四、产科护理单元

产科护理单元应包括产休、分娩、婴儿室三部分（图14-22(a)）。15床以上的产科单元应有专用出入口及入院处等独立系统，并宜设于底层，或单独设产科病房楼。

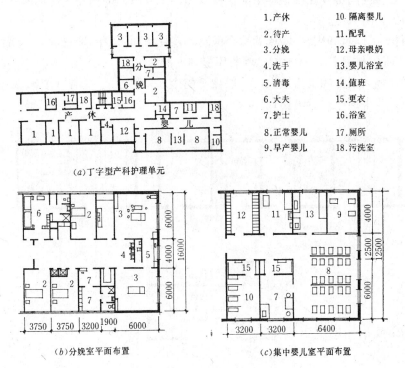

1. 产休　　　10. 隔离婴儿
2. 待产　　　11. 配乳
3. 分娩　　　12. 母亲喂奶
4. 洗手　　　13. 婴儿浴室
5. 清毒　　　14. 值班
6. 大夫　　　15. 更衣
7. 护士　　　16. 浴室
8. 正常婴儿　17. 厕所
9. 早产婴儿　18. 污洗室

(a) 丁字型产科护理单元

(b) 分娩室平面布置　　　　(c) 集中婴儿室平面布置

图 14-22　产科护理单元平面示例

产休部为产后休养的地方，要求同内科护理单元，分娩部又分分娩室和待产室两部分，两部分应邻近布置（图14-22(b)），但应注意隔声。分娩室应邻近手术室（或产科病房设手术室，做剖腹产手术用）。婴儿室最好自成一区（如14-22(c)），婴儿室应有前室，并应有专门的供暖系统。

一般产房的平面净尺寸不小于4.20m×5.10m；剖腹产房不小于5.40×5.10m。

第六节　辅助医疗部的设计

一、药　房

药房由调剂、制剂、药库等部分组成。

调剂室的工作主要收方、配方及发药。医院规模较大时，应将门诊调剂室与病房调剂分开设置，以提高工作效率及调剂质量。

制剂室的内容在这里所指的是普通制剂室，即水剂制剂室，分内服、外用和软膏等三种。一般配制大量的处方剂、储备剂等。

药库分器械库、药品库，另有药库办公、会计、检验员室等。

调剂室与制剂室在医院规模小时可合并，100床以上的城市综合医院通常将调剂、制剂室分设。药品库一般均单设，与调剂室应紧邻。

调剂、制剂、药库均应有良好的自然通风，与采光，同时应避免阳光的直射，避免病患者进入其内部流线。其室内墙裙和地面材料应便于洗刷消毒。

中药房一般与西药房分开设置。中药房应设煎药室及较大的贮存库，同时注意通风排气，防潮、防虫、防火等。

药房的面积，一般100床～300床的综合医院，其使用面积为130～334m²，西药调剂室24～36m²，西药制剂室24～48m²，西药库房12～36m²。

药房对门诊病人服务的工作量大，一般设于门诊入口附近，应有一个较为独立的区域。其功能关系及平面布置参见图14-23。

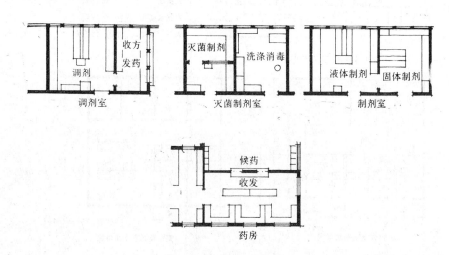

图 14-23　药房、制剂室、调剂室平面布置示例

二、化 验 室

化验室包括常规（临床）化验、生物化验、细菌化验、血清化验等，较大的医院还有病理切片检验及血库。100床以下的医院一般只设一个化验室，约24m²，只作常规和生物化验；300床医院化验室总使用面积在300m²以上，化验项目比较齐全。

化验室大多使用显微镜，要求光线均匀，以朝北为宜；生物化验室应有良好的通风，最好设排除臭气、毒气的通风柜。化验台应能耐酸碱腐蚀，墙面、地面应易于清洗（图14-24）。

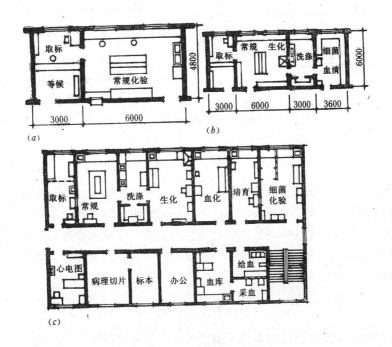

图 14-24 化验室平面布置示例

中心化验室可设在门诊部与病房楼之间，有时在门诊部另设小型化验室。血库可与化验室相邻；或设于手术部内，但与化验室联系方便。

三、放 射 科

放射科包括透视、照相、x 射线治疗、镭治疗、钴60治疗等。100床只有透视、照相的放射科，包括暗室、存片室其使用面积约需84m²；100床～300床设备齐全的放射科总使用面积需120～311m²左右（图14-25（a、b））。

采用暗室透视的放射室，应保证不透光和有良好的通风。放射室地面应采用绝缘材料，如木地板、橡胶铺地等。墙面宜做成深色调。放射科应避免不必要的外界穿越，故应设在尽端或单设，且应有必要的防护措施，以减少放射线对周围的影响。

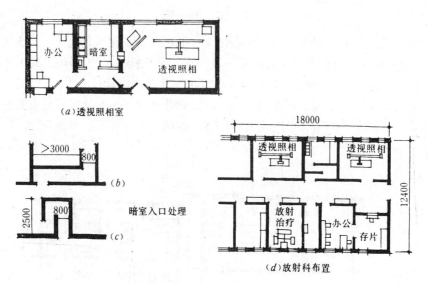

(a)透视照相室

(b)

2500 800

(c)

暗室入口处理

18000

透视照相   透视照相

放射治疗   办公   存片

12400

(d)放射科布置

图 14-25 放射科平面布置示例

四、理 疗 科

理疗包括电疗、腊疗、水疗、光疗、热疗、泥疗、吸入疗和体疗等。理疗科规模取决于医院性质和条件。光、电疗要注意防潮，地面宜用绝缘材料。泥疗、水疗宜设于一层或半地下层内，为防泥疗气味四散，应与其它科室隔开，室内要保持良好通风。水疗室水蒸汽多，温度达35℃，为防止冷凝水，围护结构应有良好的保温性能，地面要防水、防滑。体疗室净高要≥4m。

五、手 术 部

手术部由手术室（包括有菌和无菌手术室）及一些辅助用房，如手术准备室、消毒室、器械敷料室、工作人员更衣室、厕所等组成（图14-26）。手术室面积有不同大小，净高不小于3m。100床以下的医院手术部总面积为139m²左右；300床医院的手术部总使用面积需406m²以上。手术室观察台根据需要设置。

手术室卫生要求高，地面、墙面、顶棚宜采用易清洗的材料。为避免积灰，应减少突出物，在交角处做成圆角，地面不宜采用有拼缝的块料面层，可采用现浇水磨石。手术室门宽应≥1.1m。为防风沙，最好采用双层窗。手术室应有良好的通风及均匀的天然采光，窗洞口面积不得大于1/7地板面积。也可用人工照明（无影灯）。照明不应使病人皮肤和机体组织的颜色失真。

手术室的窗户应有遮光设备，手术室的温度宜保持25℃，每小时换气5～6次；采用机械通风时，要有过滤设备。要有蓄电设备或两路电源，以保证停电时手术能正常进行。手术室入口处应装设灯光信号。

手术部最好与外科病房同层，无菌手术室一般设置于手术部的尽端。教学医院手术室应设观察窗或闭路电视。

此外，医院还有太平间、解剖室，还有行政办公用房及一些服务用房。

242

太平间供尸体存放，应设于隐蔽处，但与病房楼要有通道，对外应便于灵柩车出入。解剖室须靠近太平间，室内要求整洁，一般附有标本室、大夫更衣淋浴室、厕所等。

医院服务用房，包括中心供应室、营养厨房、锅炉房等。中心供应室供应全院的器械和用具，并包括器械的洗涤，制作及消毒。中心供应室的平面布置应符合工艺流程和洁污分区的要求，当医院规模较小时，中心供应室的收受与分类可合用一室，贮存与分发合用一室。100床综合医院的中心供应室面积为48m^2，200床以下的医院可将中心供应室设于手术室内。

营养厨房为各护理单元提供各种主、副食。

医院建筑使用功能比较复杂。医院建筑设计是否合理，在很大程度上关系到医疗质量和患者的康复。医院的总体规划与建筑组合是医院建筑设计的关键。总体规划应因地制宜、合理分区、人流路线清晰、洁污分明、防止交叉感染，为病人创造一个安静舒适的环境，病房的设计要力求家庭化、旅馆化。

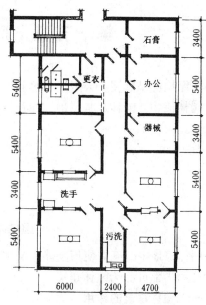

图 14-26　手术室平面布置示例

第十五章　风景园林建筑设计

园林绿地类型繁多，大至风景名胜，小至庭院绿化，其效用各不相同，但都是由园林建筑、园林植物、园林道路场地、园桥、园林山石、水体等组成。他们是构成园林绿地的物质要素。

第一节　园林建筑的布局

一、园林建筑的作用与分类

在园林绿地中，既有使用功能、又能与环境组成景色，供人们游览和使用的各类建筑物或构筑物，都可称为园林建筑。

（一）园林建筑的作用

1.功能作用

城市园林绿地主要是供人们休息和游览的场所。各类园林建筑尽管名目繁多，分析起来也都是直接或间接为人们休息游览活动服务的。因此，满足人们休息、游览、文化、娱乐、宣传等活动要求，就是各类园林建筑最主要的功能。例如，文化休息公园需要设置文教宣传、文娱活动方面的建筑；动植物园需要设置适合动植物生长习性，便于群众参观的动植物展览建筑；儿童公园需要设置适合儿童活动特点满足不同年龄儿童活动要求的建筑；体育公园则需要设置满足各项体育活动要求的建筑和设施等等。

此外，对园林内的管理服务建筑亦应认真考虑，不可忽视。

为了满足游人的多种活动需要，园林建筑不仅需要具有单一的功能，而且还希望具有多种功能，以便提高它们的利用率。如对于古典园林建筑，虽然它们本身就是很好的展品，供人们游览观赏就是它们最好的功能。但还是应该尽可能安排和它们相关联的，内容上健康、气氛上协调的一些活动内容。诸如：文物、工艺品展览或事迹展览等。

2.形成游览路线和组织风景画面

园林建筑在组成游览路线方面的作用，概括起来有两种情况。

一是在以自然风景为主的外部空间中，园林建筑以它本身的功能关系、主次关系和渐近关系，配合园内的风景布局、形成游览路线的起承转合。同时沿着这条游览路线，在人们视线所能达到的地方，园林建筑往往以它所处的有利位置，和它具有的独特造型，为人们展现出一幅幅或动或静的自然风景画面。在这些风景画面中，建筑只是起着点缀装饰的作用。当体量较大的建筑成为全园的主景时，还可以给人一种"控制"、"统帅"全园风景的感觉。如北京颐和园里的佛香阁，它立于万寿山腰，成为颐和园的一大景观。

另一种情况是以建筑为主的内部活动路线。这条"内部活动路线"往往是根据功能和艺术的需要用建筑、廊子、墙垣、隔断、栏杆等进行各种空间组合而形成的。沿着这条内部活动路线所展现出的一幅幅画面，主要是以建筑空间为主，和摹拟的山池树石的风景画面。有时也可以透过空廊、景窗观赏外部景物。在这种情况下，园林建筑则既是风景的观赏点、又是被人们观赏的景点。

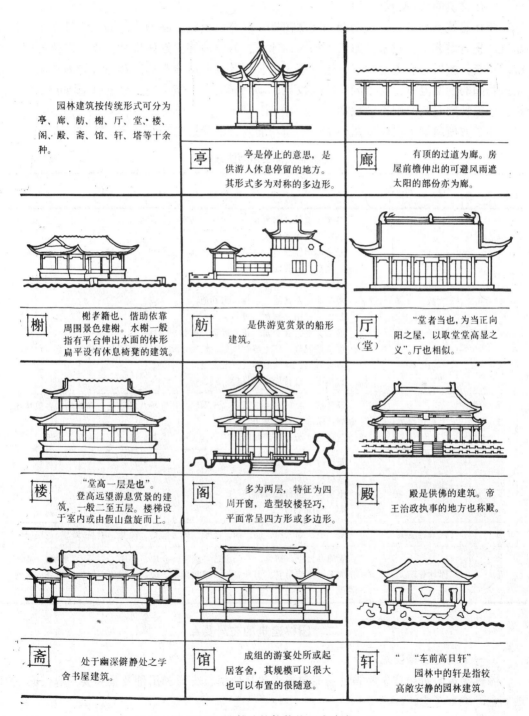

园林建筑按传统形式可分为亭、廊、舫、榭、厅、堂、楼、阁、殿、斋、馆、轩、塔等十余种。

亭 亭是停止的意思，是供游人休息停留的地方。其形式多为对称的多边形。

廊 有顶的过道为廊。房屋前檐伸出的可避风雨遮太阳的部份亦为廊。

榭 榭者籍也、借助依靠周围景色建榭。水榭一般指有平台伸出水面的体形扁平设有休息椅凳的建筑。

舫 是供游览赏景的船形建筑。

厅（堂） "堂者当也，为当正向阳之屋，以取堂堂高显之义"。厅也相似。

楼 "堂高一层是也"。登高远望游息赏景的建筑，一般二至五层。楼梯设于室内或由假山盘旋而上。

阁 多为两层，特征为四周开窗，造型较楼轻巧，平面呈四方形或多边形。

殿 殿是供佛的建筑。帝王治政执事的地方也称殿。

斋 处于幽深僻静处之学舍书屋建筑。

馆 成组的游宴处所或起居客舍，其规模可以很大也可以布置的很随意。

轩 "车前高曰轩"园林中的轩是指较高敞安静的园林建筑。

图 15-1 园林建筑按传统形式分类

（二）园林建筑的分类

1.按传统形式分类

园林建筑按传统形式分，有亭、榭、廊、舫、阁、楼、厅、堂、殿……等等，形式丰富，内容各异。为方便学习，图15-1为园林建筑按传统形式分类的示例。

2.按建筑的使用功能分类

园林建筑类型繁多，从功能和观赏出发，既有展览馆、陈列室、阅览室等文化宣传类建筑；也有游艺室、棋室、露天剧场、溜冰场、游泳池等文娱体育类建筑；以及餐厅、茶室、小卖、厕所等服务性建筑；还有亭、廊、榭等点景游戏类建筑和办公管理类建筑。至于植物园的观赏温室、盆景园等陈列设施；动物园的禽兽笼舍；纪念性公园的馆、墓、碑、塔等特殊建筑，则不胜枚举。

为了方便理解，现仅就九种主要不同功能的园林建筑类型简列表（表15-1）。

园林建筑按使用功能分类表　　　　　　　　　　　　　·　　　　表 15-1

序 号	类　　别	园 林 建 筑 举 例
一	文教宣传类	各类展览馆、博物馆、纪念馆、陈列室、阅览室 各类文物保护建筑 动植物展览建筑、水族馆、爬虫馆、熊猫馆、河马馆、猩猩馆、长颈馆、象房、斑马房、骆驼房 鸟笼、鸡笼、孔雀笼 观鱼池、水禽池、海狮、海豹池 狼山、熊山、狮虎山等等 展览温室、盆景园、花卉展览、植物展览廊 中草药展览、荫生植物展览、植物进化宣传展览、植物资源展览 露天剧场、露天电影院、电视室 宣传廊、宣传牌、阅报栏、科普廊
二	文娱体育类	游艺室、乒乓室、棋艺室、音乐厅、体育场、游泳池、溜冰场、各类球场、划船俱乐部、划船码头 儿童活动场设施，如电动转马、飞机、兵舰、风车、小火车、秋千、滑梯等
三	服 务 类	餐厅、茶室、小吃部 接待室、旅馆 小卖部、摄影服务部 厕　　所
四	点景游息类	塔、亭、廊、榭、舫、阁、花架、碑、园椅、园凳、喷泉、雕塑、花坛、灯具、
五	园林管理类	管理办公室、宿舍、实验室、兽医室、仓库、车库、冷库、水塔、饲料贮存加工、生产温室、引种温室、栽培温室、园门、园墙、标志、栏杆、水闸、驳岸

二、园林建筑的布局要点

（一）满足功能要求

园林建筑的布局首先要满足功能要求，包括使用、交通、用地及景观要求等。必须因地制宜，综合考虑。

人流较集中的园林主要建筑，如露天剧场、展览馆等，应靠近园内主要道路，出入方便，并适当布置广场。体育建筑吸引大量观众，若布置在大型公园内应自成一区并单独设置出入口，通向城市干道，以免与其他游览区混杂。体育场的设置应尽量结合地形以减少土石方。

阅览室、陈列室，宜布置在风景优美，环境幽静的地方，另居一隅，以路相通。

亭、廊、榭、舫等点景游息建筑，需选择环境优美，有景可赏，并能控制和装点风景的地方。

餐厅、茶室、照相等服务建筑一般希望在交通方便，位置显目之处，但又不占据园中的主要景观位置。餐厅应有杂务院，并应考虑单独出入口，以方便运输。照相室宜布置在有景可借或附设于主要风景建筑中。茶室可为室内，也可兼设露天或半露天茶座。

厕所应均匀分布，既要隐蔽又要方便使用。

园林管理建筑不为游人直接使用，一般应布置在园内僻静处，设有单独出入口，不与游览路线相混杂，同时考虑管理方便。且应与展览温室、动物展览建筑等有方便的联系。

温室常与苗圃结合布置，应选择地势高、通风良好、水源充足的地段。

（二）满足造景需要

在造景和使用功能之间，不同类型的园林建筑有着不同的处理原则。对于有明显游览观赏要求的，如亭、廊、舫、榭等建筑，它们的使用功能应从属于游览观赏。对于有明显使用功能要求的，如园林管理、厕所等建筑，游览观赏则应从属于使用功能。而对于既有使用功能要求，又有游览观赏要求的，如餐厅、茶室、展览室等，则要在满足使用功能要求的前提下，尽可能创造优美的游览观赏环境。如餐厅、展览馆的设计，采取庭园式布置手法，在满足用餐、展览功能的基础上，延长、丰富建筑内部的活动路线，加强庭园和建筑外部的游览观赏性，以满足造景的需要。

在造景与基址利用之间，要"巧于因借，精在体宜"。要造怎样的景？利用基址的什么特点造景？有否大树、山岩、泉水、古碑、文物等可以利用？这些都要调查研究，反复推敲。要结合地形，"随基势高下"。并要在基地上作风景视线分析，"嘉者收之，俗者摒之。"因为不同的基址，有不同的环境、不同的景观。高架在山顶，可供凌空眺望，有豪放平远之感；布置在水边，有"近水楼台"、漂浮水面的趣味；隐蔽在山间，有峰回路转，豁然开朗的意境。布置在曲折起伏的山路上可形成忽隐忽现的景观；布置在道路转折处，可形成对景，吸引和引导游人游览。既使在同一基址上建同样的园林建筑，不同构思方案，对基址特点利用不同，造景效果也大不相同。

此外，园林建筑造型，包括体量、空间组合、形式细部、装饰色彩等，都不能仅就建筑自身考虑。还必须注意建筑与山水、植物等自然景物的联系过渡，使建筑融于自然，注意景观功能的综合效果。

（三）使室内外互相渗透、与自然环境有机结合

园林建筑的室内外互相渗透、与自然环境有机结合。不但可使空间富于变化，活泼自然，而且可就地取材，减少土石方，节约投资。

例如，采用四面厅、敞厅、敞阁、敞轩、水厅、空廊、半廊、亭以及底层作支柱层等通透开敞的园林建筑形式，并适当地运用漏花窗、什锦窗、大玻璃窗、落地长窗、通风隔断、花罩、博古架、回纹撑角、挂落等园林建筑装修形式，使建筑空间与自然空间取得有

机联系。

　　将建筑的体量做得轻巧、空间相互渗透，把功能较复杂、体量较大的茶室、餐厅、展览室等建筑化整为零，按功能不同分为厅、室等，再以廊架相连、花墙相隔，组成庭院式建筑，可取得使用功能和景观功能两相宜的效果。

　　将室外水面引入室内，在室内设自然式水池，模拟山泉、山池，还可在水中立柱，将楼廊支越于水面。

　　将园林植物自室外延伸到室内，保留有价值的树木，并在建筑内部，组成景观。

　　将自然材料（包括模拟的）用于室内，可起到联想和点缀作用。如虎皮石墙、石柱、山石散置、花树栽植、山石和树桩盆景等。

　　在以上做法中还应注意对地形地貌的利用。如利用原有基址上的岩石，把山岩穿插在建筑底层，使建筑内外石景相连、浑然一体（图15-2）。

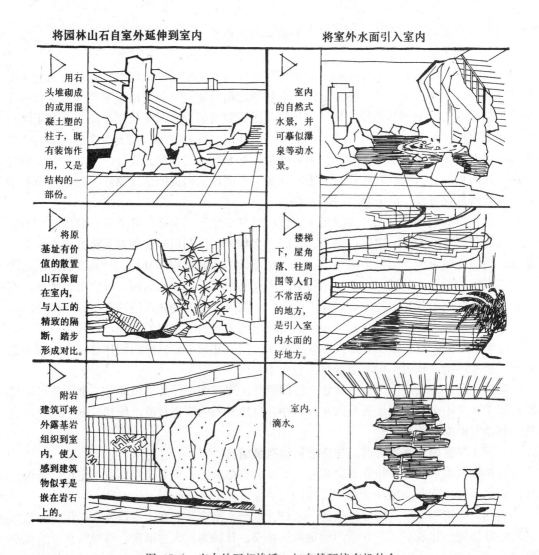

图 15-2　室内外互相渗透，与自然环境有机结合

第二节　园林建筑的设计

我国传统园林建筑具有因地制宜的总体布局，富于变化的群体组合，丰富多彩的立体造型，灵活多样的空间分隔，协调大方的色彩运用，在世界园林史上已是独树一帜。我国现代园林建筑在继承和发展我国优秀传统的同时，吸取了现代建筑的创作手法，运用新材料、新结构、新技术创造出了既符合现代的功能要求、审美观念，又有我国固有风格的新型建筑形式。

一、亭

《园冶》谓："亭者，停也。所以停憩游行也"。亭是园林绿地中最常见的眺览、休息、遮阳、避雨的点景建筑。在使用功能上一般没有什么严格要求。亭与其他建筑之间在功能上一般也没有什么必须的内在联系。但在传统园林和风景区中也有专为立碑刻的"碑亭"；筑在水井上的"井亭"；还有"钟亭"、"鼓亭"等等。在现代园林和风景区中有结合售票、售货等建造的"售票亭"、"售货亭"、"书报亭"等。

亭子在选择其位置时，应注意两方面的问题。一方面是为了观景，以便游人驻足休息、眺望景色；并适当地考虑一定的使用功能。另一方面是为点缀景色，即点景。

按亭所处的位置，一般分：山亭、半山亭、桥亭、临水亭、靠墙的半亭，在廊间的廊亭、在路边的路亭。

山上建亭，应注意其与山体的合宜尺度对比；临水建亭，则一般近水而设，或突于水中，三面或四面为水，宜低不宜高；路边建亭就常为一种标志，或构成一个小的私密性空间。

亭在位置选择中，除了与自然环境结合以外，亭与人文景观的结合也很重要。

亭子的造型，一般小而集中，比例、色彩等比其他建筑更能自由地按设计者的意图来确定。其造型主要取决于平面形状、平面上的组合、屋顶的形式等（图15-3）。

亭的结构一般比较简单，施工制作上也比较方便，用料上有木构瓦顶、或钢筋混凝土、或竹、石等地方材料，等等。

二、廊

廊除了能遮风避雨，供驻足休息、交通联系外，最主要的是作为导游参观和组合空间用。如果把整个园林作为一个"面"来看，那么亭、榭、轩、馆等建筑物在园林中可视作"点"；而廊、墙这类建、构筑物就是"线"。通过这些"线"的联络，把各个分散的"点"联系成为有机的整体。它们与山石、植物、水面相结合，在园林"面"的总体范围内形成一个个相对独立的"景区"。因此，廊的布置对园林中风景的展开和观景程序起着重要的组织作用（图15-5）。

廊，还可看作为一种"虚"的建筑物，可作为透景、隔景、框景用。似一层"帘子"，似隔非隔，若隐若现，把廊子两边的空间有分有合地联系起来，起到一般建筑物达不到的效果。

廊依位置的不同，有平地廊、爬山廊、水走廊等；依内部空间形式分有空廊、半廊、复廊、双层廊等；依平面形式分有直廊、曲廊、回廊等（图15-4）。

榭属于临水建筑，在选址上、平面形状及体型的设计中，更应注意与水面的关系，与池岸的关系。《匠冶》上说："榭者，藉也。藉景而成者也。或水边，或花畔，制亦随态。"意思是说，榭这种建筑是凭藉周围景色而构成的，它的结构依照环境的不同可以有

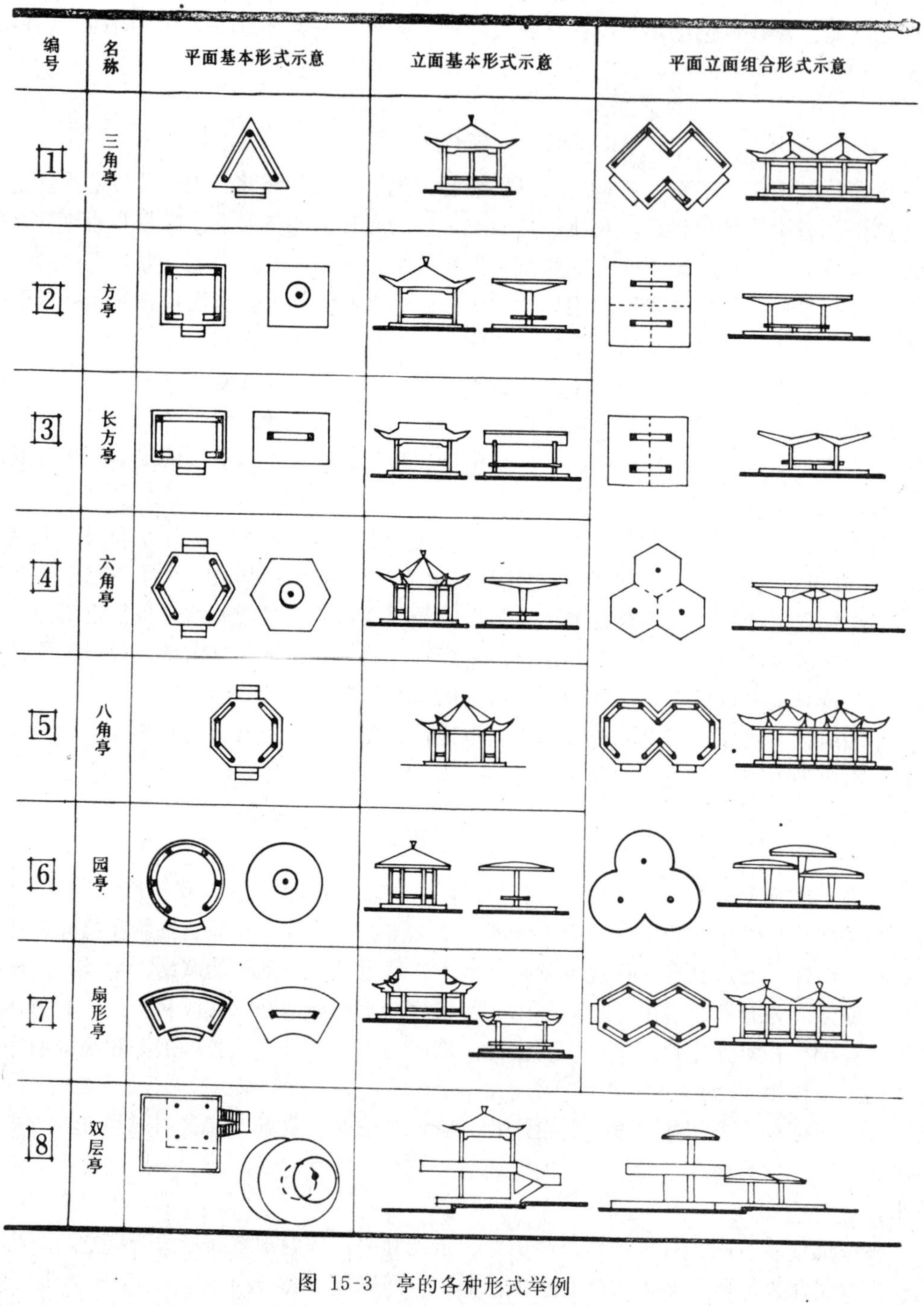

编号	名称	平面基本形式示意	立面基本形式示意	平面立面组合形式示意
1	三角亭			
2	方亭			
3	长方亭			
4	六角亭			
5	八角亭			
6	园亭			
7	扇形亭			
8	双层亭			

图 15-3　亭的各种形式举例

各种形式。

榭，一般以水榭居多，其形式一般体形扁平，近水有平台伸出，或开敞，或四边均有落地窗，空透而畅达。设休息椅凳，或鹅颈靠（俗称美人靠）以便倚水观景。较大的水榭亦可结合布置茶座或兼作水上舞台等。

榭与水面的关系，应尽可能贴近水面，宜低不宜高，水面应深入榭的底部。与池岸的

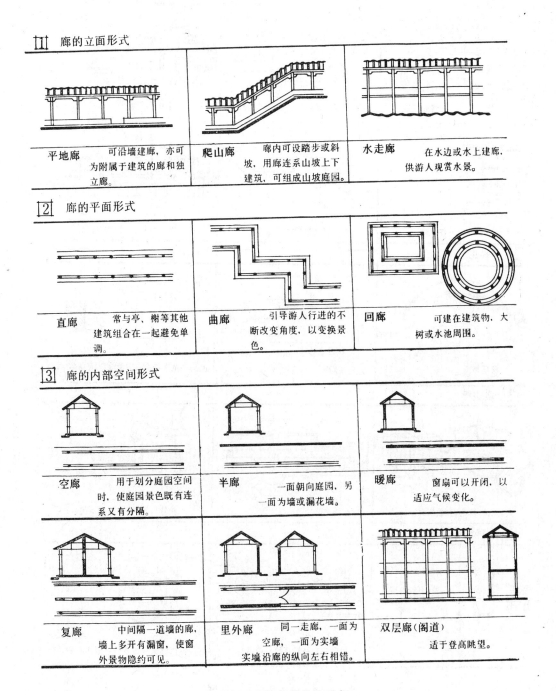

1 廊的立面形式					
平地廊	可沿墙建廊，亦可为附属于建筑的廊和独立廊。	爬山廊	廊内可设踏步或斜坡，用廊连系山坡上下建筑，可组成山坡庭园。	水走廊	在水边或水上建廊，供游人观赏水景。

2 廊的平面形式					
直廊	常与亭、榭等其他建筑组合在一起避免单调。	曲廊	引导游人行进的不断改变角度，以变换景色。	回廊	可建在建筑物，大树或水池周围。

3 廊的内部空间形式					
空廊	用于划分庭园空间时，使庭园景色既有连系又有分隔。	半廊	一面朝向庭园，另一面为墙或漏花墙。	暖廊	窗扇可以开闭，以适应气候变化。
复廊	中间隔一道墙的廊，墙上多开有漏窗，使窗外景物隐约可见。	里外廊	同一走廊，一面为空廊，一面为实墙，实墙沿廊的纵向左右相错。	双层廊（阁道）	适于登高眺望。

图 15-4 廊的几种传统形式

关系，宜突出于池岸，或伸出平台作为建筑与水面的过渡。造型上，以强调水平线条为宜。建筑物扁平地贴近水面，有时配合着水廊、白墙、漏窗等，平缓而开阔，再加上几株竖向的树木或翠竹，在线条的横竖对比中取得良好的艺术效果（图15-6）。

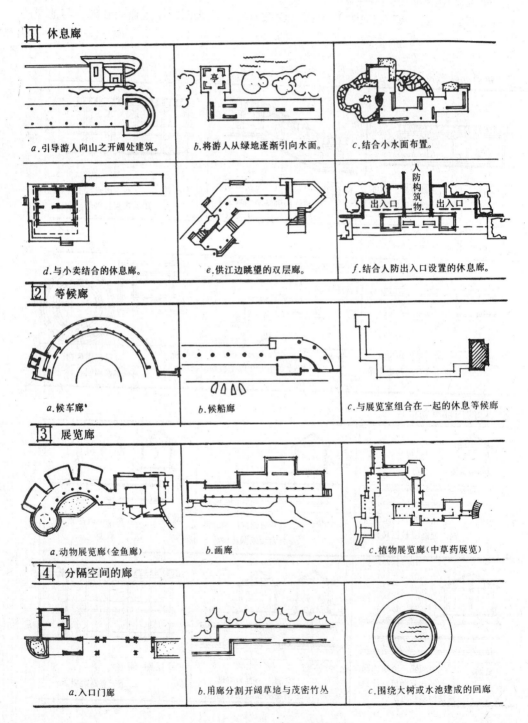

1 休息廊

a. 引导游人向山之开阔处建筑。　　b. 将游人从绿地逐渐引向水面。　　c. 结合小水面布置。

d. 与小卖结合的休息廊。　　e. 供江边眺望的双层廊。　　f. 结合人防出入口设置的休息廊。

2 等候廊

a. 候车廊　　b. 候船廊　　c. 与展览室组合在一起的休息等候廊

3 展览廊

a. 动物展览廊（金鱼廊）　　b. 画廊　　c. 植物展览廊（中草药展览）

4 分隔空间的廊

a. 入口门廊　　b. 用廊分割开阔草地与茂密竹丛　　c. 围绕大树或水池建成的回廊

图 15-5　廊的使用类型举例

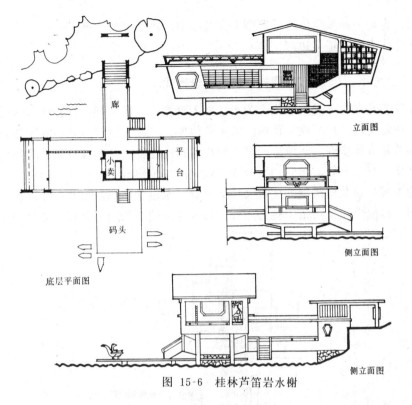

立面图

侧立面图

侧立面图

底层平面图

廊

平台

小卖

码头

图 15-6　桂林芦笛岩水榭

四、楼　阁

楼阁是园林内的高层建筑物。它们不仅体量较大，而且造型丰富，变化多样，有广泛的使用功能，是园林中的重要点景建筑，同时也是登高望远，游息观赏的园林建筑。

园林中的楼在平面上一般呈狭长形，面阔三、五间不等。也可形体很长，曲折延伸，立面为二层或二层以上。现代园林中所建的楼多为茶室、餐厅、接待室等（图15-7）。

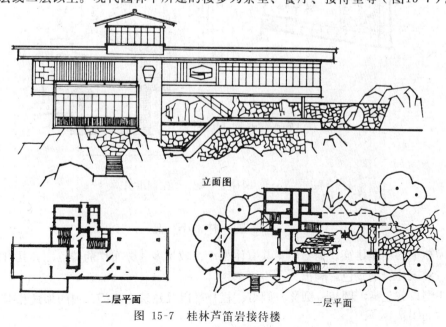

立面图

二层平面

一层平面

图 15-7　桂林芦笛岩接待楼

阁与楼相似，也是一种多层建筑，造型上高耸凌空，较楼更为完整、丰富、轻盈、集中向上，平面上常作方形或正多边形。

五、园林建筑的组合形式

中国园林建筑的特点之一就是"化大为小，融入自然"，竭力避免将各种不同功能的用房组织在同一幢建筑内，形成庞大孤单、笨重的体型。一般采取将不同功能的部分组织在大小形状不同的建筑体型内。在建筑造型上突出各自的性格，结合自然环境的特点，因地制宜地用廊、墙、路、台等，将它们组合成庭院式的建筑组群。

根据地势的不同，建筑所围绕的庭院又分为平庭、水庭和山庭。水庭中建筑多为临水布置或跨越水面。山庭中建筑可依山就势布置，形成建筑轮廓的山下盘旋（图15-8）。

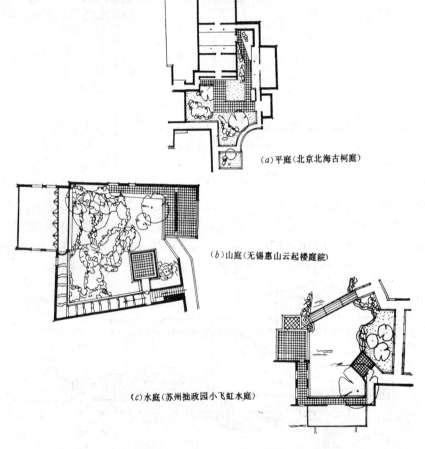

(a)平庭(北京北海古柯庭)

(b)山庭(无锡惠山云起楼庭院)

(c)水庭(苏州拙政园小飞虹水庭)

图 15-8 园林中"庭"的空间组织

六、园 林 小 品

园林中的小型建筑设施与雕塑具有体型小、数量多、分布广的特点，并具有较强的装饰性，对园林绿地景色影响很大，不可忽视。

小型设施包括，圆椅、圆凳、圆灯、栏杆，以及建筑上的门、窗的形式和墙的形式（图15-9）。

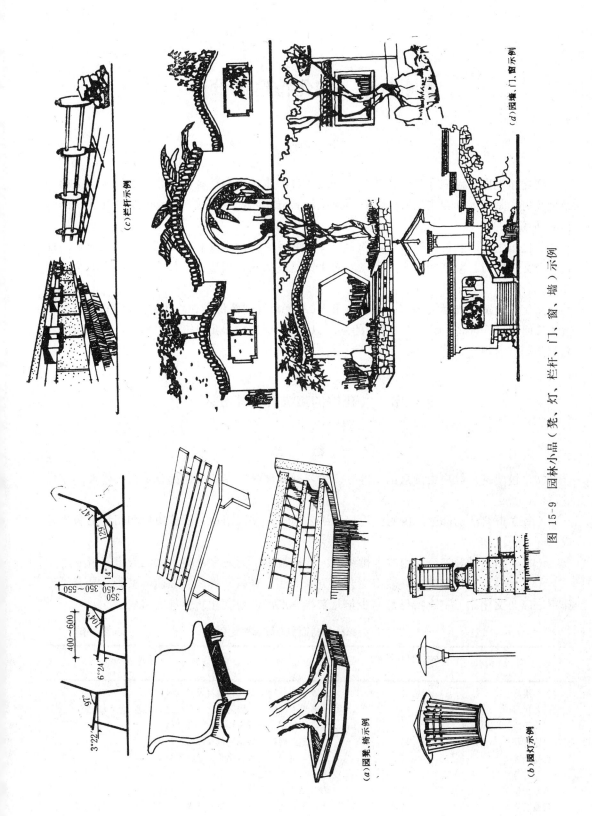

(a) 园凳、椅示例

(b) 园灯示例

(c) 栏杆示例

(d) 园墙、门、窗示例

图 15-9 园林小品（凳、灯、栏杆、门、窗、墙）示例

255

第十六章　文化馆建筑设计

第一节　概　述

文化馆是国家设立在县（自治县）、旗（自治旗）、市辖区的文化事业机构，隶属于当地政府，是开展社会主义宣传教育、组织辅导群众艺术（娱乐）活动的综合性文化部门和活动场所。

文化馆建筑，功能比较复杂，内容繁多。而且它的艺术性和地方性很强。它应是当地的一个文化窗口、象征和标志。所以，文化馆建筑从内容到形式，都应有其特有的个性特征。

文化馆建筑的规模大小，一般按每千人5～7m²建筑面积考虑。如30万人的县，文化馆建筑面积以2000m²为宜；80万人的县，以4000m²为宜。其建筑容积率，应符合当地规划部门制订的规定。

第二节　文化馆的组成和功能分区

一、组　成

文化馆建筑一般应由群众活动部分、学习辅导部分、专业工作部分及行政管理部分组成。

（一）群众活动部分：由观演用房、游艺用房、交谊用房、展览用房和阅览用房等组成。

（二）学习辅导部分：由综合排练室、普通教室、大教室及美术书法教室等组成。

（三）专业工作部分：一般由文艺、美术书法、音乐、舞蹈、戏曲、摄影、录音等工作室，以及文化站（室）指导部、少年儿童指导部，群众文化研究部等组成。

文化馆各部分用房面积分配参考比例　　　　　　　　　　　　表 16-1

名　　　称	占总使用面积的 %	要　　　求　　　及　　　说　　　明
表演用房	22	即表演厅：设小型舞台、简易灯光和化妆间
游艺用房	10	一般设大、中、小游艺室；有条件时，儿童、老人活动室宜分设
交谊用房	14	即交谊舞厅：内设演奏台、小卖部等
展览用房	10	由展室、展廊等展览空间及贮藏间组成
阅览用房	6	由阅览室、书刊资料室及儿童阅览室等组成
学习辅导用房	20	内容见"组成"
专业工作用房	8	内容见"组成"
行政管理用房	10	不含单身宿舍、食堂、锅炉房及车库等，可在总平面中布置

（四）行政管理部分：由馆长室、办公室、文印打字室、会计室、接待室及值班室等组成。

文化馆各类用房根据不同规模和使用要求可增减或合并，在使用上应有较大的适应性和灵活性，并便于分区使用统一管理。

文化馆建筑各部分使用面积可参见表16-1。

二、功 能 分 区

根据文化馆内部各部分的活动特征，文化馆中有比较"闹"的部分，如观演用房、游艺用房、交谊用房等；也有相对"动"的部分，如展览、行政用房等；还有"静"的部分，如阅览、教室、创作室等。这些部分既需要联系方便，又需要相对分开，以免干扰。还要便于管理，能适应分区使用的要求。同时，要组织好交通、疏散等（图16-1）。

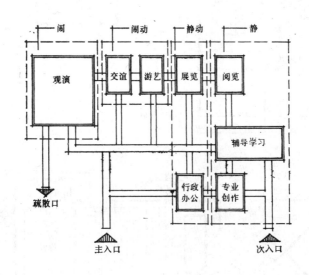

图 16-1 文化馆功能关系示意

在功能分区上，一般可采取三种方式：

（一）不同功能的用房，按"闹"、"动"、"静"在空间层次上分层进行划分，功能划分明确、合理，组织各自的通道和人流出入口，使各部分使用方便。如1987年全国文化馆建筑设计竞赛获一等奖的685号方案，即为这种功能分区方式的例子（图16-2）。

（二）按文化馆建筑的四个组成部分在平面上分区划分，按不同程度的"闹"、"动"、"静"进行组合联接，布局中注意紧凑、集中，使不同用途的用房布置得恰到好处。如1987年全国文化馆建筑设计竞赛获二等奖的1056号方案，即为这种功能分区方式的例子（图16-3）。

（三）平面布置中的分区和空间层次上的分层相结合，注意分区使用和统一管理的结合，以及平面组合上的灵活性、多元性。如1987年全国文化馆建筑设计竞赛获三等奖的379号方案，即为这种形式的例子（图16-4）。

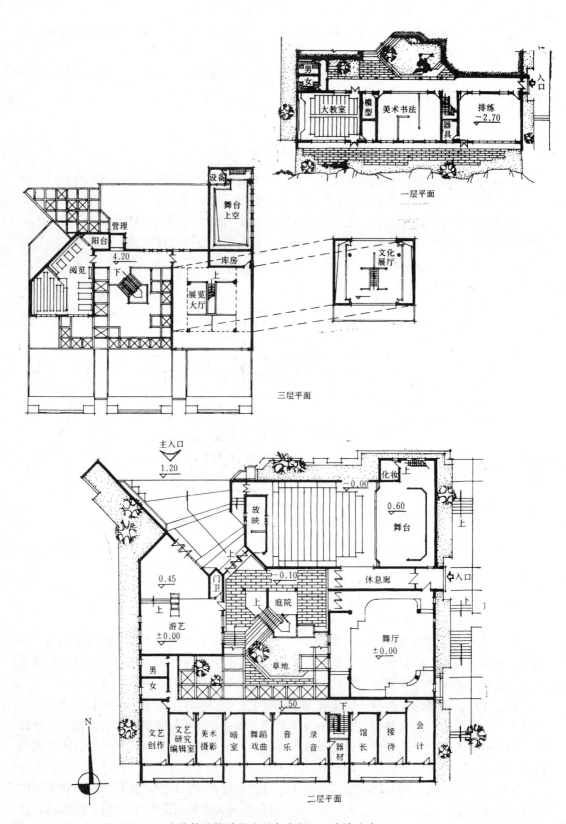

一层平面

三层平面

二层平面

图 16-2　文化馆建筑功能分区方式之一（庭院式布局）

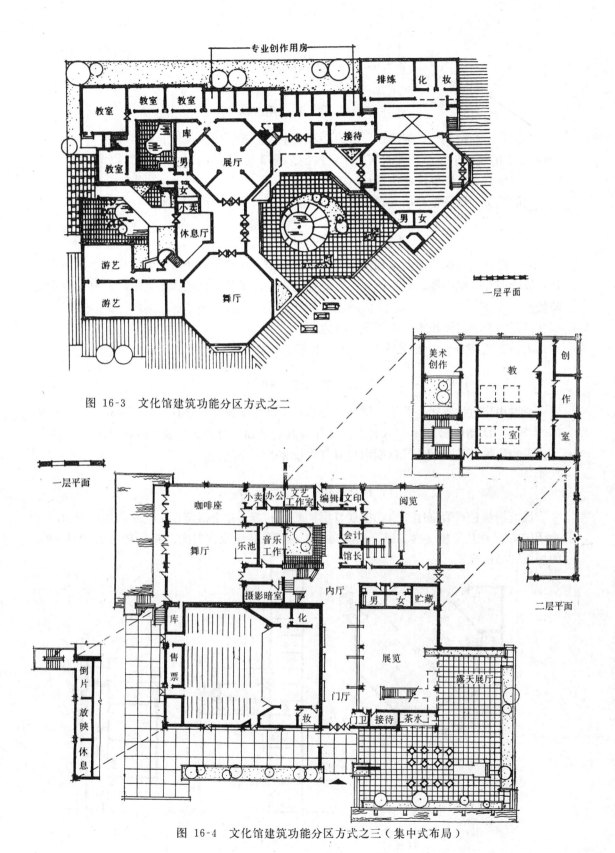

专业创作用房

排练　化妆

教室　教室　教室

库

男

女

展厅

接待

小卖

休息厅

男女

教室

游艺

游艺

舞厅

一层平面

图 16-3　文化馆建筑功能分区方式之二

美术创作

教室

创作室

一层平面

二层平面

咖啡座

小卖　办公　文艺工作室　编辑　文印

阅览

舞厅

乐池

音乐工作

会计

馆长

摄影暗室

内厅

男女　贮藏

化

库

售票

展览

露天展厅

倒片　放映　休息

门厅

门卫　接待　茶水

妆

图 16-4　文化馆建筑功能分区方式之三（集中式布局）

259

第三节　文化馆建筑各类用房的设计要求

一、观 演 用 房

观演用房包括门厅、观演厅、舞台和放映室等。观演厅的规模一般不宜大于500座，300座以下的可作平地面。观演厅的座位排列、通道宽度、视线及声学设计以及放映室的设计，均应符合《影剧院建筑设计》的有关规定。

观演用房一般设单独出入口和疏散口。

二、游 艺 用 房

游艺用房应根据活动内容和实际需要设置供若干活动项目使用的大、中、小活动室，并附设管理及贮藏间等。有条件的，宜分别设置儿童游艺室及老人游艺室，并附设室外活动场地。

游艺室的使用面积不应小于下列规定：

大游艺室65m²；中游艺室45m²；小游艺室25m²。

三、交 谊 用 房

交谊用房包括舞厅、茶座、管理用房及小卖部等。舞厅应设存衣间、吸烟室及贮藏间等。舞厅的活动面积按2m²/人计算。舞厅应具有单独开放的条件及直接对外的出入口。茶座应附设准备间，准备间内应有开水设施及洗涤池。

四、展 览 用 房

展览用房包括展览厅（室）或展览廊、贮藏间等。每个展览厅（室）的使用面积不宜小于65m²。展厅（室）内应以自然采光为主，避免眩光及直射光，并设置可供灵活布置的展版和照明设施。

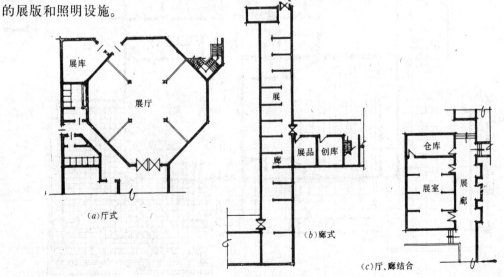

图 16-5　展览空间的布置方式示例

展览厅（室）或展览廊出入口的宽度及高度应符合安全疏散、搬运版面和展品的要求。

展览用房的基本布置方式见图16-5。

五、阅　览　用　房

阅览用房包括阅览室、资料室、书报贮存间等。阅览用房应光线充足，照度均匀，避免眩光和直射光。采光窗宜设遮光设施，有条件时，宜分设儿童阅览室。阅览用房应设于馆内较安静的部位。

阅览桌椅的排列间隔尺寸及桌椅尺寸见图16-6，阅览室的基本布置方式见图16-7。

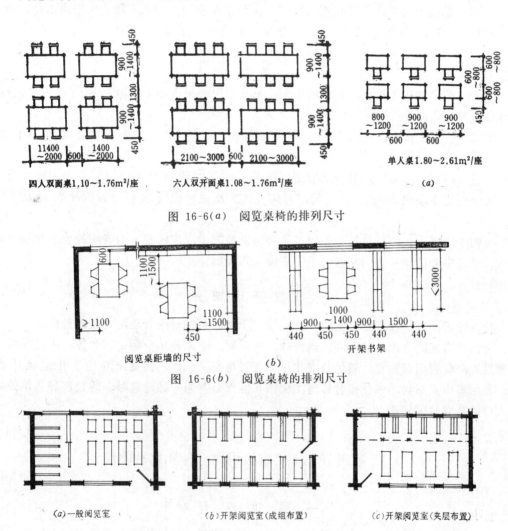

图 16-6(a)　阅览桌椅的排列尺寸

图 16-6(b)　阅览桌椅的排列尺寸

（a）一般阅览室　　　（b）开架阅览室（成组布置）　　　（c）开架阅览室（夹层布置）

图 16-7　阅览室的基本布置方式

六、综　合　排　练　室

综合排练室的位置应考虑其噪声对毗邻用房的影响。室内地面宜做木地板，主要出入口宜设隔声门。使用面积按每人6m²计算，其层高根据使用要求合理地确定，一般净高不应低于3.6m。宜在一面墙上设置照身镜，并沿墙设练功用把杆。

综合排练室一般可附设卫生间、器械贮藏间，有条件的还可设淋浴间。

七、普通教室和大教室

普通教室每室人数可按40人设计，大教室以80人为宜，教室的使用面积每人不小于1.40m²。课桌椅布置及有关尺寸，不得小于《中小学校建筑设计》的有关要求，教室的设备等参照《中小学校建筑设计》有关要求执行。

八、美术书法教室

美术书法教室宜为北向侧窗或天窗采光。每室不宜超过30人使用，使用面积每人不小于2.80m²。美术书法教室的设施，应按普通教室设置，并增设洗涤池。

九、专业工作室

（一）美术书法工作室，宜北向采光，每间使用面积不小于24m²。室内宜设挂镜线。遮光设施及洗涤池等。

（二）音乐工作室，应附设不小于6m²的琴房1～2间，并应考虑室内音质及隔声要求。

（三）摄影工作室，应附设暗室及摄影室、暗室应设培训实习间，根据规模可设置2～4个面积不小于4m²的工作小间，并应有遮光及通风换气设施，设置冲洗池及工作台。

（四）录音工作室，包括工作室、录音室及控制室，应考虑室内音质的要求及隔声的要求。录音室和控制室之间的墙壁上，应设隔声观察窗。

十、行政管理部分

行政管理部分位置应相对集中，且应设置于外联系和对内管理均方便的部位。

文化馆附属的仓库、配电间、维修间、锅炉间、车库及单身职工宿舍等，应根据实际需要设置，位置相对独立，避免与文化馆人流发生交叉干扰。当文化馆由于用地条件所限，采用集中式布局，单身宿舍等与文化馆其他部分并为一栋建筑时，应处理好其单独的出入口等其它分区问题。

第四节　文化馆的用地选择和总平面设计

一、用　地　选　择

（一）符合城镇规划布局的要求。一般应在城区居民较为集中的生活区中心地段，方便居民使用，满足居民经常性的文化娱乐（艺术）活动的需要。

（二）基地环境优美，有足够的用地和合适的基地形状。除了满足文化馆功能分区、人流组织、货物（展品、导具等）运输以及停车、消防等功能要求外，还应能创造丰富的外部环境和庭院空间，较好地反映出一个地方的地方特色、风土人情以及传统文化。

（三）基地应远离各种污染源，同时也适当考虑文化馆中观演、游艺、交谊等部分可能对周围环境造成的噪声干扰。

二、总平面设计

（一）总平面的组成：除了建筑物外，还应考虑到庭院绿化、道路广场、停车 救护 等。在独具特色的水乡山城，还可结合基地环境布置水上戏台、露天茶座等群众喜爱的活动空间。

（二）在市中心区的文化馆，则应该注意与城市道路留适当的缓冲距离，留一定的活动广场（如下沉式广场等）；留适当的庭院空间以及车辆停放、回转等空间。

（三）文化馆的出入口布置

1.主要出入口：大量的群众活动人流出入口，位置要显著，宜面向主干道，且留有适当的广场空间。

2.辅助出入口，一般应另设观演部分的出入口，保证观众厅内集中人流的尽快疏散。学习辅导、专业研究部分和行政管理部分的出入口，在文化馆规模较大、且用地条件许可时，可另设出入口。一般情况下共用主要出入口，在建筑物内门厅，交通厅中分流。

文化馆的职工宿舍、食堂、车库等生活服务部分均另设出入口。此外，还应注意展品、导具、景片等搬运出入口及运输的货流路线。

（四）总平面的布置方式：一般可采用集中式、分散式和庭院式三种。

1.集中式：适宜于建在人口稠密的中心区。应很好地按不同的使用性质进行功能分区和人流路线的组织，同时注意停车空间、入口广场等建筑外部空间的处理。

1987年全国文化馆建筑设计竞赛获二等奖的1158号方案（图16-8）（图16-4）即为此例。

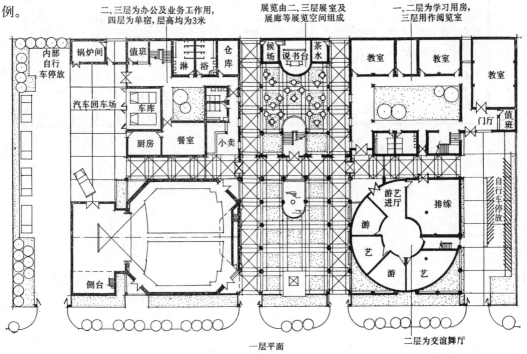

图 16-8　文化馆建筑总平面布局方式之一（集中式布局）

2.分散式：适宜于建筑在用地面积限制较少的地方。一般可结合山坡、河道等自然地理、地形条件，自由灵活地组织文化馆不同性质的使用空间。分区易明确，人流交叉干扰少。但应注意布局的紧凑、合理。

图16-9所示的例子，为1987年全国文化馆建筑设计竞赛1116号方案。

3.庭院式：不是以建筑物内的门厅或交通为中心，而是以开敞的庭院为中心，将建筑物不同性质的使用空间组织成一个有机的整体。南北方均适宜采用。北方庭院较封闭，有传统的四合院韵味；南方庭院则多在一个方向或两个方向上较开敞；庭院空间多以不规则的铺地、恰当的绿化树丛，以及小水面、景石等组成。如图16-2所示。

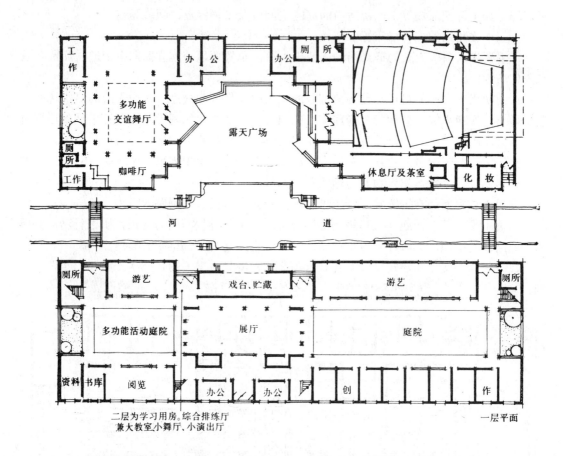

图 16-9 文化馆建筑总平面布局方式之二（分散式布局）

第三篇　工业建筑设计

第十七章　工业建筑概述

第一节　工业建筑的特点、分类及结构组成

一、工业建筑的特点

从事工业生产的各种房屋称为工业建筑（亦称厂房）。在设计原则、建筑用料和建筑技术等方面与民用建筑相比，有许多共同点，但在设计配合、使用要求方面，工业建筑有如下特点：

（一）厂房建筑设计（含平、剖、立面等）是在工艺设计人员提出的工艺设计的基础上进行的，建筑设计应适应生产工艺的要求。

（二）在厂房中由于生产设备多、体形大、各部生产联系密切，并有多种起重和运输工具通行，因而厂房内部大多具有较大的敞通空间。

（三）当厂房宽度较大（尤其是多跨）时，为解决室内采光、通风和屋面防水、排水问题，常需在屋顶上设置天窗及排水系统等致使屋顶构造复杂。

（四）在单层厂房中，由于屋顶重量大，且多有吊车荷载；在多层厂房中，由于楼板荷载大（有时亦有吊车荷载），故在厂房结构中广泛采用钢筋混凝土骨架承重，对于特别高大的厂房有时则采用钢骨架承重。

二、工业建筑的分类

（一）按厂房的用途分

1.主要生产厂房

在这类厂房中，进行着产品的备料、加工、装配等主要工艺流程。厂房内常布置有较多较大的生产和起重运输设备，建筑面积较大，职工人数多，在全厂生产中占重要地位，所以是工厂的主要厂房，应具有较高的建筑标准。

2.辅助生产厂房

它是为主要生产厂房服务的，其建筑标准应与其性质、规模相适应，一般不超过主要生产厂房。

3.动力用厂房

这类厂房是为全厂提供能源的场所。动力设备的正常运行，对全厂生产有着特别重要的意义，同时，这些厂房内的生产中常有一定的危险性或散发出烟尘等有害物，故这类厂房必须具有足够的坚固耐火性、妥善的安全设施和良好的使用质量。

4.储藏用建筑

这类建筑是指各种仓库，在设计时应根据所储物质的不同，满足相应的防火、防潮、防爆、防腐蚀、防变质等要求，并按有关规范合理确定其面积、层数、防护（包括耐火）及安全措施（包括疏散）等。

5.运输用建筑

这类建筑主要是指各种车库。其建筑标准主要视存放量多少而定。

图17-1为机械制造厂的厂房分类。

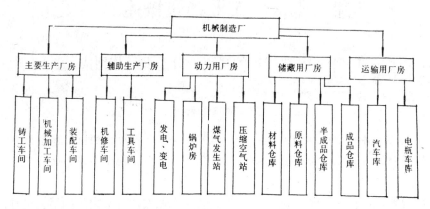

图 17-1　机械制造厂的厂房分类

（二）按车间内部生产状况分

1.热车间

在生产过程中散发大量热量、烟尘的车间称为热车间，如铸工车间等。

2.冷车间

这类车间的生产是在正常温湿度条件下进行的，如机械加工、装配车间等。

3.恒温恒湿车间

要求车间内部具有稳定的温度和湿度的车间，如纺织车间和某些精密仪表车间等。

4.洁净车间

在生产过程中，由于产品要求纯度高，围护结构应保证严密，以免大气灰尘侵入，影响产品质量，如集成电路车间。

车间内部生产状况是确定厂房平、剖、立面以及围护结构的形式和构造的主要因素之一，设计时应予以充分注意。

（三）按厂房层数分

1.单层厂房（图17-2a）

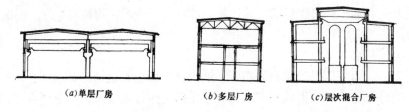

(a)单层厂房　　　(b)多层厂房　　　(c)层次混合厂房

图 17-2　不同层数的厂房

这类厂房便于水平方向组织生产工艺流程，对于运输量大，设备、加工件及产品笨重的生产有较大的适应性，并便于工艺改革。但其占地面积大、围护结构面积多、道路和技术管网较长。单层厂房广泛应用于冶金工业、重型及中型机械制造工业等。

2.多层厂房（图17-2b）

这类厂房占地面积省，有利于城市街景处理。适应于产品重量较轻的工业（如食品、电子、精密仪器等），适合沿垂直方向布置生产工艺流程。

3.层次混合的厂房（图17-2c）

由于生产工艺或设备的要求，同一厂房中要求一部分为单层，而另一部分为多层，从而形成单层和多层混合的厂房。这类厂房常用于化学工业。

三、单层厂房的结构组成

单层厂房的结构组成与结构支承方式有关。单层厂房的结构支承方式取决于厂房跨度、高度及吊车荷载的大小。只有当跨度、高度及吊车荷载很小时采用承重墙结构，一般均采用骨架结构。因此，下面仅对骨架结构加以分析。

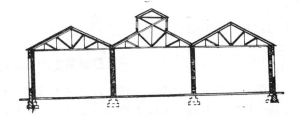

图 17-3 砖木结构厂房

骨架结构依其材料可分为混合结构、钢筋混凝土结构、钢结构等。厂屋设计中应根据具体情况选择既合理又经济的结构类型。

（一）砖石混合结构

这类结构类型主要由砖柱和屋架或屋面大梁组成（图17-3）。其构造简单，仅适用于吊在吨位不超过5吨、跨度不大于15米的小型厂房，且抗震性能较差。

（二）装配式钢筋混凝土结构

这种承重结构由横向骨架和纵向连系构件两部分组成（图17-4）。横向骨架包括屋面大梁（或屋架）、柱子及柱基础。纵向连系构件包括大型屋面板（或檩条）、连系梁、吊车梁等。这种结构具有坚固耐久、承重能力较大、可预制装配等特点，因此在单层厂房中广泛采用。但其自重大、纵向刚度较差、传力受力不

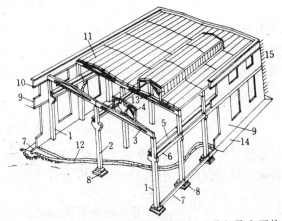

图 17-4 单层厂房装配式钢筋混凝土骨架及主要构件

1.边列柱；2.中列柱；3.屋面大梁；4.天窗架；5.吊车梁；6.连系梁；7.基础梁；8.基础；9.外墙；10.圈梁；11.屋面板；12.地面；13.天窗扇；14.散水；15.风力

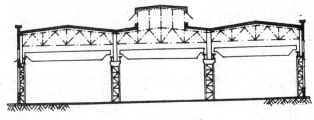

图 17-5 钢结构厂房

267

尽合理、抗震不如钢结构。

（三）钢结构

钢结构的主要承重构件全用钢材制成（图17-5）。具有抗振性能好、施工方便、构件较轻等特点，多用于吊车荷载重、高温或振动大的车间。但易锈蚀、耐火性能较差，因此，使用时应采取相应的防护措施。

单层厂房承重结构除上述外，在屋顶中尚有折板、壳体等空间结构，这些在民用建筑中已作介绍，在此不予重述。

第二节　工业建筑设计的任务与要求

工业建筑设计的任务就是根据党的建筑方针政策以及坚固适用、技术先进、经济合理的原则，正确选择厂房平、立、剖面形式；合理确定承重结构、围护结构的方案、材料及构造形式。

工业建筑设计的要求如下：

一、应满足生产工艺的需要

为了满足生产工艺的需要，厂房首先必须具有相应的空间尺度。如面积、跨度、柱距、高度等都应恰当。此外，不同生产工艺的要求对厂房内部环境也有不同的要求。

二、应满足有关技术要求

厂房有可能经受外力、温湿度变化、化学侵蚀等各种不利因素的影响，厂房必须具有必要的坚固性和耐久性；为适应工艺的革新、改造和生产规模扩大的需要，厂房还应具有较大的通用性和满足扩建的要求；为提高厂房建筑工业化的水平，厂房设计时还应遵循《建筑统一模数制》与《厂房建筑统一化基本规则》的规定。

三、应满足建筑经济的要求

在厂房设计中必须树立经济观念，在保证质量的条件下，力求降低建筑造价，并使维修费用最省，以达到良好的经济效果。

四、应满足卫生方面的要求

为使厂房具有良好的卫生条件，保证工人身体健康，提高劳动生产率，对工业生产中所产生的余热、烟尘、废水、废渣等有害因素，应进行合理的处理和排除，以满足卫生要求。

第三节　厂房内部的起重运输设备

为了满足生产的要求，厂房内部的上空需要安装各种不同类型的起重运输设备，为装卸、搬运各原材料和产品以及设备的检修工作服务。厂房剖面高度的确定及结构计算与吊车的规格有密切的关系。因此，在进行厂房建筑和结构设计之前，必须熟悉吊车的规格、性能及其外形尺寸。下面着重介绍几种常见的起重吊车。

一、悬挂式单轨吊车

悬挂式单轨吊车由电动葫芦和工字钢轨道组成（图17-6）。电动葫芦以工字钢为轨道，沿直线或曲线往返运行（曲线进行时最小转弯半径为2.5m），工字钢轨道可悬挂在屋面梁或屋架下弦。在连跨时可由一跨运行到另一跨间，运输灵活，起重量一般有1、2、3及5。由于悬挂在屋架下弦，对屋盖结构的刚度要求较高。

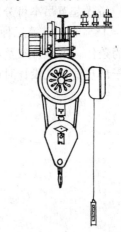

图 17-6　电动葫芦

二、电动单梁起重吊车

这种吊车由梁架和电动葫芦组成，适应于车间固定跨间作装卸、搬运和起重之用。吊车梁架可悬挂在屋面架或屋架下弦（图17-7），沿跨间纵向移动。吊车梁架也可支承在吊车梁上（图17-8）。电动单梁吊车的起重量有1、2、3、5等四种，一般不超过5。当起重量在3以下时可采用悬挂式；当起重量在3以上时可放置在吊车梁上。其操纵方式可在地面操作，也可在司机室里操纵，前者较多采用。

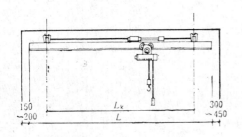

图 17-7　悬挂式电动单梁吊车

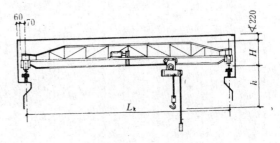

图 17-8　吊车梁支承电动单梁吊车（DDQ型）

三、电动桥式起重吊车

这种吊车由桥架和起重行车（或称小车）组成，桥架在吊车梁上沿跨间纵向行驶，小车在桥架上沿跨间横向行驶（图17-9）。起重量为5～350不等。小车上的吊钩有单钩或双

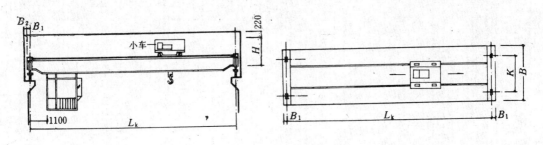

图 17-9　电动桥式吊车

钩（即主钩、副钩）之分。搬运散粒料则用抓斗，搬运碎铁则用钳式设备；为冶炼炉加料的则用悬臂料槽，这些钳、槽均属于硬钩性质。吊车操纵一般在吊车一端的操纵室内，为方便司机上下，厂房内应设吊车钢梯。

根据起重吊车在厂房内工作的重要性和繁忙程度（即吊车开动的时间占全部生产时间的比率）。桥式起重吊车可分为重级（用 $Jc=40\%$ 表示）、中级（用 $Jc=25\%$ 表示）、轻级（用 $Jc=15\%$ 表示）等三种工作制度。吊车工作制度及吊钩性质，是进行结构计算时需要考虑的条件。吊车桥架及小车在运行、起重和刹车时，都要产生一定的纵、横向水平推力作用于厂房结构，设计时必须给予注意。

第十八章 单层厂房建筑设计

第一节 单层厂房的平面设计

厂房建筑平面设计和民用建筑有所不同，民用建筑的平面设计主要是由建筑设计人员完成，而厂房的平面设计是由工艺设计人员先进行工艺平面设计，建筑设计人员在生产工艺平面图的基础上进行厂房的建筑平面设计。厂房的平面设计既受生产工艺的制约，又可促进生产工艺的合理布置。

厂房平面设计的主要内容有生产工段和辅助工段的布置，车间交通运输(人流、货流)的组织和布置车间内部通道、确定平面形式，选择柱网和变形区段、安排门窗位置、布置生活间和办公室等。工段（部）布置及交通运输组织的基本要求由工艺设计人员确定，而厂房建筑设计则提供物质空间的保证。对于同柱网的布置有关的结构形式的选择和构件的布置以及各种构筑物的设计，建筑设计人员则需要与结构设计人员协作解决。对于生产中有害因素的排除，以及恒温恒湿、隔声消声、净化、消防等问题则须同设备工作人员共同协商解决。由此可见，厂房设计是一项综合性很强的工作。而建筑设计人员须为综合解决各方面的问题创造条件。

一、生产工艺平面图的内容

生产工艺平面图的内容包括生产工艺流程和车间简图两大内容。生产工艺平面设计人员根据产品生产的要求进行下面一些工作：

1. 组织生产工艺流程；
2. 选择和布置生产和起重运输设备；
3. 划分和布置厂房内生产工段（部）；
4. 确定厂房面积的大小；
5. 提出生产工艺对厂房建筑设计的要求。

厂房内的生产工段（部）的划分与布置是由产品的生产工艺流程决定的。生产工段（部）大致可分为两种，即生产工段和辅助工部。生产工段是生产工艺流程中的各个环节，包括各种加工工段；辅助工部是保障生产工段正常运转的生产部分，如磨刀部、夹具修理部、机修部、检验部、电工间、工具分发室以及辅助材料库、半成品库等等。

图18-1所示为一铸工车间的生产工艺流程简图。由图可见，一般铸工车间是由溶化、浇注、造型、砂处理和清理等工段所组成。溶化、浇注工段主要是将钢铁材料溶化后往砂型里浇注。浇注是铸工车间生产中的中心环节，设有冲天炉和加料平台等，生产时温度较高，且散发出大量热气和烟尘。炉料、溶化、浇注这三部分应相互靠近，以缩短操作距离。造型工段要求砂具有一定的湿度，应避免日晒，并有良好的采光和通风。制芯要求材料有较高的粘结力，不可松散，怕受振动，不要与产生剧烈振动的设备靠近。造型与浇注之

间距离不能过远，以免铁水冷却而影响浇注质量。砂处理工段的生产特点是灰尘多、噪声大，宜布置在厂房的下风向，落砂和清理后的旧砂应回收，并经砂处理后与新砂混合重复使用。

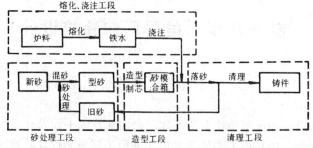

图 18-1 铸工车间生产工艺流程

从上述生产工艺过程可以看出，铸工车间各个工段都有特点，并且互相联系紧密、要求充分发挥运输工具（如传送带、吊车等）的作用，合理解决好采光、通风等问题。在溶化、浇注等热设备上面可设置通风天窗；在产生有害气体和烟尘的部位可设置局部的通风排尘设备；在溶化，浇注工段上面要注意严防漏水，地下高温坑道要求严格防水，以免引起爆炸。

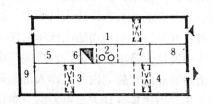

图 18-2 某铸工车间平面布置
1.炉料，造型材料库；2.冲天炉熔化工段；3.造型、浇注工段；4.清理工段；5.型芯工段；6.烘干炉；7.辅助工段；8.有色金属工段；9.生活间

图18-2所示为某铸工车间的平面布置。铸工车间属于热车间，在生产过程中产生余热，为了扩大外墙散热面，保证良好的通风，较大型的铸工车间有的采用冂形或山形平面。窗台高度可降低到600～900mm，有时甚至采用半开敞式或开敞式外墙。铸工车间的劳动条件差，生活间应妥善安排。

二、单层厂房的平面形式及其特点

单层厂房的平面形式与厂房内的生产工艺流程、生产特征有直接关系。在常见厂房平面形式中，最简单的是单跨形式厂房，它是构成其它平面形式的基本单位，适应于直线式生产工艺流程（图18-3a）。

当生产规模较大和生产流线较复杂时，厂房平面形式可由单跨形式组合成若干不同的平面形式（图18-3b～h）。

矩形平面的布置形式是最常用的，其布置方法可将若干跨平行布置，也可若干跨相垂直布置。平行跨适应于往复式生产工艺流程（图18-3b、c），具有工艺联系紧密，运输路线短捷、工程管线较短、形式规整、结构构造简单、施工快、较经济以及采光通风易解决等特点；垂直跨布置适应于垂直式的生产工艺流程（图18-3d），具有工艺流程紧凑，零部件至总装配的运输路线短捷等优点，但在跨度垂交处结构、构造复杂，施工麻烦。

多跨平行布置的矩形平面因工艺流程和规模的大小的不同，使其纵横边长比也不同，当边长比较小时，即纵横边长相等或接近时，形成方形或近似方形的平面。从经济角度进行分析，方形或近似方形平面形式比较优越（图18-4）。同时，方形平面厂房的造价也较矩形、长条形厂房低6～20%（表18-1）。此外，由于外墙面积少，冬季可以减少通过外墙的

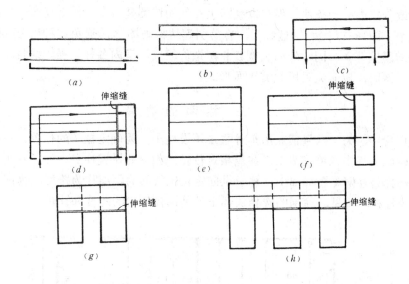

图 18-3 厂房平面形式

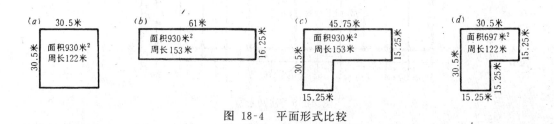

图 18-4 平面形式比较

平面形式不同厂房造价比(%)　　　　　　　　　　　　　　　　　表 18-1

结　构　名　称	平　面　形　状　及　尺　寸		
	方形1:1 边长72m 3×24m	矩形1:2 长度104m 宽度2×24m	条形1:9 长度208m 宽度1×24m
外围结构	100	128	189
柱	100	106	125
基　础	100	110	140
总造价	100	106	120

注：建筑面积均为5000m²左右。

热量损失，夏季可以减少太阳辐射热传入厂房内部；以防震角度分析，方形或近似方形较其它形式有利。

　　厂房内的生产特征也直接影响厂房的平面形式。例如有些车间（如炼钢、铸工、锻工等车间）在生产过程中散发出大量的热量和烟尘。此时，在平面设计中应使厂房具有良好的自然通风，迅速排除这些热量和烟尘。为此，厂房不宜太宽。当宽度在三跨以下时可选用矩形平面；当宽度在三跨以上时仍采用矩形平面则不利于厂房的自然通风，若采用L形、冂形和山形平面（图18-3f、g、h）将有利于厂房的自然通风，室内采光较好，从而有利于改善室内劳动条件。但在纵横跨垂交处构件类型增多、构造复杂；地震时还会产生应力集中（图18-3 f、g、h 虚线），容易引起结构破坏，为避免这种破坏必须设防震缝（和伸缩缝重合）；同时外墙长度较长，造价较高，室内各种工程管线也较长。因此，在无特殊需要时，应避免采用此类平面形式。

三、柱网的选择

在厂房中，为支承屋顶和吊车等重量须设柱子。为确定柱子的位置，在平面图上要布置定位轴线（详本章第三节）。在纵横定位轴线相交处设置柱子。柱子在平面上排列所形成的网格称为柱网（图18-5）。柱子纵向定位轴线间的距离称为跨度，横向定位轴线间的距离称为柱距。可见，柱网的选择实际上就是选择厂房的跨度和柱距。

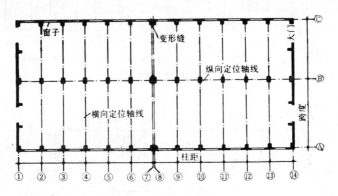

图 18-5 柱网示意

厂房柱网的选择，首先要满足厂房内生产工艺的要求，其次要遵守《厂房建筑模数协调标准》的规定，此外厂房柱网的大小还应具有较大通用性和经济合理性。

柱网尺寸确定后，不仅是在平面上确定了跨度和柱距，而且还同时确定了屋架、屋面板、吊车梁等构件的规格。为提高厂房建筑工业化水平，减少厂房构件的尺寸类型，《厂房建筑模数协调标准》（GB6—86）对柱网尺寸作了规定，厂房跨度在18m和18m以下时，应采用扩大模数30M数列；在18m以上时，应采用扩大模数60M数列。厂房的柱距应采用扩大模数60M数列。厂房山墙处抗风柱柱距宜采用扩大模数15M数列。

工艺设计人员在工艺设计时，根据工艺布置有时对跨度和柱距大小提出一些特殊要求。如需布置大型越跨设备，一般柱距（或跨度）不能满足要求，需要在一定范围内少设置一根或几根柱子（图18-6），为了不改变屋面结构构件的规格类型，则在越跨设备的上部布置托架以支承屋架（图18-7）。

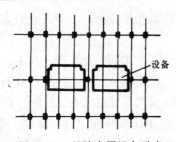

图 18-6 越跨布置设备示意

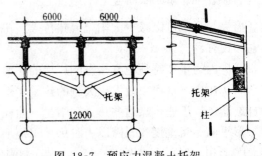

图 18-7 预应力混凝土托架

现代工业生产是不断发展的，各种新技术、新设备、新工艺都在不断出现，要求厂房能适应生产工艺的改革和变化，使厂房具有一定的通用性，即厂房不仅能满足现在生产的要求，而且还能满足将来生产的需要，甚至适合其它行业的工艺及生产要求。柱网的扩大可以减小厂房内柱子的分布密度和柱子的数量，便于设备的灵活布置；减小了结构占有面积，扩大了生产面积，相应可以缩小厂房的建筑面积以节省用地；此外，构件数量减少，施工速度加快，能提高厂房建筑工业化的水平。但涉及综合经济效益的问题。

柱网的经济性分析是一项复杂的工作，它与厂房内生产工艺的特点、生产线的布置、起重运输设备的选择以及屋盖承重结构的形式等因素有关。一般情况下，有起重量不大于5t的悬挂式吊车和无吊车厂房的柱网选择 6×18m、6×24m、12×18m、12×24m等；在有桥式吊车（起重量不大于50t）厂房的柱网选择 6×18m、6×24m、6×30m、6×36m、12×18m、12×24m、12×30m等；如结合设备布置、结构类型、地质条件等因素考虑，经过经济分析也可选择 6×9m、6×12m、6×15m、6×21m、6×27m；砖木结构的柱距常用 3m、3.6m、4m等。

此外，方形柱网在国内外的建筑实践中也有采用（图18-8）。其优点是纵横向都能布置生产线。当工艺上需要进行技术改造、更新设备和重新布置生产线时十分灵活，完全不受柱距的限制，使厂房具有更大的通用性。

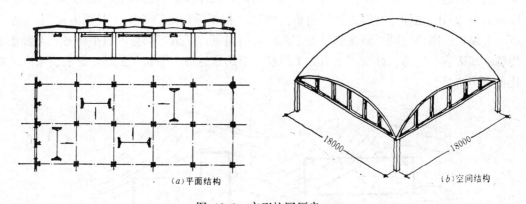

(a)平面结构　　　　　　　　　　(b)空间结构

图 18-8　方形柱网厂房

四、总平面及环境对平面设计的影响

一般工厂主要由建筑物和构筑物所组成。工厂总平面设计常是根据全厂的生产工艺流程、交通运输、卫生、防火、气候、地形、地质以及建筑群体艺术等因素，确定这些建筑物和构筑物之间的位置关系；合理的组合人流、货流，避免交叉的迂回；布置各种工程管线；进行厂区竖向设计及绿化、美化布置等。图18-9为工厂总平面示意图。当总平面确定以后，在进行厂房的个体设计时，又必须按照总平面布置的要求确定厂房的平面形式。

1.厂区人流、货流组织的影响

生产厂房是工厂总平面的重要组成部分，它们之间无论在生产工艺上，还是交通运输方面都有着密切的联系，设计时应将厂房的主要出入口面向主干道，以便为原材料、成品和半成品创造方便短捷的运输条件，同时也为工人上下班路线短捷提供方便。有铁路运输时，火车大门应按铁路进出厂房的方向和位置开设。

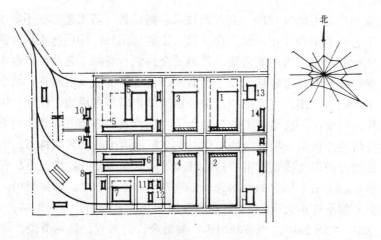

图 18-9　某机械制造厂总平面

1.辅助车间；2.装配车间；3.机械加工车间；4.冲压车间；5.铸工车间；6.锻工车间；7.总仓库；8.木工车间；9.锅炉房；10.煤气发生站；11.氧气站；12.压缩空气站；13.食堂；14.厂部办公楼

2.地形的影响

地形对厂房平面形式有直接影响，尤其是山区建厂，为了节约投资，减少土石方工程量，只要工艺条件允许，厂房平面形式应根据地形条件作适当的调整，使之与地形相适应。如图18-10a这种平面形式虽然简单、规整，但不适应地形条件，挖填方量土，造价高，工期长；图18-10b平面在满足工艺要求的前提下作了适当调整，虽平面形式不如前者规整，却适应了地形、减少了土石方工程量，节约了造价，缩短了工期，总的说来有可能比前者经济。

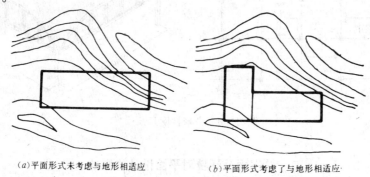

(a)平面形式未考虑与地形相适应　　　(b)平面形式考虑了与地形相适应

图 18-10　地形对厂房平面形式的影响

在工艺允许时，厂房还可跨等高线布置在阶梯形台地上（图18-11）。这样既能减少挖填土方量，又能适应利用物料自重进行运输的生产需要。

3.气候条件的影响

厂址所在地的气候条件对厂房朝向影响很大。其主要因素有二：一是日照，二是通风。厂房对朝向的要求、随地区气候条件而异。在我国广大温带和亚热带地区，理想的朝向应该是：夏季室内基本不受阳光直射，又易于进风，有良好的自然通风条件。为此，厂房宽度不宜过大，平面最好采用长条形，厂房长轴为东西向，且与夏季主导风向垂直或其夹角不大于45°。冂形、山形平面的开口应朝向迎风面（图18-12）。并在侧墙上开设窗子

图 18-11　厂房横向位于台地上　　　　　　图 18-12　厂房方位与风向

和大门。大门在组织穿堂风中有良好作用。若朝向与主导风向有矛盾时，应根据主要要求选择。

寒冷地区，厂房的长边应平行于冬季主导风向，并在迎风面的墙面上少开门窗，避免寒风对室内气温的影响。

五、生 活 间

为了组织车间生产，保证产品质量；为了给工人创造良好的劳动卫生条件以及解决某些生产卫生和生活需要，在车间内应设置卫生及福利用房、行政办公用房、生产辅助用房等，一般被称为生活间。

（一）生活间的组成

生活间的组成，应根据车间的生产卫生特征和要求、规模、地区条件等决定，一般包括以下几个部分：

1.生产卫生用房

这类用房包括有更衣室、浴室、盥洗室。根据某些生产的特殊要求还可包括洗衣房、衣服干燥室等。具体设计时可根据表18-2进行设置。

生产卫生用室按卫生特征分级　　　　　　　　　　表 18-2

卫生特征级别	有 毒 物 质	粉 尘	其 它	需设置的生产卫生用室（最低限）
1	极易经皮肤吸收引起中毒的剧毒物质(如有机磷、三硝甲基苯、乙基铅等)	—	处理传染性材料,动物原料(如皮毛等)	车间浴室，必要时设事故淋浴，便服及工作服应分设存衣室、洗衣房、盥洗室
2	易经皮肤 呼吸 或有恶臭的物质，或高毒物质(如丙烯腈、吡啶、苯酚等)	严重污染全身或对皮肤有刺激的粉尘(如碳黑、玻璃棉等)	高温作业、井上作业	车间浴室，必要时设事故淋浴，便服及工作服可同室分开存放的存衣室、盥洗室
3	其它毒物	一般粉尘(如棉尘)	重作业	车间(或厂区)附近设集中浴室，便服与工作服可同室存放，盥洗室
4	不接触有毒物质或粉尘，不污染或轻度污染身体(如仪表、金属冷加工、机械加工等)	—	—	浴室(可在厂区或居住区内设置)，工作服(可在车间适当地点存放或与休息室合并)，盥洗室

277

此外，如设计无菌厂房、电子工业的净化或超净生产车间等的生活间，还需设置特殊的卫生消毒、擦鞋、风淋除尘，一次或二次更衣等生产卫生用房。

2.生活卫生及福利用房

这类用房主要是休息室、厕所等。特殊需要还可以设置取暖室、冷饮制作间等。女工较多的车间（如纺织、仪表等），应设置妇女卫生室。若距全厂服务设施较远时，还应设置车间卫生站、婴儿哺乳室、托幼室等。

3.行政办公用房

这类用房包括有车间的党、政、工、团等办公室，计划调度、技术、检验、值班及会议室等。

4.生产辅助用房

生产辅助用房包括有工具室、材料库、磨刀室、计量室等。

（二）卫生设备的计算

生活间的存衣柜、淋浴器、盥洗器、厕所蹲位等卫生设备数的计算一般可分为两步：

1.确定计算使用人数

存衣柜：分闭锁式衣柜和开放式衣柜或衣钩。

闭锁式衣柜的数量应按车间在册男女工人总数设置。每人一专柜，占用面积较多，不需专人管理，很受工人欢迎。

开放式衣柜（衣钩），周转率大，占面积少，衣柜数量为在册最大班人数再加25％计算，但管理及使用不如闭锁式衣柜方便。

浴室、盥洗室、厕所、女工卫生室按车间最大班工人总数的93％计算。

2.确定设备数

每个淋浴器、盥洗器、厕所的蹲位可根据表18-3、表18-4、表18-5确定。最大班女工在100人以上的工业企业，应设女工卫生室，冲洗器的数量应根据设计计算人数计算，按最大女工人数，100～200名时，应设一具，大于200名时每增加200名应增设一具。

每 个 淋 浴 器 使 用 人 数 表 18-3

车间卫生特征级别	每个淋浴器使用人数	备　　　　　　　　注
1	3～4	1.女浴室和卫生特征1级、2级的车间浴室，不得设浴池
2	5～8	2.南方严热地区需每天洗浴者，卫生特征4级车间的浴室每个淋浴器的使用人数，可按13人计算
3	9～12	3.重作业者可设部分浴池，其面积每1m²可1.5个淋浴器换算。当淋浴器数量少于5个时，浴池面积每1m²可按1个淋浴器换算
4	13～24	4.淋浴室内一按4～6个淋浴器设一个盥洗器

盥 洗 水 龙 头 的 使 用 人 数 表 18-4

车间卫生特征级别	每个水龙头使用人数	备　　　　　　　　注
1、2	20～30	接触油污的车间，有条件的可供给热水
3、4	31～40	

大、小便池使用人数　　　　　　表 18-5

使 用 人 数	大 便 池 蹲 位 数		小 便 池 数
	男 厕	女 厕	
100人以下时	每25人设一个	每20人设一个	男厕所内，每一个大便池应同时设小便池一具（或0.4米长的小便槽）
100人以上时	每增50人增设一个	每增35人增设一个	

（三）生活间的布置

生活间的布置应本着"有利生产、方便生活"的原则，结合工厂总平面及车间平面，合理地选择生活间的位置，然后进行生活间的平面布置。

生活间的位置应便于组织人流，尽可能布置在车间主要人流出入口处，与生产操作点有方便联系，避免路线迂回和人流交叉。生活间布置时要注意不影响或少影响车间的采光和通风，便于布置各种管线，合理利用厂区面积，不妨碍厂房的扩建，从而达到使用方便，经济合理，整齐美观的效果。

生活间常用的布置方式有毗连式、独立式、内部式三种。

1.毗连式生活间

毗连式生活间是将生活间布置在厂房外面与车间山墙或纵墙相毗连的房间内（图18-13）。这种布置的优点是生活间与车间之间联系方便，节省外墙面积，还可利用部分生活间来布置车间的生产辅助用房，从而节省车间面积和用地，在严寒地区还有利于室内保温。因此，在一般厂房中较多采用。这类生活间可以是单层的，也可以是多层的。

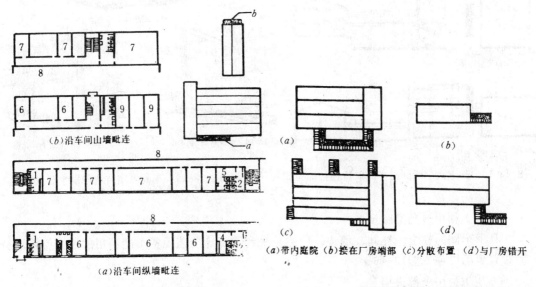

（b）沿车间山墙毗连
（a）沿车间纵墙毗连
（a）带内庭院　（b）接在厂房端部　（c）分散布置　（d）与厂房错开

图 18-13　毗连式生活间　　　图 18-14　毗连式生活间的几种连接形式

1、5.盥洗室；2.女厕；3、4.更衣；6、7、9.办公等；8.车间

但是这种布置中生活间与车间相互间存在有一定的影响。即生活间影响车间的采光和通风，同时生活间的朝向、通风也不好；若车间有较大振动、灰尘、余热或噪声时，对生活间也有一定影响。为了减少它们相互间的影响生活间可以采用如图18-14所示的布置形

式。但不如前者经济。

毗连式生活间的尺寸确定和构造处理均与民用建筑相似。由于与厂房毗连而建，两者结构不同，荷载相差很大，所以在毗连处应设置沉降缝。

2.独立式生活间

此种生活间多用于热加工或散发有害物质及振动较大等类型的车间。为了避免车间与生活间的相互影响，将生活间单独建造，与车间有一定距离（图18-15）。此外，独立式生活间还具有布置灵活，卫生条件好等特点；但占地较多，生活间与车间的联系不如毗连式方便。因此，此种布置形式多用于南方地区，在北方或多雨地区采用时要考虑以通廊、天桥、地道等方式与车间相连。

3.内部式生活间

只要在生产工艺和卫生状况允许时，充分利用车间内部空闲位置灵活布置生活间，不但使用方便，经济合理，充分利用了厂房内部空间，而且很受工人欢迎。但布置时应注意不妨碍工艺的革新与变动。常见的布置方法如下：

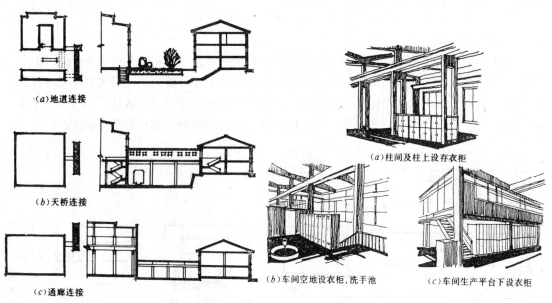

(a)地道连接

(b)天桥连接

(c)通廊连接

图 18-15 独立式生活间与车间取得连接的方式

(a)柱间及柱上设存衣柜

(b)车间空地设衣柜、洗手池

(c)车间生产平台下设衣柜

图 18-16 车间内空余地段设生活设施

（1）利用边角空隙

利用车间的柱上、柱间、墙边、门边、平台下部等工艺设备不能利用的边角空隙，分散布置生活设施（图18-16）。

（2）利用上部夹层

在车间上部工艺设备不能利用的局部空间设立夹层，以布置生活设施。夹层可支承在柱上，也可悬挂在屋架或梁上（图18-17）。

（3）利用局部地段

将厂房内局部面积划作生活间。这样可使结构、构造和车间体型都较简单（图18-18）。

280

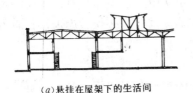
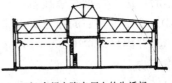

(a)悬挂在屋架下的生活间　　　　　　(b)车间中跨夹层上的生活间

图 18-17　生活间布置在夹层的方案

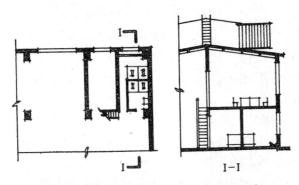

图 18-18　将厂房内局部面积划作生活间

（4）设地下室或半地下室

当连续多跨成片布置的厂房，在车间内地面上布置生活间有困难时，可将部分生活间设于地下室或半地下室内。这种布置使用方便，不占车间使用面积，并可兼作人防用。但构造复杂，须机械通风、人工照明和特设的排水系统，因此造价较高。一般情况下尽量避免采用这种布置方式。

第二节　单层厂房的剖面设计

厂房的剖面设计是厂房设计的一个组成部分。剖面设计是在平面设计的基础上进行的。平面设计主要从平面形式、柱网选择、平面组合等方面解决生产对厂房提出的各种要求，剖面设计则是从厂房的建筑空间处理上满足生产对厂房提出的各种要求。

厂房剖面设计的具体任务是：确定厂房高度、选择厂房承重结构及围护结构方案（此部分是一综合性的问题，本节不涉及）、处理车间的采光、通风及屋面排水等问题。

一、厂房高度的确定

厂房高度指室内地面至柱顶（或倾斜屋盖最低点、或非下撑式屋架下弦底面）的距离。在剖面设计中通常将室内地面的相对标高定为±0.000，柱顶标高、牛腿面标高等均是相对于室内地面标高而言的。

确定厂房的高度必须根据生产使用要求以及《厂房建筑模数协调标准》（GBJ6—86）的要求，同时还应考虑到空间的合理利用。

（一）柱顶（或倾斜屋盖最低点、或非下撑式屋架下弦底面）标高的确定

1.无吊车厂房

在无吊车的厂房（包括有悬挂式吊车的厂房）中，柱顶标高通常是按最大生产设备及其使用、安装、检修时所需的净空高度来确定的。同时，必须考虑采光和通风的要求，一般不低于 4 m，并满足 3 m（300mm）的倍数。

2.有吊车厂房

在有吊车厂房中，不同的吊车对厂房高度的影响各不相同。对于采用梁式或桥式吊车的厂房来说（图18-19）：

柱顶标高 $\qquad H = H_1 + H_2$

牛腿面标高 $\qquad H_1 = h_1 + h_2 + h_3 + h_4 + h_5$

牛腿面至柱顶高度 $\qquad H_2 = h_6 + h_7 + h_8$

h_1——最大设备高度；

h_2——起吊物与设备间的安全距离，一般为400~500mm；

h_3——起吊物的最大高度；

h_4——吊索最小高度，一般$\geqslant 1$ m；

h_5——吊钩至牛腿面的高度；

h_6——牛腿面至轨顶面的高度；

h_7——轨顶至吊车小车顶面的高度，由吊车规格表中查得；

h_8——小车顶面至屋架下弦底面之间的安全距离，主要考虑吊车和屋架制作和安装的误差，屋架的最大挠度以及厂房可能不均匀沉降，如果屋架下弦悬挂有管道等其它设施时，还须考虑必要尺寸，最小尺寸为220mm，湿陷黄土地区一般不小于300mm。

$h_5 + h_6$——吊钩至轨顶面的距离，由吊车规格表中查得。

根据《厂房建筑模数协调标准》的规定，室内地面至柱顶的高度及室内地面至牛腿面的高度都应为扩大模数3M数列。

图18-20为无吊车和有吊车的厂房柱顶及牛腿面高度示意。自室内地面至支承吊车梁的牛腿面的高度在7.2m以上时，宜采用7.8、8.4、9.0、9.6等数值；预制钢筋混凝土柱自室内地面至柱底的高度宜为模数化尺寸。

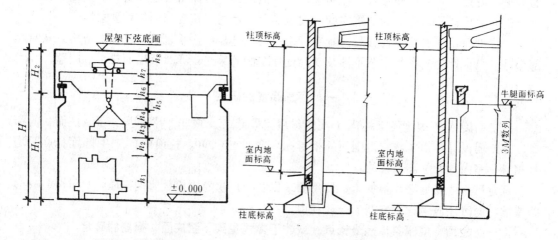

图 18-19 厂房高度的确定　　　　　图 18-20 柱顶及牛腿面高度示意

在多跨厂房中，由于厂房高低不齐，在高低错落处需增设墙梁、女儿墙、汽水等，使构件种类增多，剖面形式、结构和构造复杂化，造成施工不便，并增加造价。所以，在工艺有高低要求的多跨厂房中，当高差不大于1.2m时，不宜设置高度差；在不采暖的多跨厂房中，当高跨一侧仅有一个低跨，且高差不大于1.8m时，也不宜设置高度差。此外，在设有不同起重量吊车的多跨等高厂房中，各跨支承吊车梁的牛腿面标高宜相同；吊车起重量相同的各类吊车梁的端头高度宜相同；不同跨度的屋架与屋面梁的端头高度宜相同。

（二）室内地坪标高的确定

厂房室内地坪的绝对标高是在总平面设计时确定。室内地坪的相对标高一般定为±0.000。

一般单层厂房室内外需设置一定的高差，以防雨水侵入室内。同时，为了运输车辆出入方便，室内外相差不宜太大。考虑这两方面的因素，厂房室内外高差一般取150～200mm。

在地形较平坦的地段上建厂房时，一般室内取一个标高。当在山地建厂房时，则应结合地形，因地制宜，尽量减少土石方工程量，以利降低工程造价，加快施工进度。通常，将车间顺着等高线布置。在工艺允许的条件下，可将车间各跨分别布置在不同标高的台地上，工艺流程可由高处流向低处，并利用物体自重进行运输，这样，可以大量减少运输费和动力的消耗。其布置形式有厂房跨度平行等高线布置（图18-21）和厂房跨度垂直等高线布置（图18-22）两种。

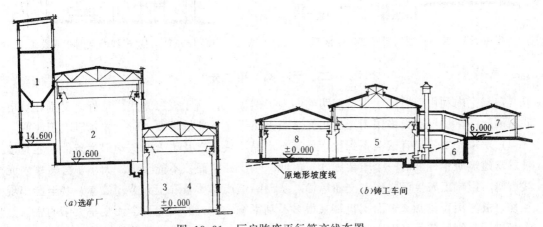

图 18-21　厂房跨度平行等高线布置
1.中间矿仓；2.磨碎；3.脱粒磁；4.脱水；5.大件造型；6.熔化；7.炉料；8.小件造型

当厂房内地坪有两个以上不同高度的地平面时，定主要地平面的标高为±0.000。

（三）剖面空间的利用

厂房的高度直接影响厂房的造价，在确定厂房高度时，应在不影响生产使用的前提下，充分发掘空间的潜力，节约建筑空间，降低建筑造价。当厂房内有个别高大设备或需高空操作的工艺环节时，为了避免提高整个厂房的高度，可采取降低局部地面标高的方法（图18-23），或利用两榀屋架间的空间来布置个别特殊高大的设备（图18-24）。这样，使整个厂房的高度得到了降低，同时，剖面空间也得到了充分利用。

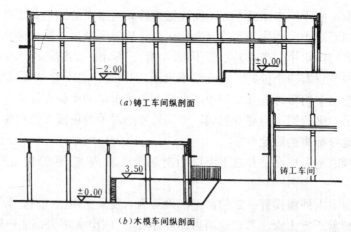

(a)铸工车间纵剖面

(b)木模车间纵剖面

图 18-22 厂房跨度垂直等高线布置

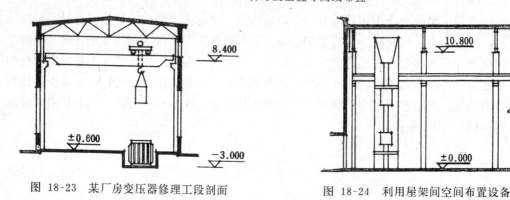

图 18-23 某厂房变压器修理工段剖面　　　　图 18-24 利用屋架间空间布置设备

二、天　然　采　光

白昼室内利用天然光线进行照明的叫做天然采光。由于天然光线质量好，又不耗费电能，因此，单层厂房大多采用天然采光。当天然采光不能满足要求时，才辅以人工照明。

厂房采光的效果直接关系到生产效率、产品质量、以及工人的劳动卫生条件，它是衡量厂房建筑质量标准的一个重要因素。因此，厂房开窗面积不能太小，太小了会使室内光线太暗，影响工人生产操作和交通运输，从而降低产品质量和工人劳动效率，甚至会出现工伤事故。但盲目加大窗面积也带来很多不利影响，过大的窗面积会使夏季太阳的辐射热大量进入车间，冬季又因散热面过大而增加采暖费，同时也提高了建筑造价。因此，必须根据生产性质对采光的不同要求进行采光设计，确定窗的大小，选择窗的形式，进行窗的布置，使室内获得良好的采光条件。

（一）天然采光的基本要求

1.满足采光系数最低值的要求

室内工作面上应有一定的光线，光线的强弱是用照度来衡量的。照度表示单位面积上所接受的光通量（即人的眼睛所能感受到的光辐射能量）的多少，其单位用勒克斯（lx）表示。由于室外天然光线随时都在变化，室内的照度值也在随之而变化。因此，室内某点的采光情况也不可能用这个变化不定的照度值来表示，而是以室内工作面上某一点的照度与同时间露天场地上照度的百分比表示，这个比值称为室内某点的采光系数（图18-25）。即

$$c = \frac{E_n}{E_w} \times 100\%$$

式中　c——室内某点的采光系数（％）；

　　　E_n——室内某点的照度（lx）；

　　　E_w——与E_n同时间的室外照度（lx）。

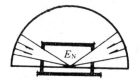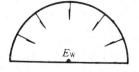

图 18-25　确定采光系数示意

工业生产按加工的精细程度，对采光的要求应有所区别。我国颁发的《工业企业采光设计标准》TJ33—79（试行）中要求采光设计的光源是以全阴天天空的扩散光作为标准。根据我国光气候特征和视觉试验，以及对实际情况的调查等，将我国工业生产的视觉工作分类定为Ⅰ～Ⅴ级（表18-6），提出了各级视觉工作要求的室内天然光照度最低值，并规定出各级采光系数最低值，作为采光设计中的依据。

生产车间工作面上的采光系数最低值　　　　　　　　　　表 18-6

采光等级	视觉工作分类		室内天然光照度最低值	采光系数最低值
	工作精确度	识别对象的最小尺寸d（毫米）	（勒克斯）	（％）
Ⅰ	特别精细工作	$d \leqslant 0.15$	250	5
Ⅱ	很精细工作	$0.15 < d \leqslant 0.3$	150	3
Ⅲ	精细工作	$0.3 < d \leqslant 1.0$	100	2
Ⅳ	一般工作	$1.0 < d \leqslant 5.0$	50	1
Ⅴ	粗糙工作	$d > 5.0$	25	0.5

注：1.采光系数最低值是根据室外临界照度为5000勒克斯制定的。如采用其它室外临界照度值，采光系数最低值应作相应的调整。

　　2.重庆及其附近地区的室外临界照度可取4000勒克斯，表中各级的采光系数最低值应乘以1.25的地区修正系数。

表18-7为生产车间和工作场所的采光等级举例。

工作面上采光系数是否满足要求，应选择建筑物的典型剖面工作面上采光最不利点进行检验。工作面一般取距地面1m高的水平面。在横剖面上进行验算，连接各点采光系数值则形成照度曲线，该曲线反映该剖面的采光情况（图18-26）。

2.满足采光均匀度的要求

采光均匀度是指工作面上采光系数的最低值与平均值之比。要求工作面上各部分的照度比较接近，避免出现过于明亮或特别阴暗的地方。因此，在采光标准中作了明确规定：顶部采光时，Ⅰ～Ⅳ级采光等级的采光均匀度不宜小于0.7。为达到这一标准，相邻两天窗中线间的距离不宜大于工作面至天窗下沿高度的二倍（图18-27）。

3.避免在工作区产生眩光

视野内出现比周围环境突出明亮而刺眼的光叫眩光。它使人的眼睛感到不舒适或无法适应．影响视力，因此，应避免在工作区产生眩光。

采光等级	生 产 车 间 和 工 作 场 所 名 称
I	精密机械和精密机电成品检验车间，精密仪表加工和装配车间，光学仪器精加工和装配车间，手表及照相机装配车间，工艺美术工厂绘画车间，毛纺厂造毛车间
II	精密机械加工和装配车间，仪表检修车间，电子仪器装配车间，无线电元件制造车间，印刷厂排字及印刷车间，纺织厂精纺、织造和检验车间，制药厂制剂车间
III	机械加工和装配车间、机修车间，电修车间，木工车间，面粉厂制粉车间，造纸厂造纸车间，印刷厂装订车间，冶金工厂冷轧，热轧车间，拉丝车间，发电厂锅炉房
IV	焊接车间，钣金车间，冲压剪切车间，铸工车间，锻工车间，热处理车间，电镀车间，油漆车间，配电所，变电所、工具库
V	压缩机房，风机房，锅炉房，泵房，电石库，乙炔瓶库，氧气瓶库，汽车库，大、中件贮存库，造纸厂原料处理车间，化工原料准备车间，配料间，原料间

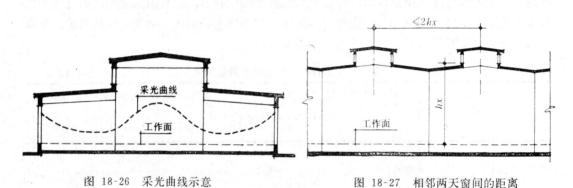

图 18-26   采光曲线示意   图 18-27   相邻两天窗间的距离

（二）采光方式及采光窗的选择

采光方式有侧面采光、上部采光、混合采光三种。侧面采光和混合采光在实际中采用的较多。

1.侧面采光

侧面采光又分为单侧采光和双侧采光两种。当厂房宽度不大时，可用单侧采光。单侧采光光线分布不均匀，工作面离窗口越近光线越强，反之越弱。距侧窗两倍高处点的 C 值仅为近窗点的1/20左右（图18-28）。单侧采光的有效进深约为侧窗口上沿至工作面高度 H 的二倍，即 $B=2.0H$。如厂房宽度较大，超越单侧采光的宽度范围，应采用双侧采光或辅以人工照明。

在有桥式吊车的厂房中，在一定高度处要有吊车梁通过，在此高度范围开窗不能发挥其作用。因此常将侧窗分上下两段布置（图18-29）。在实际设计中，还可利用不等高多跨厂房中的高差设置高侧窗，并且还能改善厂房内采光的均匀度（图18-30）。

2.混合采光

当厂房很深，侧窗采光不能满足要求时，须在厂部顶部设置天窗，采用混合采光方式。由于天窗形式不同，厂房剖面也不一样。

图18-31是采用矩形天窗的厂房剖面形式。矩形天窗是目前采用较多的一种形式。矩形天窗的宽度对室内光线的均匀性有影响，当矩形天窗宽度为1/2～1/3厂房跨度时，能获

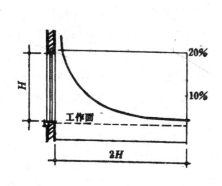

图 18-28　单侧采光光线衰减示意

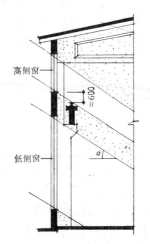

图 18-29　高低侧窗示意

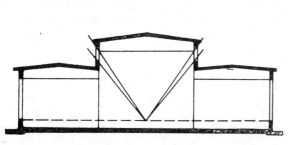

图 18-30　利用高低差处设高侧窗的厂房剖面

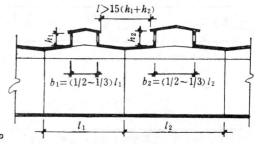

图 18-31　矩形天窗

得较好的照度及光线均匀度。相邻两天窗边缘的距离 l 应大于 相邻天窗高 度和的1.5倍。这种天窗具有室内光线均匀、直射光较少等优点，但屋顶结构与构造复杂、造价高、抗震性能不好。

图18-32是采用锯齿形天窗的厂房剖面形式。为了避免阳光 直射厂房内部， 锯齿形天窗一般朝北设置。这种天窗具有室内光线稳定、均匀、无直射光进入室内等特点，适用于纺织厂、印染厂以及机械厂等。

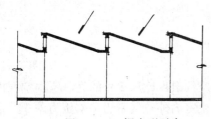

图 18-32　锯齿形天窗

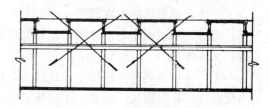

图 18-33　横向下沉式天窗

在屋面结构布置时，将屋面的部分屋面板支承在屋架下弦上，形成两部分标高不同的屋面，利用其高差设置天窗，这种天窗称为下沉式天窗。下沉式天窗分为横向下沉式、纵向下沉式和井式三种，图18-33为采用横向下沉式天窗厂房的剖面。 这种天窗 具有较好的采光通风功能，不需设置天窗架，比较经济；但构造比较复杂。布置下沉式天窗时应根据厂房的朝向和内部工艺要求选择相适应的下沉式天窗的形式。

在一些冷加工车间，天窗主要是为采光而设，这时，为简化屋顶构造，减轻屋顶荷重，降低造价，可采用平天窗，即在屋面板上直接设置水平或接近水平的采光口。图

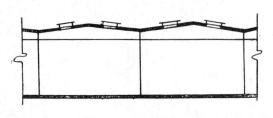

图 18-34 平天窗

18-34就是采用平天窗的剖面形式。这种天窗采光效率高，比矩形天窗平均采光系数要大2～3倍，因此，可以节约大量的玻璃面积。但要注意解决好防水和除尘问题。采光口可分为采光板、采光罩和采光带三种形式。

（三）采光面积的计算

对于厂房采光口面积需要多少或者是否满足采光标准的要求，应通过采光计算进行估算或验算。采光计算的方法很多，其中图表计算方法是目前最为简便的方法。在初步设计阶段可采用窗地面积比的方法进行估算或验算（表18-8）。

窗 地 面 积 比　　　　　　　　　　表 18-8

采光等级	采光系数最低值（%）	单 侧 窗	双 侧 窗	矩 形 天 窗	锯齿形天窗	平 天 窗
I	5	1/2.5	1/2.0	1/3.5	1/3	1/5
II	3	1/2.5	1/2.5	1/3.5	1/3.5	1/5
III	2	1/3.5	1/3.5	1/4	1/5	1/8
IV	1	1/6	1/5	1/8	1/10	1/15
V	0.5	1/10	1/7	1/15	1/15	1/25

注：当 I 级采光等级的车间采用单侧窗或 I、II 级采光等级的车间采用矩形天窗时，其采光不足部分应用照明补充。

三、自 然 通 风

自然通风是利用空气的自然流动达到通风换气的目的。厂房设计中，除少数生产工艺有特殊要求（如恒温、恒湿、局部有害气体工段等），采用机械通风外，一般均采用自然通风。为了充分和有效地利用自然通风，在剖面设计中要正确地选择厂房的剖面形式，合理布置进排气口位置，使厂房外部气流不断进入室内，迅速排除厂房内部的热量、烟尘和有害气体，创造良好的生产环境。

（一）自然通风的基本原理

厂房的自然通风是利用热压作用和风压作用形成的。

1. 热压作用

由于厂房内部各种热源排出大量热量，厂房内的空气温度比厂房外的高，室内空气由于温度升高，体积膨胀，容重小于室外空气容重而产生室内外空气重力差（压力差），这时，室内温度高而容重轻的空气自然上升，从厂房上部窗口排出，室外温度低而容重大的空气则自然由外部下部窗口进入室内，形成川流不息的空气交换。这种由于热源作用，造成室内外温度差产生的空气重力差就叫做热压（图18-35）。

热压大小的计算式如下：

$$p = H(V_w - V_n)$$

式中　p ——热压（kg/m）；

H——上下进排气口的中心距离；

V_w——进风空气容重（kg/m^2）；

V_n——排风空气容重（kg/m^2）。

由上式可见，热压的大小是与上、下进排气口中心距离和室内外空气的温度差成正比例的。

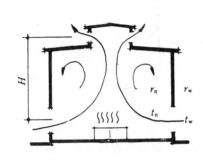

图 18-35　热压通风原理示意

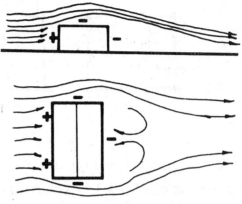

图 18-36　风绕房屋流动时压力状况示意

2.风压作用

图18-36表示风吹向建筑物时的气流现象。当风吹向建筑时，气流受到建筑物的阻碍，使建筑物迎风面的空气压力增大，超过了大气压，叫做正压区（＋），然后跃过厂房正面边缘加速过去，在建筑物的顶部、背风面以及与风向平行的两侧形成小于大气压的负压区（－）。在正压区设置进风口，而在负压区设置排风口，使风由进风口进入室内，而室内的热空气或有害气体

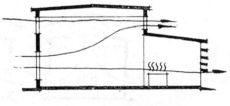

图 18-37　风压通风示意

由排风口排向室外，使室内外空气进行交换（图18-37），这种由于风的作用而产生的空气压力差叫风压。

（二）冷加工车间的自然通风

冷加工车间室内无大的热源，室内余热量较小，一般按采光要求或交通运输要求设置窗或门。在自然通风处理上应结合采光和交通运输的要求，合理组织穿堂风。为提高穿堂风的通风效果，应注意以下几点：

1.厂房纵向垂直于夏季主导风向或不小于45°倾角；

2.考虑压力随距离增大而减小（最多能达到50～60m即消失），应限制厂房宽度；

3.室内少设或不设与夏季主导风向垂直的隔墙，以避免阻碍穿堂风；

4.为避免气流分散，影响风速，不宜设置通风天窗，但为了排除积聚在屋盖下部的热空气，也可设置通风屋脊。

（三）热加工车间的自然通风

热加工车间在生产过程中散发大量的余热，因此，对于热加工车间来说，排出余热、引进新鲜空气的问题就特别突出。为了组织好热加工车间的自然通风，主要采取下列措施：

1.合理布置进排气口的位置

热压的大小主要取决于上下进排气口中心的距离和室外温度差。因此，热加工车间的进风口位置尽量低些，排气口位置应尽量高些。图18-38为进排气口的布置。

2.设置通风天窗（也称避风天窗）

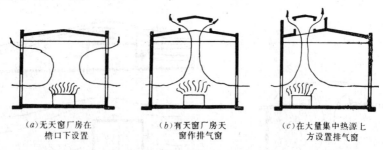

(a)无天窗厂房在檐口下设置　　(b)有天窗厂房天窗作排气窗　　(c)在大量集中热源上方设置排气窗

图 18-38　排气口的布置

热车间的自然通风是在热压作用下进行的，但在有风压作用的情况下，对天窗的排气效果将受到一定的影响或失去排气能力（图18-39）。因此，须采用避风天窗，使排气口稳定在负压状况，无论有无大风，排气口都能有效地排出热气流。图18-40是矩形避风天窗，即在普通矩形天窗口的前面一定距离设置纵向挡风板，使窗口与挡风板间成为负压区，保证天窗稳定排气。此外，下沉式通风天窗也是常用的一种通风天窗，由于上层屋面对下沉天窗自然形成了挡风设施，因而可以省去挡风板，且通风稳定，有良好的排气效果。

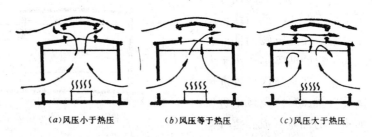

(a)风压小于热压　　　　(b)风压等于热压　　　　(c)风压大于热压

图 18-39　热压和风压同时作用下的气流状况示意

3.采用开敞式厂房

我国南方地区，由于气候炎热，一些热加工车间为了充分利用穿堂风促进厂房通风换气，根据具体情况可采用开敞式厂房。即外墙上不设窗扇，而用挡雨板代替。开敞式厂房通风量大、气流阻力小、室内外空气交换迅速、散热效果特别好、散烟也快。其缺点是防寒、防雨、防风砂的效能差，特别是在大风时造成室内烟尘弥漫，而且只能根据开敞条件组织通风。所以开

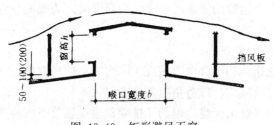

图 18-40　矩形避风天窗

敞式厂房多用于对防寒、防雨要求不高的热加工车间（对加工精度要求不高的冷加工车间也可采用）。图18-41为几种开敞式厂房的形式。

4.合理布置热源

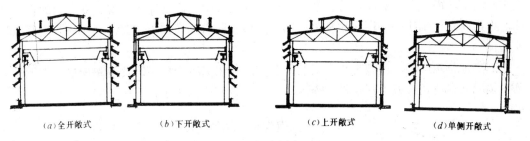

(a)全开敞式　　　　(b)下开敞式　　　　(c)上开敞式　　　　(d)单侧开敞式

图 18-41　开敞式厂房形式

在利用穿堂风时，热源应布置在夏季主导风向的下风侧（图18-42）；以热压为主的自然通风，热源宜布置在天窗喉口下面，使气流排出路线短捷，减少涡流。

在有些设备（如转炉、电炉等）在生产时散发出大量的热量和烟尘时，为防止其扩散污染整个厂房，可在设备上部设置排烟罩（图18-43）。在多跨厂房中，适当抬高热跨高度，增大进排气口高差，也可通风能力（图18-44）。当抬高不经济或不可能抬高时，而各跨高度又基本相等的情况下，这时应将冷热跨间隔布置，并且用轻质吊墙把二者分隔组织通风（图18-45）。

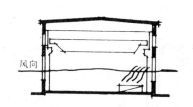

图 18-42　热源位置

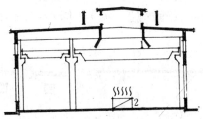

图 18-43　设备上部设排烟罩

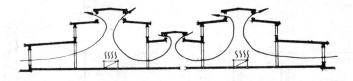

图 18-44　抬高热跨组织通风

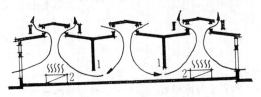

图 18-45　冷热跨间隔布置

1.轻质吊墙；2.工业炉

第三节　定位轴线的划分

厂房定位轴线是确定厂房主要承重构件标志尺寸及其相互位置的基准线，同时也是设备定位、安装及厂房施工放线的依据。定位轴线的划分是在柱网布置的基础上进行的，并与柱网布置是一致的。通常，平行于厂房长度方向的定位轴线称纵向定位轴线，在厂房建筑平面图中，由下向上顺序按Ⓐ、Ⓑ、Ⓒ……等进行编号；垂直于厂房长度方向的定位轴线，称横向定位轴线，在厂房建筑平面图中，由左向右顺序按①、②、③……等进行编号（图18-5）。

划分定位轴线时，应满足生产工艺的要求，并注意减少构件的类型和规格；扩大构件预制装配化程度及其通用互换性；提高厂房建筑的工业化水平。

一、横向定位轴线

横向定位轴线通过厂房纵向构件（屋面板、吊车梁等）的标志端部。墙、柱与横向定位轴线的联系方式，主要考虑构造简单、结构合理。

（一）柱与横向定位轴线的联系

除横向伸缩缝、防震缝处及端部排架柱外，一般柱的中心线与横向定位轴线重合（图18-46）。

（二）横向伸缩缝、防震缝处柱与横向定位轴线的联系

横向伸缩缝、防震缝处柱应采用双柱及两条横向定位轴线，柱的中心线均应自定位轴线向两侧各移600mm，两条横向定位轴线间的距离为插入距（a_i），此时a_i在数值上应等于所需缝的宽度（a_e），即$a_i = a_e$（图18-47）。

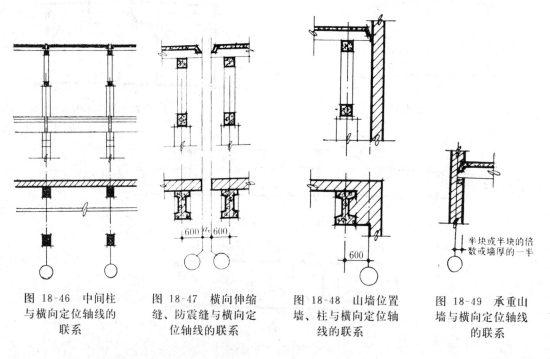

图 18-46　中间柱与横向定位轴线的联系

图 18-47　横向伸缩缝、防震缝与横向定位轴线的联系

图 18-48　山墙位置墙、柱与横向定位轴线的联系

图 18-49　承重山墙与横向定位轴线的联系

（三）山墙与横向定位轴线的联系

山墙为非承重墙时，墙内缘应与横向定位轴线相重合，且端部柱的中心线应自横向定位轴线向内移600mm（图18-48）。这是由于山墙一般需设抗风柱，抗风柱需通至屋架上弦或屋面梁上翼缘处，为避免与端部屋架发生矛盾，因此，需在端部让出抗风柱上柱的位置。

山墙为砌体承重时，墙内缘与横向定位轴线间的距离，应按砌体的块材类别分别为半

块或半块的倍数或墙厚的一半（图18-49）。屋面板直接伸入墙内，并与墙上的钢筋混凝土垫梁连接。

二、纵向定位轴线

与纵向定位轴线有关的主要承重构件是屋架（或屋面梁）。纵向定位轴线通过屋架标志尺寸端部。

（一）外墙、边柱与纵向定位轴线的联系

在无吊车或只有悬挂式吊车的厂房中，常采用带有承重壁柱的外墙，这时，墙内缘一般与纵向定位轴线相重合，或与纵向定位轴线的距离为半砖或半砖的倍数（图18-50）。

对于有梁式或桥式吊车的厂房，吊车规格、起重量以及是否设置检修吊车用的安全走道板和厂房的柱距都直接影响着外

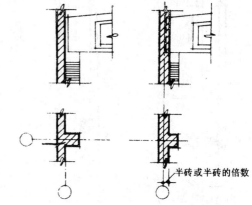

半砖或半砖的倍数

图 18-50 承重墙与纵向定位轴线的联系

墙、柱子与纵向定位轴线的联系。一般情况下，屋架和吊车都是标准件，为使二者规格相协调，确定二者关系一般为：

$$L_k = L - 2e$$

式中 L——厂房跨度；

L_k——吊车跨度，即吊车两轨道中心线间的距离；

e——吊车轨道中心至纵向定位轴线间的距离。

根据吊车规格和行车安全等因素，确定吊车轨道中心至定位轴线间的距离 e 一般为 750mm。

$$e = B + K + h$$

式中 B——轨道中心至吊车端头外缘距离，按吊车起重量大小决定，由吊车规格表查得；

K——吊车端头外缘至上柱内缘间的安全距离。此值随吊车起重量大小而变（当吊车起重量$\leqslant 50t$时，$K \geqslant 80mm$；当吊车起重量$\geqslant 75t$时，$K \geqslant 100mm$）；

h——上柱截面高度，根据吊车起重量、厂房高度、跨度、柱距等不同而不同。

在吊车起重量等于或小于20t、柱距为6m的厂房中，$B \leqslant 260$、$K \geqslant 80mm$、$h \leqslant 400mm$，

$$B + K + h = 260 + 80 + 400$$
$$= 740(mm) < 750mm$$

在这种情况下，边柱外缘和墙内缘应与纵向定位轴线相重合（图18-51 a）。这时称为"封闭结合"，即采用常用的标准屋面板，可以铺满屋面，使屋面板与外墙间无空隙，不需另设补充构件。

在吊车吨位增大或柱距加大的厂房中，$B \geqslant 300mm$、$K \leqslant 100mm$、$h \geqslant 400mm$，

$$B + K + h = 300 + 100 + 400 = 800(mm) > 750mm$$

在这种情况下，如果采用"封闭结合"，则不能保证吊车正常运行所需的净空要求，或不能保证吊车规格标准化。因此，仍保持轨道中心距边柱纵向定位轴线750mm的距离，而将边柱向外推移，使边柱外缘离开纵向定位轴线，在边柱外缘与纵向定位轴线间加设联系尺寸a_c。在这种情况下，整块屋面板只能铺至纵向定位轴线处，而在屋架标志尺寸端部与外墙间出现空隙（图18-51b），这时称为"非封闭结合"。空隙间需作构造处理，加设补充构件。

在非封闭结合中联系尺寸a_c应为300mm或其整数倍数，但围护结构为砌体时，联系尺寸a_c可采用50mm或其整数倍数。

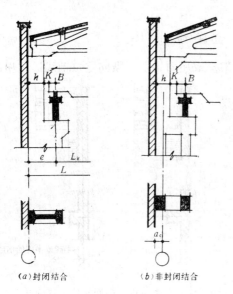

（a）封闭结合　　（b）非封闭结合

图 18-51　使用桥式或梁式吊车，厂房外墙、边柱与纵向定位轴线的联系

（二）中柱与纵向定位轴线的联系

1.等高跨中柱

当厂房为等高跨时，中柱上柱的中心线应与纵向定位轴线相重合（图18-52a）。

当厂房宽度较大时，沿厂房宽度方向需设纵向伸缩缝。在纵向伸缩缝处应采用单柱双轴线处理，伸缩缝一侧的屋架或屋面梁应搁置在活动支座上。两条纵向定位轴线的间距等于伸缩缝的缝宽a_e，a_e应符合现行有关国家标准的规定（图18-53）。

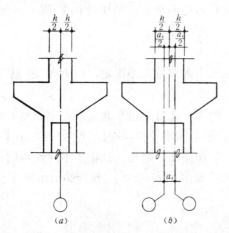

（a）　　　　　（b）

图 18-52　等高跨处中柱与纵向定位轴线的定位

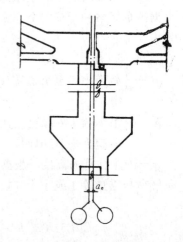

图 18-53　等高厂房的纵向伸缩缝

若由于相邻跨内的桥式吊车起重量、厂房柱距或构造要求，则需设置插入距a_i，中柱可采用单柱双轴线处理，两条纵向定位轴线的距离等于插入距，插入距a_i应符合$3M$，柱中心线宜与插入距中心线相重合（图18-52b）。

2.不等高跨中柱

当厂房为不等高跨时，应根据不同的吊车规格，不同的结构、构造情况，以及伸缩缝的设置情况，采取不同的处理方法。原则上与边柱纵向定位轴线一样，有"封闭结合"和"非封闭结合"两种情况。

（1）无纵向伸缩缝

当两相邻跨都采用封闭结合时，高跨上柱外缘、封墙内缘和低跨屋架或屋面梁标志尺寸端部应与纵向定位轴线相重合（图18-54a）。若高跨封墙插入低跨屋架或屋面梁端部与上柱外缘之间，则采用双轴线处理，两条纵向定位轴线的间距为插入距a_i，此时，插入距a_i等于墙厚t（图18-54b）。

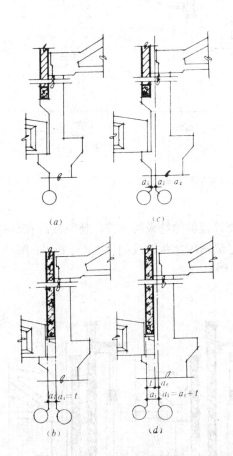

图 18-54　高低跨处中柱与纵向定位轴线的定位

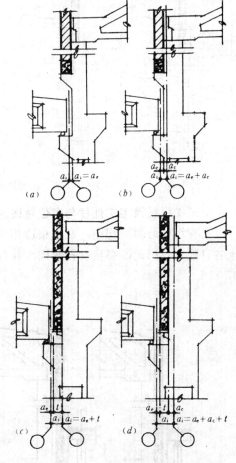

图 18-55　高低跨处的纵向伸缩缝

当高跨为"非封闭结合"时，即上柱外缘与纵向定位轴线不能重合时，应采用双轴线，两条纵向定位轴线间的插入距a_i等于联系尺寸a_c（图18-54c）。若高跨封墙插入低跨屋架或屋面梁端部与上部外缘之间，此时，插入距a_i等于联系尺寸a_c与墙厚t之和（图18-54d）。

（2）有纵向伸缩缝用单柱处理

当不等高跨厂房设置纵向伸缩缝时，一般设在高低跨处。为了结构简单和减少施工吊装工程量，应尽可能采用单柱处理。当采用单柱时，低跨屋架或屋面梁搁置在活动支座上。此柱同样存在两条定位轴线，两纵向定位轴线间设插入距a_i（图18-55）。插入距a_i等于伸缩缝宽度a_e或等于伸缩缝宽度a_e与联系尺寸a_c之和，或等于伸缩缝宽度a_e与封墙厚度t之和，或等于伸缩缝宽度a_e、封墙厚度t及联系尺寸a_c三者之和。

（3）有纵向伸缩缝用双柱处理

当不等高跨高差悬殊或吊车起重量差异较大时，常在高低跨处结合伸缩缝采用双柱处理。当采用双柱时，两柱与纵向定位轴线的联系可分别视作边柱与纵向定位轴线的联系，两轴线间设插入距a_i（图18-56）。插入距a_i与单柱处理相同。

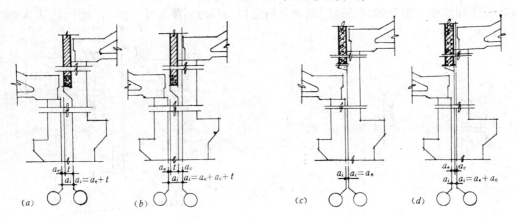

（a）　　　　（b）　　　　　　　（c）　　　　（d）

图 18-56　高低跨处双柱与纵向定位轴线的定位

（三）纵横跨相交处柱与定位轴线的联系

在有纵横跨的厂房中，在纵横跨相交处一般要设置伸缩缝或防震缝，使纵横跨在结构上各自独立。因此，必须设置双柱，并有各自的定位轴线。两轴线间设插入距a_i（图18-57）。

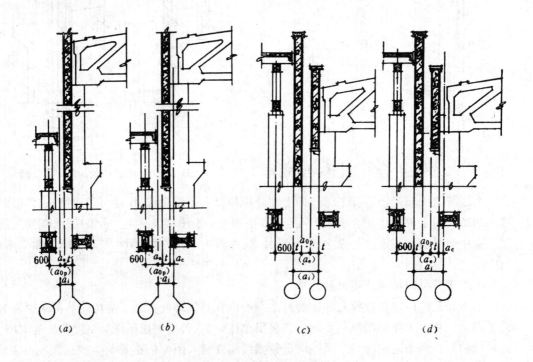

（a）　　　　（b）　　　　　　　（c）　　　　（d）

图 18-57　纵横跨处的连接

296

第四节 单层厂房的建筑艺术处理

一、建筑总体空间的设计处理

通常，一座工厂是多幢建筑物与构筑物所组成。如何处理好它们在总体空间上的大小、高低、前后、左右的相互关系和建筑体量、方位及其空间组合与布置，是工厂总体规划设计中应统一解决和综合处理的问题之一。

建筑总体空间的设计处理是指在满足生产工艺要求的前提下，对整个工厂区域内的所有建筑物、构筑物的体量、位置和空间组合做综合谐调与全面的规划处理，使它们的外观轮廓整齐、统一，比例适度、匀称，色调明快、和谐，进出自然，起伏有度，共同构成一个有机的建筑艺术群体。

由于工厂的类型很多，其总体空间处理也必须因地制宜，随其生产规模、特点和要求不同而有所区别和变化。

机械制造厂是比较典型的以单层厂房为主的类型。其特点是建筑物与构筑物数量较多，体量又比较规整，而且建筑物高度又都比较接近，在总体空间处理中结合生产特点和工艺要求常把各类外轮廓尺度和体量相近的建筑物与构筑物布置在一个比较规整而又相互连通的建筑空间里（图18-58），从而取得比较完整、谐调和舒展的空间效果。

纺织类型的工厂，由于生产工艺联系紧密，常把梳棉（毛）、纺织、印染等车间合并起来，构成一个整片的联合厂房。由于温湿度的要求，避免直射阳光，在厂房顶部开设朝北的锯齿形天窗；因不开侧窗，厂房四周常布置辅助和生活管理用房（图18-59）。因而形成了纺织厂的总体空间效果。

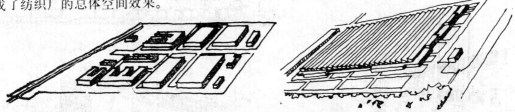

图 18-58 分区布置的机械厂鸟瞰   图 18-59 纺织厂鸟瞰示例

二、个体厂房的建筑艺术处理

个体厂房的建筑艺术处理是在全厂建筑总体空间设计的基础上进行的。首先应满足全厂和个体厂房内部的生产工艺要求，对厂房的体量、墙面等作必要的建筑艺术处理，使个体厂房与全厂的总体空间相谐调。

（一）体量设计

单层厂房的建筑体量设计不象民用建筑那样有较大的灵活性，一定程度上要受内部生产工艺的制约。但只要在满足生产工艺要求的前提下，通过恰当的平面与空间组合，对厂房的体量作必要的处理，便可获得较理想的厂房体量。

如某中型机械制造厂的第一金工车间（图18-60），首先通过合理的平面组合把生活间、金工装配和热处理车间三部分用小内庭拉开，并用连廊解决交通联系，使厂房形成一

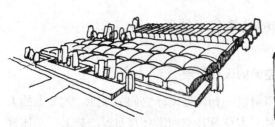

图 18-60　某机械制造厂第一金工车间鸟瞰

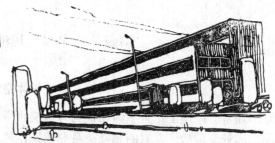

图 18-61　生活间毗连于厂房纵墙的处理

个整体。加上屋顶的变化，使厂房体量的处理灵活而又自然。

在厂房体量组合中，应特别注意主厂房与生活间、辅助用房等毗连房屋之间的谐调问题。它们在建筑体量上，常相差较大，若处理不好，将会给人以不谐调的感觉。如图18-61为一个毗连于主厂房纵墙的生活间，由于设置了带形窗与主厂房的高侧窗比例和谐，彼此呼应，格调统一。并有高大的出入口与车间相联系，既突出了重点，又丰富了立面。

（二）墙面设计

墙面色彩与门窗的大小、位置、比例和组合形式等直接影响厂房的立面效果。因此门窗洞口的处理是墙面设计的主要组成内容之一。门窗洞口的设计与墙体结构类型关系密切。

在砖墙及砌块墙中，常需要设置窗间墙，形成竖向划分处理（图18-62），从而可以改变单层厂房的扁平比例关系，使厂房立面显得挺拔、宏伟、大方，为使墙面整体美观，窗洞口的排列应有规律。

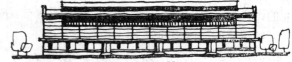

图 18-63　某石油公司机械厂锻工车间立面

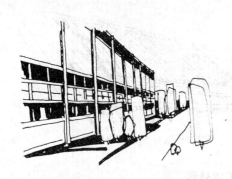

图 18-62　某市第三构件厂的某车间立面片断

图 18-64　某铸锻厂自由锻车间

在钢筋混凝土大型板材墙体中，从受力和构造出发，设窗间墙就没有必要，可使窗洞口布置的灵活性随之而异。尤其在水平方向往往可以构成带形窗，使立面上的水平线条特别醒目，因而墙面设计常采用横向划分处理（图18-63）。使厂房立面显得简洁、明快、舒展、大方。

在设计实践中，时常把横向划分与竖向划分综合运用，或以某种划分为主，以另一种划分为辅，兼起衬托作用，从而形成混合划分处理。如图18-64为某铸锻厂自由锻车间，墙面设计通过外露的钢筋混凝土立柱与下部水平连通的侧窗和上部水平遮阳板间构成混合划分效果，立面处理显得生动、活泼、富有变化。

第十九章 多层厂房设计和厂房建筑工业化

第一节 多 层 厂 房 设 计

在工业建筑中，除有单层厂房外，还有多层厂房。多层厂房与单层厂房比较具有如下特点：

1.生产在不同标高的楼层上进行

多层厂房最大的特点是生产在不同标高楼层上进行。因此，在设计时，不仅要考虑同一楼层各工段间的联系，还要解决好各层之间的垂直联系，安排好垂直交通的位置和选择好垂直交通的形式（如楼梯、电梯、坡道和提升设备等）。

2.节约用地

多层厂房具有占地面积少，节约用地的特点。同时还可以在厂区内留大量的空间进行绿化，美化厂区。如将建筑面积为$10000m^2$的单层厂房改为五层的多层厂房，节约用地可达三分之二。

3.节约投资

由于多层厂房占地少，从而使地基的土石方工程量减少，基础及屋面工程量和排水设施相应减少；此外，由于厂房占地少，厂区布置也可相应紧凑，厂区内各种道路和管网的长度也可大量缩短。因此，可以节约部分投资。

根据多层厂房的特点，多层厂房主要适用于较轻型的工业、在工艺上利用垂直工艺流程有利的工业、或利用楼层能够设置较合理的生产条件的工业等。如精密机械、电子工业、精密仪表、服装工业、无线电工业等。

一、平 面 设 计

多层厂房的平面设计首先应注意满足生产工艺的要求。其次，运输设备和生产辅助用房的布置、基地的形状、厂房方位等等都对平面设计有很大影响，必须全面、综合地加以考虑。

（一）生产工艺流程和平面布置

生产工艺流程的布置是进行多层厂房平面设计的主要依据。各种不同的生产流程布置，在很大程度上决定着厂房的平面形状和各楼层间的相互关系。图19-1为某钟厂结合多层厂房要求所设计的工艺流程。根据这种流程，则必然形成一幢五层厂房。厂房两端必须设置垂直运输设备，以满足上下楼层的工艺联系。可见，多层厂房不单要组织水平面上的工艺流程，且需组织垂直生产工艺流程。在选择生产工艺流程和进行平面设计的同时，一定要结合建筑结构、采暖通风、水电设备等各工种要求综合考虑如下问题：

1.在工艺允许的情况下，应将运输量大、用水量多的生产工段布置在厂房底层；

2.将运输量小、设备轻的工段布置在楼层，一些辅助性的工段，可根据尽可能靠近服务对象的原则，分别布置在楼层或底层；

3.可将一些具有同一特殊要求的房间或工段（如要求空调、防振、防尘等工段）集中布置在一起；

4.按照通风要求合理安排房间朝向。一般情况，主要生产工段应取南北朝向。对有空调要求的工段，应减少太阳辐射热的影响，宜布置在北向。

（二）平面布置形式

由于各类厂房生产特点不同，要求各层平面房间的大小和组合形式也不相同，通常布置方式有以下几种：

1.内廊式

这种布置形式适宜于各工段面积不大，生产上既需相互紧密联系，但又不希望干扰的工段。各工段可按工艺流程的要求布置在各自的房间内，再用内廊联系起来（图19-2）。

2.统间式

由于生产工段面积较大，各工序相互间需紧密联系，不宜分隔成小间布置，这

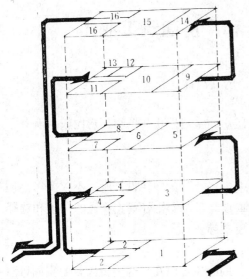

图 19-1 某钟厂工艺流程示意图

1.铜铁车；2.机修；3.再制品库；4.工具；5.小装配；6.半成品库；7.精密；8.计量；9.校对；10.装配；11.准备；12.烘干；13.清洗；14.小包装；15.包装、成品库；16.新产品试制

时可采用统间式的平面布置（图19-3）。这种布置对自动化流水线的操作较为有利。

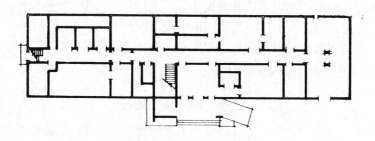

图 19-2 内廊式平面布置

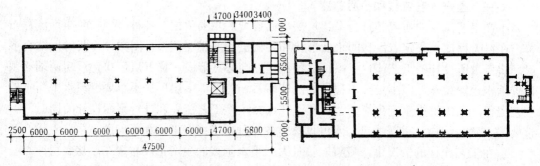

图 19-3 统间式的平面布置　　　　　图 19-4 混合式平面布置

300

3.混合式

这种布置是根据不同的生产特点和要求，将多种平面形式混合布置，组成一有机整体，使其满足生产工艺的要求，并具有较大的灵活性，但这种布置易造成厂房设计的复杂化，结构类型多，施工较麻烦，对抗震不利（图19-4）。

（三）柱网选择

柱网的选择是平面设计的主要内容之一，选择首先应满足生产工艺的需要，并应符合《厂房建筑模数协调标准》的要求。此外，还应考虑厂房的结构形式、采用的建筑材料、构造做法以及在经济上是否合理等问题。

多层厂房的柱网可以概括为以下几类：

1.多跨式柱网

这种柱网适应于机械、仪表、轻工、仓库等工业厂房。这种柱网有利于生产流线的更新；当为等跨时，有利于建筑工业化；厂房内部可根据工艺要求进行自由划分。其柱网尺寸应满足如图19-5的要求。跨度以6.0～12.0m为宜，柱距以6.0～7.2m为宜。

2.内廊式柱网

这种柱网在平面布置上，多采取中间走道、对称式的平面形式。在仪表、光学、电子、电器等工业厂房中较多采取。其柱网尺寸应满足图19-6的要求。其跨度、柱距均宜采用6.0～7.2m，走廊跨度宜采用2.4～3.0m。

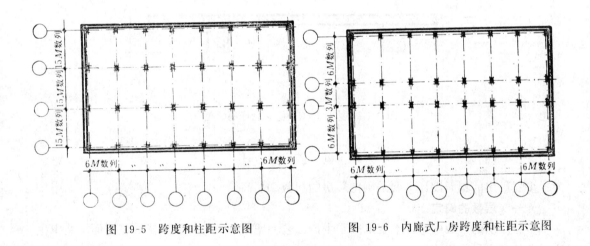

图 19-5　跨度和柱距示意图　　　　图 19-6　内廊式厂房跨度和柱距示意图

3.大跨度式柱网

这种柱网跨度一般大于9m，由于取消了中间柱子，为生产工艺的变革提供更大的适应性。因为扩大了跨度，楼层常采用桁架结构。这样楼层结构的空间可作为技术层，用以布置各种管理及生活辅助用房。在需要人工照明与机械通风的厂房中，这种柱网较为合适。

（四）定位轴线

多层厂房的定位轴线根据《厂房建筑模数协调标准》有如下规定：

A．墙、柱与横向定位轴线的定位

1.柱的中心线应与横向定位轴线相重合；

2.横向伸缩缝或防震缝处应采用加设插入距的双柱并设置两条横向定位轴线，柱的中心线与横向定位轴线相重合（图19-7a）；

3.横墙为砌体承重墙时，顶层墙的中心线一般与横向定位轴线相重合（图19-7b）；

4.当山墙为承重外墙时，顶层墙内定位轴线间的距离可按砌体块材类别分别为半块或半块的倍数或墙厚的一半（图19-7b）。

B.墙、柱与纵向定位轴线的定位

1.边柱的外缘在下柱截面高度（h_1）范围内与纵向定位轴线浮动定位（图19-8）；

2.顶层中柱的中心线应与纵向定位轴线相重合；

3.带有承重壁柱的外墙，墙内缘可与纵向定位轴线相重合，也可与纵向定位轴线相距半块或半块的倍数。

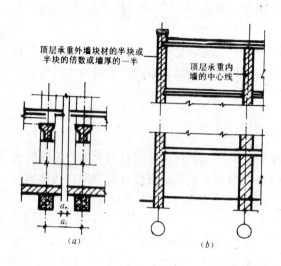

图 19-7　墙、柱与横向定轴线的定位

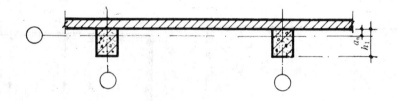

图 19-8　边柱与纵向定位轴线的定位

二、剖　面　设　计

多层厂房的剖面设计主要是确定厂房的层数和层高。

（一）层数的确定

多层厂房的层数确定，主要取决于生产工艺、城市规划和经济因素等三方面，其中生产工艺是起主导作用的。

1.生产工艺对层数的影响

多层厂房根据生产工艺流程进行竖向布置，在确定各工段的相对位置和面积的同时，厂房的层数也相应地确定了。图19-9是面粉加工车间结合工艺流程的布置，确定了厂房的层数为六层。

2.城市规划及其它条件的影响

多层厂房布置在城市时，层数的确定要符合城市规划、城市建筑面貌、周围环境及工厂群体组合的要求。此外，厂址的地质条件、厂房的结构形式、施工方法以及地震等因素，对厂房层数都具有一定影响。

3.经济因素的影响

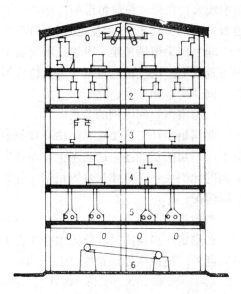

图 19-9 面粉加工厂剖面

1.除尖间；2.平筛间；3.清粉；4.吸尘、刷面、管
子间；5.磨粉机间；6.打包间

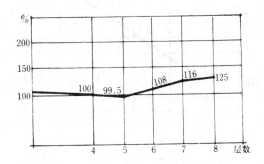

图 19-10 层数和单位造价的关系

多层厂房的经济问题，通常应从建筑、结构、施工、材料等多方面进行综合分析。从我国情况看，根据资料所绘成的典线见图19-10，经济的层数为3～5层，有时由于生产工艺的特殊要求，或位于市区受用地限制，也可提高到6～9层。一般情况，层数再增高是不经济的。

（二）层高的确定

多层厂房的层高是指由地面（或楼面）至上一层楼面的高度。层高主要与以下因素有关：

1.与生产、运输设备的关系

多层厂房的层高在满足生产工艺要求的同时，还要考虑起重运输设备对厂房层高的影响。一般只要在生产工艺许可情况下，都应把一些重量重、体积大和运输量繁重的设备布置在底层，这样可相应加大底层层高。有时遇到个别特别高大的设备时，还可把局部楼面抬高，处理成参差层高的剖面形式。

2.与采光、通风的关系

为保证多层厂房室内有必要的天然光线，一般采用双面侧窗天然采光居多。当厂房宽度过大时，就必须提高侧窗的高，相应地需增加建筑层高才能满足采光要求。

在确定厂房层高时，为保证工人身体健康，提高生产效率，采用自然通风的车间，每名工人所占有厂房体积不少于13m³，面积不少于4 m³。

3.与结构形式的关系

多层厂房所采用的结构形式不同，也直接影响厂房的层高，其结构所占的空间高度越大，厂房所需的层高也相应增大。

4.与管道布置的关系

生产上所需要的各种管道对多层厂房层高的影响较大。在要求恒温恒湿的厂房中空调管道的高度是影响层高的重要因素。当需要的管道数量和种类较多、布置复杂时，则可在生产车间上部采用吊顶棚，设置技术夹层集中布置管道，这时就应根据管道及检修所需空间高度，相应地提高厂房高度。

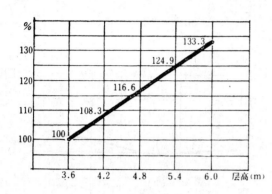

图 19-11 层高和单位造价的关系

5.与室内空间比例的关系

在满足生产工艺要求和经济合理的前提下，厂房的层高还应适当考虑室内建筑空间的比例关系，具体尺度可根据工程的实际情况。

6.与经济的关系

在确定厂房层高时，除需综合考虑上述问题外，还应从经济角度予以具体分析。如图19-11是表明不同层高与造价的关系。

此外，多层厂房的层高还应满足 3M 的模数要求。目前我国多层厂房常采用的层高有4.2、4.5、4.8、5.1、5.4、6.0m等几种。

三、有特殊要求的厂房

由于现代科学技术的不断发展，对一些生产产品的精密度要求越来越高，为了保证产品精密度，提高产品的稳定性、可靠性和成品率，具备合适的生产环境，这对厂房建筑也提出了一些特殊要求，主要体现在以下几个方面：

1.空气调节

随着工业现代化的发展，机械等工业产品的精度不断提高，要求生产环境具有能控制温湿度的空气调节车间，以满足生产的需要。否则就会影响产品质量降低成品率。

在进行需要空气调节车间的平面设计时，应尽可能布置在朝北，减少太阳的辐射热，并将这些车间集中布置，适当降低车间的层高；在选择围护结构（外墙和屋顶等）的构造时，主要应满足稳定空调车间温、湿度的要求，并能节省空调费用。

2.净化

净化是为了适应某些高精度工业和科学技术对工作环境的特殊要求而产生的。其任务是控制室内的小气候及清洁度，使室内所含微尘不超过工艺要求指标。

净化技术按空气含尘浓度（单位体积空气中的灰尘量）的要求不同，净化有一般净化（粗净化），中等程度净化（中净化）和超净化（精净化）三种。净化技术主要用航天技术、微电子技术、微型仪表、精密印刷、医药和食品工业的无菌操作等。

洁净室的布置与生产工艺、洁净要求和空调处理方式等有关。平面布置应避免非洁净室的干扰，选择最有利净化的位置；平面形式应尽量简单，以减少积灰面；辅助房间（值班室、换鞋室、更衣室、淋浴室、空气吹淋室以及卫生间等）的布置，应洁污分流，不交叉干扰；装修及构造处理，着重满足防尘要求。

3.电磁屏蔽

抑制电磁波相互干扰的措施，叫做屏蔽。屏蔽室即为隔绝（或减弱）室内或室外电磁波干扰的房间。

屏蔽室的布置首先应考虑远离干扰源；在多层厂房中，考虑地面对电磁波有吸收作用，屏蔽室宜设在底层；为了减少电磁波的泄漏，屏蔽室不应设在有变形缝和多管穿行的部位，同时也应少开门窗。

屏蔽室的类型按照使用的材料可分为金属板密闭式、穿孔金属板或单层金属网、双层或多层金属网以及金属薄膜屏蔽室。为保证屏蔽效能，在构造处理上，要使屏蔽室形成一个封闭的无缝整体，防止电磁波的泄漏。

4.建筑防振

在现代工业中，一些精密机械和仪表、光学工业等产品，在生产过程中为了保证产品质量，对外界振动的影响均有一定要求，建筑物应采取一定的防振措施。

厂房的防振措施基本上分作两类：一类是积极隔振，即对振源采取合理的隔振和消振措施；另一类为消极防振，即在生产车间或精密设备本身采取一些隔振措施。

在建筑设计中，应将防振要求高的部分设于底层或地下室，并远离振源。有较大振动的设备应布置在厂房刚度较大之处和底层，以利地面减振。为了减少人员走动对防振设备基础的影响，构造上往往采取地面与防振设备基础脱开的处理。

5.防噪声

厂房中的噪声来自外部声源和内部声源两个方面。防噪声的基本措施是对噪声源进行处理（即积极防噪措施）；其次是采取对噪声传递中的隔离、反射或吸收（即消极防噪措施）。

在平面设计中可将噪声源房间集中起来，布置在距需防噪声车间较远的地方。或将噪声大的车间与需防噪声车间分层布置。如果有个别噪声大的设备，因工艺原因不能单独布置时，则应采取局部防护的办法，如加设隔声罩、吸声板等措施，达到消声的目的。

第二节　厂房建筑工业化

我国厂房建筑工业化程度已初见成效，主要体现在以下几个方面：

1.建筑参数已基本模数化；

2.单层厂房的主要构件已达到较高的预制装配程度；

3.多层厂房的主要构件也大量预制装配，还分别采用了滑模、提模、升梁、升板等新工艺，并已达较高水平；

4.少量厂房已发展到较高阶段的"厂房工业化建筑体系"。

但总的来说，主要还停留于小构件在预制场用简单机械化生产，大型构件在现场就地预制，虽已充分作到预制装配化，但总的工业化程度还不高。

所谓"厂房工业化建筑体系"，是将各种生产工艺、建筑材料、建筑设计、结构设计、建筑施工及建筑设备等整个统一起来共同协作，形成灵活通用厂房体系，保证优质，快速设计和施工，保证千变万化的使用条件，形成丰富多样的建筑形象。厂房工业化建筑体系具体体现为以下几点：

1.统一跨度（进深）、柱距（开间）、高度等建筑参数，仅规定有限的若干类型、建筑设备与结构和建筑密切相关者统一定型化，适应各种生产条件的要求；

2.应用统一定型的建筑材料、制品、零件、配件等，并为互换代替创造良好条件；

3.定出基本结构及建筑构件的型式、尺寸及制作安装方式，并统一协调，全盘安排制作、运输施工安装各环节。

下面介绍几种国内外最有代表性的厂房工业化建筑体系：

一、单层工业厂房建筑体系

1.装配式钢筋混凝土横向排架及大板体系

这种体系由装配式钢筋混凝土横向排架和大型板材两部分组成。主要构、配件有基础、柱、屋架、吊车梁、大型屋面板、大型墙板等。根据建筑模数的要求，这些构、配件又有多种不同的规格。因此，根据厂房内部工艺要求、规模以及空间尺度，利用这些构、配件可组合成单跨、双跨等高、双跨不等高、三跨中间高等形式各种规模的单层厂房。

2.预应力钢筋混凝土折板体系

预应力钢筋混凝土折板结构单层厂房比横向排架结构受力合理、整体性好、刚度大、抗震性能优良。其形式分为两类：

第一类：全折板单层厂房，屋顶与墙均用折板。折板既是承重结构也是围护结构，纵墙折板支承屋顶折板；端墙折板则仅承自重及风载。全折板单层厂房目前仅限于单跨厂房，跨度≤18m，檐高≤8m，屋顶下可设≤3t悬挂式吊车。

第二类：多跨式折板单层厂房则需设中间柱，在柱上设梁，形成纵向排架。边跨仍可用折板墙承重。如边跨加设边柱、纵向梁，则折板墙仅作围护结构，此时吊车吨位可较大些。

3.预应力钢筋混凝土T板单层厂房体系

该体系分为双T板及单T板两类。

在单层厂房中，可用双T板作屋顶、承重墙、端墙。以双T板作外墙时，还可在板的肋部挑出牛腿，支吊车轨承轻型梁式吊车，双T板屋顶下亦可设悬挂式吊车。若起重能力较小，或需适当增大跨度，可用单T板，单T板如作墙板，在板上开洞的条件不如双T板好。

在我国各类工业中的单层厂房实际上已向体系化方向发展。尤其是机械工业更为突出，重点为装配式钢筋混凝土结构厂房。各工业企业的单层厂房均各自向体系化方向发展，单层厂房的屋顶除前述类型外，尚有板架合一的平板或拱形板、Y形梁盖瓦、大跨钢网架等。

二、多层厂房建筑体系

1.钢筋混凝土纵向框架提模（滑模）体系

该体系为电子、电器、轻工、仪表、机械等行业提供了通用多层厂房体系。该体系采用现浇钢筋混凝土纵向框架，以提模或滑模施工。具有施工方便、操作安全、速度快、工效高等特点，并避免了采用大型吊运设备，适于道路窄、场地拥挤等客观情况。

厂房由主厂房单元与辅助单元组成，辅助房屋单元的层数、层高与主厂房不同。为便于施工，主厂房为四层以下的，辅助房屋采用砌块或普通砖墙；主厂房为五层的，辅助房屋采用钢筋混凝土墙，与主厂房一道施工。

2.其他多层厂房体系

多层厂房建筑体系除上述外，我国部分地区还出现了以下体系：

（1）预制短柱现浇节点、陶粒混凝土外墙板、石膏板内墙板体系；

（2）预制短柱现浇节点、陶粒混凝土外墙板、加气混凝土内墙板体系；

（3）长柱明牛腿、陶粒珍珠岩外墙体系；

此外，尚有大模板现浇、升板、升梁提模、长柱矩形板水平施加预应力、装配式无梁楼盖、框架结构承重全双T或单T板、……等钢筋混凝土类多层厂房体系；亦有钢架带各式楼板与围护结构的多层厂房体系，其中以压型钢板加现浇钢筋混凝土楼板及用压型钢板组成的各式围护结构的多层厂房体系在国外使用得相当多。

图书在版编目（CIP）数据

建筑设计/鲁一平，朱向军，周刃荒编. —北京：中
国建筑工业出版社，1992（2005 重印）
中等专业学校试用教材
ISBN 978-7-112-01621-1

Ⅰ. 建... Ⅱ.①鲁... ②朱... ③周... Ⅲ. 民用
建筑-建筑设计-专业学校-教材 Ⅳ.TU24

中国版本图书馆 CIP 数据核字（2005）第 104207 号

　　本书主要讲述了民用建筑的平面设计、剖面设计，造型设计、内外空间设计、群体组合及建筑经济等问题。同时对住宅、托幼、中小学校、商店、旅馆、影剧院、医院、风景园林、文化馆等常见民用建筑设计作了论述。此外，对工业建筑中的单层厂房、多层厂房及厂房建筑工业化等问题作了一般介绍。

　　本书系中等专业学校建筑学专业、城镇规划专业建筑设计课程教材，也可供建筑设计人员参考之用。

中等专业学校试用教材

建　筑　设　计

鲁一平

朱向军　编

周刃荒

*

中国建筑工业出版社出版、发行（北京西郊百万庄）
各地新华书店、建筑书店经销
北京建筑工业印刷厂印刷

*

开本：787×1092毫米　1/16　印张：$19\frac{1}{2}$　字数：475千字
1992年10月第一版　2014年4月第十八次印刷
定价：33.00元
ISBN 978-7-112-01621-1
(21058)